凝態物理

THE MAGICK OF MATTER

Crystals, Chaos and the Wizardry of Physics

FELIX FLICKER

菲利克斯・福立克＝著

秦紀維＝譯

從半導體、磁浮列車到量子電腦，看穿隱藏在現代科技背後的混沌、秩序與魔法

導讀

《凝態物理》——魔法與物理的交織

林秀豪／清華大學物理學系特聘教授

喜歡科普的讀者，對於天文、宇宙學、粒子物理應該不陌生，畢竟滿空星斗燦爛耀眼，黑洞奧妙迷人，而粒子動物園內的珍禽異獸更是令人眼花撩亂。但說到物理最大的次領域凝態物理，多數人可能就抓不到頭緒了。

凝態物理，聽起來像是門冷冰冰的科學，但作者慧眼獨具，像魔法般將之轉化，變成了一場又一場神祕又奇幻的冒險。整本書以黑暗洞穴中的晶石照明開場，揭示這個「晶石」就是日常生活的LED，讓人恍然大悟，現代科技在過去就如不可思議的神奇魔法。跟隨著巫師法瑞安的探險，透過自然界的物質與現象，逐步發覺隱藏其後的規律，一步步揭開物質的神祕面紗。在這樣的視角下，物理學家成為了現代的巫師，讓讀者彷彿身處在充滿魔法的奇幻世界中。這樣的寫作手法讓科學家服氣，也讓讀者輕鬆了解日常物理現象背後的原理，生動有趣又富有深刻的啟發性。

書中最引人深思的核心概念，就在於「整體要比各個部分的總和，來得更為深奧」。也就是說，即便徹底了解每一部分，也沒辦法完整描述整體的物理特性。格物致知遇上了凝態物理，似乎就不太管用了。

物理本來就帶有強烈的化約主義。舉例來說，日常生活可以接觸到五花八門的物質，那物理學家會問，這些物質是否可以化約成更簡單的成分呢？答案是可以的：所有的物質都是原子組成的。我們可以得寸進尺地問，那所有的原子是否可以化約成更簡單的成分呢？居然也行：所有原子都是由核子（質子與中子的統稱）組成原子核，加上核外活蹦亂跳的電子雲。這一路問下去，物質由原子組成，原子由核子與電子組成，核子則由三個夸克所組成。這一系列化繁為簡的成功，很容易讓人誤解，只要深入研究基本粒子，就能掌握其組成系統的物理特性。

但事實並非如此，特別是在魔法處處的凝態物理。書中提到的超導現象，就是電子集體行為所展現出的超凡現象。回溯到一九一一年，荷蘭物理學家昂內斯發現，當金屬冷卻到接近絕對零度時，電阻居然憑空消失了，稱為超導現象。這種現象無法透過單一電子來理解，而是電子整體所展現出的特性，而這就是書中所強調的：「整體要比各個部分的總和，來得更為深奧。」

凝態物理一向不是科普界的寵兒。寫得太日常生活，會被抱怨稀鬆平常，沒有動機讀下去。那加點後空翻炫技，又常常嚇退路人甲乙丙丁，明明這麼常見的事物，為何說得如此艱澀難懂？作者一點都不怕，在書中一一介紹不同的現象：磁性、半導體、超導，加上愈來愈亂的熵，以及驚嚇指數百分百的自旋電荷分離現象。透過一系列精心編織的故事，將這些抽象概念具體化，讓讀者可以輕鬆地跟隨作者的敘述，理解物質在不同狀態下的集體行為，從固體、液體到氣體，乃至更加神祕的電漿態和超導態。這些現象不僅展示了凝態物理的奇妙，更讓人感受到科學文字背後的詩意。

我特別喜愛書中穿插的科學史，像作者提到了法拉第這位「巫師」。多數人知道法拉第在十九世紀的實驗中展示電磁感應，揭露了電與磁之間的隱藏關係，自此人類文明踏入電器時代。但在閱讀這本有趣的書之前，我並不知道法拉第居然還會「離合咒」，而這正是半導體的關鍵祕術。

除此之外，作者也毫不避諱地探討了科學中的性別和文化多樣性問題。而諾貝爾物理學獎歷史上，僅有少數幾位女性得主，恰恰彰顯了科學界存在的結構性偏見。作者在探討物理現象的同時，也呼籲科學界應該更加開放、包容，吸納來自不同背景的人才，讓研究第一線更為多元和豐富。

剛讀這本書的時候，對於作者把嚴謹的科學，綑綁在科幻的魔法上，確實有些納悶。但隨著段落的舒展，這本書帶領讀者走進一個魔法與科學交織的世界，將冷峻的物理知識轉化成一連串驚奇的旅程。我自己從事凝態物理研究數十年，近來也跟志同道合的夥伴建立量子熊頻道，希望走出傳統的教育框架，將科學知識推廣出去。走讀書中一個個有趣的科學故事，很佩服作者的用心與魅力，相信任何對科學感興趣的讀者，都能在這本書裡找到一個迷人的魔幻世界。

推薦序

物理中的魔法——凝態物理

陳義裕／台大物理系終身特聘教授

上個世紀九零年代，我在國外完成博士學業回到台灣工作。一位物理系較資深的學長曾私下問我：「你這種研究算得上物理嗎？」我不記得身為菜鳥的我當時是如何回答的，我猜最可能是答非所問、顧左右而言他。如果這本書能早三十多年出版，那我一定可以偷用這個作者的比喻、大聲答出來：「我這可是物理中的魔法呀！能參透其奧祕的當然不多！」運氣好的是，雖然我的專長對當年台灣物理學界來說或許較陌生，但台大物理系還是大度地接納了我。

凝態物理的領域非常之廣，廣到後來系上同領域的年輕同事生病需要我去代課時，我都要很心虛（不是虛心喔！）地先跟上課的同學聲明，我其實沒比在座的他們多知道這位同事想教授的內容。當然，我肯硬著頭皮答應去代課其實還是有私心的，因為這些魔法真的太有趣了，我好想藉著備課逼自己再多學一點！

而說到多學一點，我就真心佩服本書作者的博學多聞。表面上他似乎只是想科普一番較鮮為人知的凝態物理，但是為了讓一般讀者在捧起這本書後能不虛此行，他卻上天入地、旁徵博引各種相關的迷人話題，讓人巴不得一口氣就能將之全部吞下去！可是正因為作者說故事的本領高超，他書中提出來的各種事例我都想更深入去探索，結果好好的一本小書被我愈讀愈著迷，時間愈花愈多，弄到幾乎是不可收拾的地步。如果不是本書編輯來催稿，我一定會花更多時間在作者精心布下的巫術魔陣中遊蕩玩耍，而本文的完成必然是遙遙無期！

本書從大家所熟悉的物質相變化（例如冰融化成水）說起，在淺顯易懂卻又詳實的敘述後，作者巧妙地把凝態物理中一個很重要的概念帶了進來：造成物質表現出各類有趣性質的重要成因其實是所謂的「對稱破缺」！對於首次聽見破缺兩字竟然被拱成物理圭臬的讀者來說，這在心理上造成的震撼與失望恐怕難以磨滅，因為我在（超級無知的）學生時代就是如此想的：「我學習物理是要來探索大自然的優美，你怎麼反倒丟給我一記破缺的變化球？」幸好作者功力深厚，經過一番解說後，讀者應該會看出物理之美原來還真的是懸繫在那極為奧妙的破缺處！

透過相變化，作者接著引導我們進入了熱力學那些看似極度令人洩氣的定律中——首先是能量無法憑空創生或消失，然後又說在有溫度的情況下能量根本無法被完全利用，最後再補一槍：「而沒有溫度的環境在物理上絕對達不到！」這算是哪門學問啊？

其實正因為熱力學定律規範得這麼死，所以我們才可以據以做出各種理論預測！例如，可以被我們完全利用的能量之百分比雖是有限的，但它卻和溫度的高低有關，也因為這樣，我們反而可以透過此比例來定義出絕對溫度，而完全不會受限於特定溫度計的使用。此一成就在科學史上可是非常重要的里程碑。

講過了巨觀世界的熱力學，本書開始敘述它的微觀起源——統計物理，再藉著統計物理把讀者帶進五花八門的原子與分子的絢麗物質世界。在這個只能用量子力學才可以正確而完整地描述的微觀領域中，準粒子的概念無所不在，例如它幫助我們徹底理解了物質的導電性，而我們之所以可以方便地使用手機與各種電子設備，也都是因為科學家與工程師已經充分掌握了此中奧祕。這些透過個別粒子間的交互作用所引出的集體行為，也讓我們對物質磁性的理解與應用有了長足的進展。

既然提到量子力學，有誰能忍得住而不去談論目前最熱門的量子電腦呢？所以作者從電子的自旋磁性、物質的超導與超流體性質這些玄妙的量子現象侃侃而談，一路快樂地向讀者介紹起什麼是量子糾纏，以及量子電腦所遇見的瓶頸與一些可能的解決之道。為了能以科普的方式把這些概念交代出來，作者真是卯足全力，用上了各式有趣的比擬！

我是在閱讀過本書原文版後才接著閱讀中譯本，而令我相當開心的是：不需花多少時間我便深深感受到譯者以及編輯對此書的用心，因為讀者很容易從字裡行間中看出他們在文字翻譯正確性以及閱讀順暢度上面所下的功夫。國內科普團隊中有這些優秀的新血在認真耕耘，這不只是從事專業研究的科學家所樂見，更是所有對科學有興趣讀者的福音！

閱讀本書真的帶給我無比的樂趣。希望您閱讀本書時也有同樣的興奮與欣喜！

凝態物理

目次

編輯卞言

本書翻譯過程中感謝譯者秦紀維補充文獻考證與延伸資訊。內文中若有上標數字，請參閱書末〈譯者補充〉部分的延伸資訊。原書參考資料會以黑色圓圈數字表示。

第一章　泥土的物理

巫師法瑞安在闃暗冰冷的洞窟中攀緣前行，一邊低聲向她的晶石詠出一串熟習的咒語。像吹散一團蒲公英種子那樣，呵口氣，被喚醒的晶石便透射出眩目紅光，照耀四周苔痕斑駁的岩石。

復前行，遂見入口，一面箍著寬鐵條的大木門止住了去路。她在晶石刺眼的光線中摸索。門把是個扎實的黑鐵環。她使勁拉，環渾然不動：鎖上了。在木門邊沿她將手指伸入罅隙，發現與門把一樣的鑄鐵，閂住了門。

口吻嫻熟而平靜，法瑞安令晶石再暗。只消片刻她又身陷純黑之中。她挨近門閂，晶石平放掌中遞去，像在餵馬兒青草。她口吐古老咒言，寥寥數語，這次疾厲些許，光線甦醒成一強勁的灼熱射束，貫破縫隙，光的激流劈開了鐵閂，僅剩下熔融鐵汁橘紅餘輝，打鐵熔爐似的刺鼻氣味迴盪。光束倏忽即逝，一如亮起時的突然。她再拉鐵環，稍一用力門就悠悠滑開。光明與生氣隨之滲入門彼方的砌石台階。她的任務才要開始。

這是一本關於巫術的書。它會揭露巫師的祕密技藝，讓你也能追隨它的門道。本書也述說魔法的歷史，關於巫師如何察納萬象，從中推敲出有用的咒語，以及現代巫師怎樣推陳出新，在我們眼前用魔法形塑世界。

魔法在現代稱為物理，巫師的魔法則叫做**凝態物理**。在我們討論這些名字的涵義前，你須理解本書附有警語：一旦你知曉了魔咒的內情，就你看來，它便再也顯不出原本的神奇了，繼而轉為平淡、日常而無趣。這就是魔術知識的代價。唯有經歷很多實踐、付出耐心，你才能再找回初次目睹魔法時的驚奇。

在歷史上的多數時期，甚至近至某些耆老的兒時，前面讀到的故事肯定是幻想。要是有人能從口袋掏出晶石，令它照亮洞窟，他必然是巫師無疑。但這些年，這舉動實屬稀鬆平常：一顆ＬＥＤ，即發光二極體，就是一種晶體。只要撥動開關使電流通過，彈指就可點亮。而雷射二極體，也是一種晶體，發出的強光聚焦了足以切削金屬……你大概覺得被騙了。ＬＥＤ手電筒算哪門子魔法。無聊透頂！誠然，需要有一點不可思議和不常見才算魔法。ＬＥＤ手電筒之所以「無聊」正是因為常見，某種程度上你還知道它的原理。但你要是拿手電筒給中世紀的人看，他一定覺得那是魔法，由於那種科技工藝是他完全陌生的。假以時日，你或許能漸漸解釋原理給他聽，隨著熟悉，手電筒看來又不神奇了。但它是真的失去了魔力，或這只是人的錯覺呢？

在平凡中見神奇不容易，但神奇之處一直都在。物理是一段持續理性化、理解這世界的進程。

許多曾被視為魔法的事物，現在都成了常態。我們的知識通常是循序漸進，建立在既有的知識上的。你或許會一直覺得某個笑話好笑，但你只能「頓悟」一次。但了解了一個笑話你就能拿它去逗別人。搭配一些說學逗唱和一點好運，別人也能如你第一次「瞭」這個笑話那樣「瞭」它。魔術也類似。學習這世界的魔術（物理）的祕訣，就在於讀宇宙的「哏」千遍也不厭倦。就像親眼看一位魔術師變把戲，和聽別人講解把戲原理之間的差異，我希望你初見本書中某些概念時，會感到神奇。更願你讀完本書掌握了來龍去脈，它們又顯得自然而然。即使你得費勁才能取回起初的新鮮感，但每學會一則咒語，你都能使他人受惠。

巫術律

聽完了警告，我們來談巫師。當我說巫師時，我心想的是經典的巫師。施法術的人＊。我認為巫師具有以下特點，稱之為巫術律：

＊我傾向不使用女巫（witch）一詞，由於在歷史上牽涉到迫害。在此使用「巫師」（wizard）一詞囊括各式各樣、不同背景的施法者。

一、巫師研究這世界。
二、巫師明白他也是自己所研究世界的一份子。
三、巫師對世界的理解，使他能看見隱藏的、旁人不可見的模式與聯繫。
四、巫師的知識是實用、切身的。
五、巫師能給世界帶來改變，但他謹慎、富同理心地為之。（由於巫術律之二）

有時巫師的學習純是學術的，像哈利波特和妙麗在霍格華茲上課。有時學習是沉靜冥想，如《星際大戰》中的芮與尤達大師，或傳統道家經典《莊子》中的真人，或像史詩級動畫《降世神通：最後的氣宗》中的武術大師卡塔拉與安昂。但往往學習的方法是探索、體驗世界，如《魔戒》的巫師甘道夫，和亞瑟王傳奇中的摩根勒菲與梅林，以及娥蘇拉．勒瑰恩經典小說《地海》系列中的恬娜和格得。在許多現代版化身中，巫師是名才華超乎現實的科學家。如《回到未來》的布朗博士、《瑞克和莫蒂》的瑞克和《超時空奇俠》中的博士，他們的本領，雖稱之為科學，但其先進的程度超乎了劇中其他人和觀眾的日常理解，一切更像法術。以上的巫術律之中，還隱含一條重要的祕律——反叛律：

巫師明白規則就是用來打破的。

再看一眼上述五條半的巫術律，再把巫師一詞換成科學家，滿適合的不是嗎？人類學家詹姆斯．弗雷澤的鉅作《金枝：巫術與宗教之研究》詩意地說道：

「魔法就像科學，兩者都假設自然具有規律與一致性。驅動科學與魔法前行的，皆在洞察自然的祕密源泉後，所揭露的無盡展望。」[1]

弗雷澤的引文連結了魔法和科學。但巫術指的是特定一種魔法、特定一種的科學：它的名字是「**凝態物理**」。

真名之力

動物學研究動物。植物學研究植物。物理學研究什麼？物理學一詞源於古希臘語「τὰ φυσικά」意為「自然諸物」，取自亞里斯多德關於自然世界的著作。光說這樣，範圍一點都沒縮小。或許最好的答案是，比起所研究現象的範疇，更加能界定物理學的是它獨特的研究方法和使用的工具。這些工具約略分為三類。通常一名物理學家只專精一類，然而必須這三類專家攜手，才能得到朝思暮想的自然知識。

這三類工具分別是實驗、計算和理論。實驗物理學家「實地驗證」世界如何運行。無論物理理論變得再奇異，終究必須交出可驗證的預測。預測可由觀測證實，或者否定：巫師並不發明咒語，他們**汲取**咒語。

當奇幻故事偶一出現巫師習得咒語的情景時，他們總是透過觀察世界本身達成的。例如在《降世神通》中，某些人擁有操縱水元素的天賦，那是他們一族的祖先透過觀察月亮引發潮汐而學會的。

計算物理學家在電腦中建構世界的模型並測試。電腦模擬比起實驗，既可更加精密地控制條件，又能更快反覆運行。代價是，計算物理學家必須把與欲研究的現象相關的一切性質（參數），都事先準確地設置好才行。

理論物理學家同樣和模型打交道。比起計算物理學家想盡可能精確地模擬世界，理論物理學家通常希望盡可能用簡單的模型掌握現象的精髓。理論物理學家須學會洞察事物本質，這也是一切魔法的關鍵。

我本人是個理論物理學家，儘管我也和計算、實驗物理學家密切合作。接下來的巫術指南會呈現的是理論物理觀點，一方面因為這也是我的觀點，另一方面，以簡馭繁的精神恰適合一本入門書。理論家建構類推、比喻，一種寓言。但就如我的物理學家同事楊絲・亨克曾說，數學模型是最強大的那種寓言，因為它們不只能歸納——從新現象聯繫到熟悉的；還能外推——使我們能詳細推算，當換成全新未見的條件時會發生什麼。實驗家就能據以檢驗理論的預測。但經常，是實驗觀察先出爐，理論家才依照數據編織寓言。假使理論的預測在受控的環境下一再得到驗證，理論家便更有信心自己模型用到的精簡要素，確實掌握了現象之精髓。理論物理往往幾乎像是純數學，兩者差異體現於，數學模型是完美、可預測的，而現實世界則紛雜得多。理論物理是我們為了讓純數學模型變得較符合直覺而講述的故事。

理論物理學家的工作總是讓我想到「真名魔法」。從古埃及到現代駭客文化，這個概念歷久不衰——當你得知某物的真名，你就獲得了它的控制權。娥蘇拉．勒瑰恩的《地海》系列被譽為第一個巫師做主角而非配角的小說，就提供了一個好例子。在《地海》的奇幻世界觀，巫師聆聽世界，知曉事物的真名，從而習得法力。是這樣，我們日常所稱事物的名字，只不過是為了溝通而附加的任意標籤。在地海世界，那些被稱為「通名」但事物都另外擁有一個真名，真名是屬於龍的古老語言「創生語」的字彙。例如讀者會曉得小石子的真名是「拓」。當我們用通名交談，一部分資訊遂在途中丟失。當我說「小石子」，我在心中勾勒的形象無法完美傳到聽者心中。我未婚妻多明妮克是這樣詮釋的：若你呼喚一物時用的是真名，就定義上來說，沒有訊息會失落，任何聽者都能完美理解其涵義。因此，真名自然而然地與法術連結，畢竟要將事物召喚到場，你就非得對其本質有完美的理解不可。當我說「小石子」可能是泛稱是許多石子的通性，若我要說「拓」就得先洞澈石子的本質。

人物同樣的也具有真名，在圖像小說《無形行者》＊中，在成為巫師前必先選擇一巫名。導師耳提面命，巫名萬不可輕率決定，因為名字塑造了人格。我的朋友屬於某個宗教，其中新生兒須請大師賜名。咸認大師有靈通，能看見孩子的本質並據此命名。大師還會在此人一生中的不同階段指定新名字。名字還真是能左右人的一生。我的名字 Felix Flicker 既搞笑又吸睛，我不禁想是否我早就將其內化到性格裡了。然而名字的影響可以更為重大。一項二〇一〇年的調查發現，當某科學職缺收到兩份一模一樣，只是分別掛上男性或女性名字的求職履歷時，女性竟獲得較低薪❶。名字，甚至在現實世界，都並非只是任意的標籤而已。

理論物理學家研究事物的模型，而非事物本身。假如有天，一位理論物理學家把她的水晶球從樓梯上丟下去。水晶球有強力魔法保護故不會壞，但她需要知道確切的著地時間，才好及時召喚巨鷹將它銜回來†。迅雷不及掩耳，她套用牛頓運動定律，寫下一條水晶球落下的數學公式。但她並不打算試著囊括這場景中所有的物理要素。她很可能會假設階梯無摩擦、忽略空氣阻力，再忽略可能颳起的風，由於這些量是她無法準確預測的。我們這位理論家希望，從她能精確計算的公式中，得到的結果會和她丟出水晶球的現實相符。在此，那一顆水晶球是「通名」但數學式則是「真名」：不染現實的塵埃。一旦你理解一條數學算式，你就和所有理解這式子的人有一模一樣的理解，不存在語言的隔閡。二加二寫再多次，結果永遠是四。在模型內部是不存在近似的，近似只有當從模型拉回現實時才產生。

關於模型是否「存在」衍生出不少哲學爭論。要是它真存在，則我們這麼說也不為過：是我們對模型的理解將它無中生有地召喚了出來。要像個理論物理學家那樣看世界，你必須學會傾聽事物真名：你需要學著構築出完美的數學模型。其中的藝術在於，選擇一個最簡單，卻捕捉了研究對象精髓的模型。化繁為簡很重要，一張一比一的地圖雖保存一切細節，卻完全派不上用場，因為它沒有使事情變單純。

物理就是一套能套用到任何事物的工具，從極微小到無比巨大的。但巫師所注重的範圍很確切，就是當下和眼前的事物。在大和小之間存在著介觀世界（the middle realm），這正是我們所處的熟悉世界。

介觀世界自有其道

物理諸多學門都會做些神奇的事。宇宙學家研究宇宙的誕生和演變，甚至預測其命運。天文物

＊譯按：蘇格蘭作家格蘭．莫里森於一九九四到二〇〇二年創作的系列圖像小說。主題是反文化、陰謀論與神祕主義。內容有高度實驗性，談魔法、哲學和政治。與《駭客任務》的母題和氣氛相似。

† 就像托爾金告訴我們的，巨鷹總是樂意執行合時宜的救援任務。

理學家聆聽黑洞相撞發出的引力波。粒子物理學家激發量子場，創造前所未見的基本粒子。這些都是壯闊的魔法，而且人們以之為題寫過許多本好書。但在量子的微觀宇宙，以及天文的宏觀宇宙之間，存在著介觀世界。它並非比較不神奇，只是神奇的方式不太一樣：比較熟悉。不幸的是，正因此它總被大眾科普市場忽視。但其實它才是最大的物理學門派：有大約三分之一的科學家在凝態物理的麾下。＊

凝態物理學就是對介觀世界的研究。它是關於你周遭可見的物質的物理：物質就是你能握在掌心的一團東西。凝態物理描述物質，直到將它們的性質和源於底層的量子法則聯繫起來。沃夫岡．包立是量子力學的始祖之一。出名的是，包立曾貶稱凝態物理是「泥土的物理」。這真是對巫師的技藝最完美的描寫！

說和凝態物理學最親近的學門是粒子物理，我想也不為過。理解兩者的異同很重要。粒子物理研究的是基本粒子——電子、質子等等。一個合情合理的定義或是：

> 基本粒子能在真空中自己存在，且不能分割為其他基本粒子。

電子符合這些條件。但一顆原子則不然，因為雖說原子能夠自己存在，它卻可以分解為其他成分：電子、質子、中子，而這些都是能自己存在的基本粒子。另一方面質子雖然由三顆夸克組成，但夸克永遠不能獨自存在，所以要是用上述定義它們不太算是「基本」粒子。

凝態物理學研究的，是從大量基本粒子的互動中所產生的現象。若是如此，豈不就能簡化成粒子物理了？在本書中我會試著說服你答案是不能。假如凝態物理有一句精神標語，那會是：

> 整體要比部分的總和來得更深奧。

或許最好的例證就是粒子在物質內部的行為了——在我心中，這可是「現實世界」這場魔術表演的重頭戲。一顆在真空中呼嘯而過的電子，具有特定的質量、電荷與磁矩（自旋），這些值決定了它的身分是電子，全宇宙的電子皆然[†]。但要是電子穿進物質中，它便會依照量子力學描述的方式與其他粒子互動。這過程改變了電子的有效質量。但質量須是定值才能叫電子，這使得它的新身分不再是顆電子，而是一顆「突現準粒子」：一個比其組成部分深奧的整體。

為了解釋其機轉，我會改寫大衛·米勒教授為解釋希格斯玻色子這種基本粒子的性質，發明的優雅寓言。米勒教授曾提到，他是從凝態物理學這裡借用了核心思想，那我想他應該不會介意我再

---

* 編按：參考美國物理學會的年度調查：https://ww2.aip.org/statistics/physics-phds-granted-by-subfield

† 譯注：直到遇到不得不考慮相對論性速度的電子比較重的情形。https://en.wikipedia.org/wiki/Relativistic_quantum_chemistry

借回來。想像有一隊狂熱的抓鬼人，擠進了鬧鬼大宅中一座頹圮的舞池裡。毫不知情的鬼魂穿著拉夫領的華服，手臂挾著自己被斬斷的頭顱，自在地飄過走廊。鬼魂飄進舞池，突然間所有眼光（和可疑的偵測器）都轉向了祂。原本分散的群眾開始擠在鬼魂四周，不幸的是，這鬼魂是無法輕鬆穿過人體的那一類（猶如童書《湯姆的午夜花園》），所以祂只好費勁閃過一個個徒勞地想拍下靈異照片的抓鬼人。鬼魂的質量增加了，因為祂得比原本飄過走廊時更費力才能加速：周圍的人礙手礙腳。為了讓寓言更接近現實中奇異的量子性質，我們改想像鬼魂是如《阿比阿弟暢遊鬼門關》那樣，無須維持形體推開人，而是能附到人身上，在眾人之中一個接一個跳躍過去。祂仍然像是得到質量而慢了下來，但這次舞池中哪裡都找不到伶仃的鬼魂身影，除了當祂跳到外頭無人的迴廊時才又是祂自己了。這就像電子在物質內被改頭換面，只有跑到材料以外才得以恢復基本粒子之身。

其他的突現準粒子就沒有基本粒子的對應物了。例如說，光可以在真空中行進，由於光子是基本粒子，但聲音就不是由基本粒子傳遞，因為真空不能傳聲。聲音是一種機械振盪，故需要介質傳遞。但聲音確實可穿過物質，當它行進時，可以描述成「聲子」這種突現準粒子。*再次借用米勒教授的寓言，這次抓鬼人只是妄想有感到鬼魂存在，遂向鄰人耳語，鄰人的鄰人聽到小道消息也靠過來，很快風聲就在場內自由來去，傳到哪，那裡就好像有鬼魂存在一樣人擠人，卻並沒有鬼。人群中的密集部分如一個有質量的物體般，具有運動的慣性，就和聲子一樣。沒有準粒子存在的物質可以想成凝態物理學版本的真空，畢竟真空就是空無粒子之處。聲子是個好例子。它可以理解為晶格裡的原子振動。晶體溫度愈低，原子振動愈少，聲子便銷聲匿跡。當聲子一個都不留，晶體便處在最低能量狀態，稱為基態。你若低聲向晶體詠著熟習咒語，會給予晶體能量，振動它的原子，並召喚聲子現身。這引出下列定義：

> 突現準粒子可以獨自存在於能量在基態以上的物質中，且不能拆成更基本的獨立成分。

突現準粒子無法單純簡化成基本粒子的組合，卻不失去某些重要的洞察。回想為了打聽鬼魂消息而擠成一團移動的人們。確實是能用捉鬼人為單位來逐一描述，但這麼做會見樹不見林。這就是「突現」的精神，整體比部分的總和更為複雜。群眾具有單獨的個體所不具有的性質，像是會彼此阻擋而行動不自由。在凝態物理學，「個人」通常是原子或基本粒子，而突現的「群體」現象是宏觀的物質特性，可以用準粒子來理解。

準粒子是凝態物理領域的特有物。許多具有一種縹緲離奇的夢幻感，聲子可以在實驗中測量到，但當你以基本粒子的尺度觀測，那裡一無所有。它們的真面目只是原子的集體振動。

---

*有些物理學家偏好稱聲子為「集體激發」而非準粒子，我不加以區別。

基於上述理由，令人很想把準粒子打入「真實度不如基本粒子」的冷宮。但這麼想好了，我們認為日常的世界（介觀世界）是真實的。另一方面，我們認為最底層的量子領域充滿了撲朔迷離的神祕。但我們熟悉的世界之所以能遠離亂七八糟的量子效應，正是因為它是突現出來的。否定準粒子的真實性就是在否定日常經驗的真實性。即使不存在聲音的基本粒子，我們仍能聽到遠方林間的貓頭鷹嗚嗚啼叫。

夜梟別有玄機

理論物理學家在各式各樣的研究領域出沒，化簡現實直到得其精髓。但化簡有多種面貌。粒子物理學家試圖探明構築宇宙的基本單元——現實的最小可動元件。這個宏願迎來大成功，集大成的就是解釋了所有已知基本粒子的「標準模型」。也許這段追尋的終極目標就是「萬有理論」，將可望補齊標準模型的最終一塊遺漏：萬有引力。要是事成，這理論就能囊括一切基本作用力，解決暗物質和暗能量的問題，還蘊含了理解宇宙終極命運之鑰。但你也許已察覺到，萬有理論並不能真的描述萬物。事實上，它根本解釋不了日常的大部分經驗。它或許是個解釋一切基本粒子交互作用的理論，但它解釋不了，例如說，貓頭鷹。

世上壓根兒沒有屬貓頭鷹的基本粒子，但我們深信貓頭鷹真的存在。牠們是由諸多原子所組成，每顆原子更由質子、中子和電子組成。因此貓頭鷹並不基本而簡單，牠們突現而複雜，乃是一團亂糟糟的特徵的集合。牠們比組成牠們的基本成分來得更深奧。這些基本成分可以是基本粒子、原子、細胞、基因和其他。這些基礎的描述不互斥，而且全都正確無誤，只可惜無法解釋貓頭鷹的利爪、尖嘯、鉤型的喙，以及在流行文化中和魔法的聯想。

凝態物理也不研究貓頭鷹（至少目前還沒）。但它研究當極多東西互動時有什麼突現性質，這些也正是介觀世界迥異於微觀世界的地方。老掉牙的說法是「三個臭皮匠勝過諸葛亮」，但比較可貴的是三個臭皮匠勝過一個臭皮匠的三倍以上，多出來的部分得歸功於突現（互動）。類似的，當非常多的粒子湊成一塊物質，足以湧現出新世界。

本書追問關於那些新世界所能具有的型態。把主題濃縮之萃取之，一言以蔽之就是在回答這題：究竟什麼是物質？

這一題有很多切入點和理解的方法，我們會在各章看到彼此互補的觀點。我們的發現之旅會歷經三個重要階段。

見山又是山

有次在沙漠跋涉時我碰巧與一名魔術師為伴，我們聊得漫無邊際，最後話題圍繞在舞台魔術。我問魔術師是否聽過達倫・布朗這位我最偏愛的魔術師。布朗是幻象大師，每場表演一開始都提醒我們觀眾他並無特異功能，只是活用戲法、心理學、暗示、誤導，以及控場能力而已。魔術師聽過他。

我說我對布朗的景仰分兩階段增長。第一次看他表演，我驚嘆於心靈魔術之精湛。他能讀心，能讓人見到不存在的東西，還能命令平凡人做出超越極限的特技。他操弄我們知覺的漏洞，以示人類對世界的認知並非牢不可破，從而容易上當。我著迷地重複觀賞他表演，但不用多久我就發覺，很多效果可以用傳統魔術手法做到，用不著操縱人心。就在這時我抵達了第二階的景仰，原來，真正的魔術在這！他讓一個理應是理性又多疑的人如我，又一次開始相信世上有魔法。而他是由訴諸一個科學的盲點：心靈的神祕而辦到的。

沙漠的魔術師告訴我，他認為達倫・布朗是在世的最偉大魔術師。他也同意，一切偉大的魔術都存在我所窺見的、欣賞的兩階段。他補充其實有第三階段：當布朗的魔術師同行看他表演，大多人都熟知許多他使用的手法與技巧——但布朗的表演看來還是充滿驚奇，因為他的技術手腕是一等一。職業魔術師總是樂於看見精湛的手法。

從魔術師的評語中我聽出相似之處，因為成為科學家也有這樣的三階段。想當時我們年紀小，世界正嶄新且迷人，什麼事都是值得驚訝的奇蹟。這就像是看魔術的第一階段。待我們長大了，我們慢慢學到事物的原理，發現魔術背後的手法。在這階段很容易走岔，卡在一個冷漠又陰暗的理性的洞窟裡。但只要你內心留存著一點興奮的火種，只消輕一吹氣就很容易重燃舊情。伴隨一些耐性，一點機運，你也能點燃那團火，邁入理解的第三階段：科學家的階段，即使已經「瞭」了魔術的來由（物理），你仍因世界它那精湛的手法而愈發愛上。

人類對於周遭物質的理解是一段在歷史上一直被重述、更新的故事。本書各章裡，我們會逐一學到歷來對物質本質的各種解釋。我們會從遠古開始，人們將一切分為土、氣、火、水。隨我們朝未來進發，諸多凝態物理學家才正開始理解的先進材質特性，將會讓日常大為改觀。在前幾章，我們先蒐羅基礎咒語，它們是每位巫師在養成之路上皆須習得的、代代相傳的知識。待我們準備完全，在末幾章將會一口氣追上領域最尖端，看看那些凝態物理學家才剛懂得施展的術式。

如果讀完全書的你只記得一件事，那最好是這個：巫師真的存在，而你如果想當的話，凝態物理界歡迎您。如果你擔心傳統上的物理學家印象並不符合你，那你更加是我們需要的人才。研究凝態物理的人來自各種背景，這種多樣性還在增加中。我會分享歷來為這學門作出貢獻的人物生涯中的一些吉光片羽，盼你了解科學界中人真是各色各樣。

然而，借鑑智慧並不代表就應該照單全收前人的每一句話。就像上文引用的弗雷澤，雖然詞藻華麗，但他的整體觀點仍無法跳脫時代的窠臼。這方面還有很大進步空間。舉例來說，至二〇一七年為止，諾貝爾物理獎的二百一十六名得主中只有兩位女性＊；第一位歐美以外的物理獎得主花了三十年才出爐。†而至今沒有任何設籍非洲、南美或中東的科學家得獎。諾貝爾獎僅是更廣的結構性問題的症狀：只有特定分眾才受支持參與科學研究，那些不符合「白人男子」樣板的人所作出的貢獻往往被輕描淡寫地忽視。我偶爾會以得了諾貝爾獎作為某研究重要程度的方便象徵，但豈知未得諾貝爾獎不是偏見在作祟呢。情況似乎在好轉，女性科學家分別在二〇一八與二〇二〇年獲得物理獎（但同時期也有七位男性得獎）。‡這項進步對科學的未來至關重大：解決複雜難題的最好方法是引入盡可能多元的觀點和切入方法。所以若你曾感到典型的科學家或巫師的描述和你不搭嘎，那正是因為你是科學界未來亟需的人。

真希望我能說我是因為憧憬成為一名巫師而踏上物理學之路的，或至少說是受到奇幻小說的啟發。認真想，我確實曾迷上那些神祕難解的話語，和僅有被選中傳授者才能得知的奧祕知識。但實際上巫術和物理學所吸引我之處，其共通點是更深層的，對想像力的嗜愛——創造出幻想世界的力量也用於創造物理理論，以及發明設法驗證它們的實驗。本書中我將活用這聯繫，穿插幻想風故事，引述經典的文學和電影，來突顯物理蘊含的魔力。就像本章開頭的故事那樣，用小說筆法，總是較容易呈現出事物的神奇。但我希望在闔上書本之後你會同意，現實世界的神奇程度不輸任何迷人的故事。

那就讓我們繼續看下去，深入了解「泥土的物理」。有許多術式並不會在本書出現，本書目的也並非要做到包羅萬象。世界已經向你展現它的神奇，本書只是個指南，教你如何開始聆聽。

＊分別為發現放射能與新放射元素的瑪莉・居禮（一九〇三），以及發表原子核殼層模型的瑪麗亞・格佩特－梅耶（一九六三）。

† 發現光譜拉曼散射的錢德拉塞卡拉・拉曼（一九三〇）。

‡ 唐娜・斯特里克蘭以啁啾脈衝放大（讓非常大的能量擠進非常窄的脈衝）共同獲得二〇一八年物理學獎。安德烈婭・蓋茲以銀心超大質量黑洞的發現共同獲得二〇二〇年物理學獎。本書原文截稿後，安妮・呂利耶以阿秒雷射應用共同獲得二〇二三年物理學獎。

第二章　四元素

某日，聃夫人和葫蘆子在老橄欖樹下擊打枝枒，拾取果子。一群蜉蝣飛繞二人。葫蘆子道：「你可曾尋思，聃夫人，這些蜉蝣壽命全在我們身邊度過了。今日方破曉我倆上工。早膳時它們孵化，午膳它們步入中年。日暮我們下山歸家，它們死去。僅幸運者得以交尾繁衍，更多則稀里糊塗，白來世上一遭，充其量是我們工作中偶爾的侵擾。」

聃夫人答：「蜉蝣的一生並不比你我的更無意義。想這棵橄欖樹吧。它在咱們不可追憶先祖的時代萌芽。它茁壯時，已看盡你我族裡多代人的生老病死。當它終其天年，我倆曾存在的痕跡早被光陰磨滅。」

老橄欖樹打岔道：「無獨有偶，你們倆的存在，對我而言也不過是偶爾的侵擾。「最初見到我的人，任我長大。他們的孫輩吃我果子，但討厭味道。孫輩的孫輩始懂醃製，我的果子就被一摘再摘。約莫百年，他們開始移植我的苗裔到山下，但要再一代人才懂得把它們照料好，雖然仍不如這座山照料我好。」

這時山開口道：「非也。橄欖樹所言差矣。在我看你們皆微不足道。我見證不計其數的動物世代，逐漸演化來吃你的果子，也見你的族類遂利用動物來散播種子。

「年輕的我從海中升起，看著陸地彼此撞擊。待我茁壯，地面上無數物種繁衍復又消亡。在我看，你們一整個物種都是滄海一粟。我啊與整顆星球同壽，才能理解宇宙的遞嬗。」

至此宇宙不自禁加入這場議論：「山呀，你說你理解我時間的跨度。但你不懂的是我並沒有那種東西。我的存在不僅延伸至深窅的未來，亦囊括久遠的過去，更甚之，中間每個事件、時刻都是我之所在。你說看眾多物種來去，但世代的差異於你是如此之無關緊要，使你無意分清。

「橄欖樹，你的際遇令我好生歡喜。但你也兀自驕矜。你看著世代如聃夫人和葫蘆子這樣的人來去，個體的存在在你看來皆轉瞬即逝。

「葫蘆子聽之，你道蜉蝣一生的意義還不如你的一日日常。接下來的話你仔細體會。

「你們每一個都對，卻也都錯了，就連我也不例外。我的本質是難以言表的，但我會試著說個大概。在你們各自的時間尺度，我存焉，但我亦包含一切已然與未然之事。在你們認知中，這些都如白駒過隙。

「我蘊含著剎那生滅的粒子，它們來去之倏忽，甚至不能說存在過。亦有些粒子終其天年都與外物不相往來。我蘊含朝生暮死的蜉蝣，也蘊含整顆星球的壞滅，而這一切事物都既是絕對的至關重大，同時也是絕對的毫無意義。」

於是葫蘆子收回他對蜉蝣的妄語，回到家，他開始苦思冥想這天晚餐吃什麼好。

突現

多少粒沙才能組成沙堆？

不存在一個明顯令人滿意的回答。你大可任提一個數字，例如四。但很難說服人那四粒沙就是一堆。要是有人質問為何三粒沙不是一堆，但五粒沙是，你也只能宣稱這是原則問題，改不得。這也是科學家做過的事，他們想定義要多少顆原子才算適量的一團物質，這答案被稱為亞佛加厥常數，它恰等於 602,214,076,000,000,000,000,000。

它剛超過半兆個一兆。這是個大得不得了的數，相較之下銀河系只有兩千億顆恆星。大歸大但亞佛加厥數是很明確的常數，根據定義，哪怕少一顆原子你都不足於一團「適量的物質」。

或許模糊的答案會比截然的好。往往看到一些沙之後，很容易決定那算不算是一堆，但卻很難說出具體的標準為何。這就像雖然指出何處是陸地，何處是海相對簡單，但海岸線在哪裡就比較不好說了。兩粒沙肯定不是沙堆，而一百萬粒顆顆相接觸、約略成錐形的沙則肯定是。可以說，沙堆是沙粒的集體突現性質。

突現是本章的主角，是關於原子在距離與時間的最小尺度上的互動，如何引發我們介觀世界可觀測到的具體性質。

我們熟悉的世界是由不同「相態」的物質所組成，相態出自於原子的集體行為。理解突現就是理解同樣的原子是怎麼構築出不同的物質相態。我於土地上行走，於水中游泳，呼吸空氣，游完在火邊暖身子。跟沙組成沙堆相比上述現象並不陌生。但同樣的原子卻能展現相當不同的突現行為，例如水分子既能構成冰塊、流水，也能化為蒸氣。如此需要掌握的微妙之處還不少。為了理解物質相態與它們之間的變化，我們得考慮不同的時間尺度，就如同葫蘆子所學到的。並且就像葫蘆子，我們將面對面接觸到橫跨所有長度、所有時間尺度的構造。我們的旅程將從遠古開始，從突現現象的前身一窺早期的凝態物理學。這會是相當魔幻的第一課。

說到這個，不容否認巫師都是奧祕知識的囤積症患者。但他們也不是為了囤積而囤積，而是一直想著如何運用（見巫術律之四：巫師的知識是實用、切身的）。我們愈理解物質相態，就愈能善加利用。這並不是說就能令它們做出不可能的事，畢竟我們同樣也由物質組成、充其量只是世界的一部分（巫術律之二：巫師明白他也是自己所研究世界的一份子）。這個概念在道家經典《列子》這本公元四世紀的中國古書中寫得最好。書中寫孔子目睹一名男子毫不費勁地在看似無法越過的呂梁激流中游泳。這名男子解釋道：

「我順著向內的水流進入漩渦，順著向外的水流出來，順應水之道，不強行走我的路徑。」（與齎俱入，與汩偕出，從水之道而不為私焉。）＊

男子知道身處水流之中，最好還是順應其道。即使粒子物理、宇宙學、天文物理等學門很容易將科學家和他們研究的對象區別開來，但凝態物理卻始終和日常的世界息息相關。奧祕知識之中的踏實面向，從成立伊始就囊括在這門科學之中，更是給它取名的兩位前輩優先考慮的事。

多即是不同

凝態物理的大前輩菲利普・安德森只用幾個字就總結了整個學門：「多即是不同」。這也是突現現象的精髓。他在一九七二年以此為標題的文章中主張：

＊譯按：出自列子〈黃帝〉「孔子觀於呂梁，懸水三十仞……」。特別的是在莊子外篇〈達生〉也有幾乎一樣的敘述。

> 把一切化約、拆分成基礎定律的能力，不等於能用這些定律重新組合出宇宙。事實上，粒子物理學家愈是深究自然的根本定律，結論就愈顯得和其他學門的實際問題無關，更別說解決社會的問題了。

在安德森長年任職的劍橋大學卡文迪西實驗室，有個名為「固態理論」的研究群。成員一直覺得他們關注的範圍顯然遠超過固體。終於，在一九六七年安德森和同事佛爾克·海涅教授將其名稱改成「凝態物質理論研究群」，從而宣告所有在某種意義上「凝聚」——由大量粒子間的互動產生日常熟悉的宏觀效應——的物質，都是值得關注的對象。命名是一種創造的過程：它決定了觀照的焦點與範圍。社會人類學家瑪麗·道格拉斯在她研究民族的儀式、禁忌和超自然信仰的著作《潔淨與危險》中簡潔地說道：

> 隨著人類學習，事物就逐漸得到名字。名字再回過來影響人對事物的觀感。一旦決定了標籤，下次就能更迅速地分門別類。

憑「凝態物理」一名，便把研究的範疇從固體擴大到了一切物質。這一舉動至今都還形塑著本領域的發展。

我十分榮幸地分別見過海涅和安德森本人。我是在二〇一五年見到海涅教授，當時我在替我的博士學位收尾。我到劍橋報告一場專題演講，一時興起就擅自敲了教授的門。他現身時穿著迷幻炫彩的襯衫，戴著獎牌般的大吊墜項鍊，熱心地迎我這個陌生人進屋。他的辦公室擺滿長年蒐羅的高雅工藝品。我這輩子從沒有過這麼有趣的對話：一開始先談物理，後來天南地北聊開了，便講到他在兒時逃離納粹德國到紐西蘭的經歷。二十世紀物理史充滿了類似的不幸遭遇。

隔年我到加州大學柏克萊分校擔任研究員。其間有一次我受邀飛到普林斯頓專題演講，我就是在那裡會晤了安德森教授，他在一九八四年退休後就待在那（就像巫師，科學家常退而不休）。給來訪學者的辦公室就正對著安德森的辦公室，而他的門似乎總是開著，所以我敲了門。面對著安德森本人和他等身大的人形立牌肩並肩，我強作鎮定，榮幸地收獲精彩絕倫的一席話。聽到安德森親口訴說他當年如何得出那些如今已神聖化的想法，十分讓人感到寬心。我想這感覺來自於體會到傳奇也是血肉之軀：對自己的研究是否會受好評，同樣忐忑不安。

同日稍晚，我和一些普林斯頓的博士後研究員同僚談起我去找了安德森教授請益。他們大吃一驚，因為從來沒聽說有誰去找他談過話！正因為沒有人找他，大家都以為他不太友善。正好相反。教授他熱情的鼓勵，讓我面對前景常常不篤定的職涯時能更堅定。

凝態物理的邊界線曖昧不明，但所有巫師皆能指向「突現」現象的大海，作為本學門的一大清晰特徵。但即使是很能直觀理解的概念，要確切以字句描寫卻不容易。作為第一步，我們可以借用著名的日本禪宗公案：

「雙手互拍會有聲音，一隻手會有什麼聲音？」（隻手之聲）＊

任一掌都無法獨自拍擊，唯有兩掌互擊才形成聲音。我的哲學家朋友列奧尼德．塔拉索夫博士提議以下定義：

唯有當一個現象由其他現象組成，但其性質無法單從個別組成部分的性質來理解，我們才稱它是突現的。

意即，化簡成個別粒子行為，無法準確囊括所有性質。值得一提的是，這個意義下的突現並不牴觸科學思想的另一大支柱：化約論。尋求去蕪存菁，化約論是辨別出故事中哪些部分真的重要，哪些則無關的一個過程。當夏洛克．福爾摩斯解開謎底時，他覆盤我們剛讀到的故事，但簡化到只剩要點。他之所以能做到，全是因為已解開了難題，便清楚哪些細節不重要。正如我的好友，做理論的克里斯．胡利博士所指出的，突現這概念其實也是一種化約論，但此處的要點並非最細小的東西（基本粒子），而是集體行為。這並不難懂：假如你只有幾秒鐘來畫一名巫師，你大概會草草畫下一個火柴人，加上一頂繪有星星的歪帽子、一根魔杖，或許肩膀上站著貓頭鷹等特徵。在規定時間內，你大概不會動手畫大量的原子，即使巫師確實由原子構成。

另一個生動的例子是螞蟻。說起來，單一隻螞蟻不太可能想出複雜的計畫，但螞蟻的群體卻能合作做到挺聰明的事。物理頑童理查．費曼在他的自傳《別鬧了，費曼先生！》中頗深入地描寫了他觀察到的蟻群行為。他發現一列往來於食物所在地的螞蟻經常會採取最短路徑回巢。但區區一隻螞蟻怎麼知道最優路線呢？在螞蟻的尺度，食物離蟻窩非常遠，不太可能能直接看到或聞到。費曼觀察到，第一隻螞蟻起初滿需要碰運氣才撞見食物。發現以後牠取一點，彷彿不認得路一樣繞一大圈才回蟻窩。費曼假設螞蟻（只有在回程時才）留下一條氣味的痕跡，後來的螞蟻就可以按氣味索驥，一路追溯到食物。螞蟻追溯的路徑之所以會逐漸縮短，竟是因為牠們冒冒失失，可能一時追丟氣味，卻意外抄了捷徑。不用多久，蟻群就會摸索出一條頗接近最短的，從蟻窩到食物的路線。

費曼觀察到一個自然現象，也想出理論解釋何以然。但因為他是個好科學家，他也構想了能驗證假設，使其接受現實考驗的方法。螞蟻從窗沿進屋。費曼用線將一片有糖的厚紙板懸吊在半空，使螞蟻非常不容易隨機撞見。然後他在窗沿上放一些小紙片，只要有螞蟻爬到紙片上，他就把紙片移到半空中的糖那裡。螞蟻找到糖後試著亂走回巢，只要踏上紙片，費曼就把紙片移回窗沿。紙片

＊臨濟宗白隱慧鶴禪師的公案，形式只有一句問句。參考《星雲禪話》隻手之聲 2009/11/27。

若「接送」愈多隻螞蟻，上面應留下愈強的氣味，費曼便把紙片移到新的地點，果真螞蟻被吸引過去，證實了螞蟻毫無方向感，是靠氣味訊息引路。

沒有一隻螞蟻擁有怎麼「搭乘」紙片抵達半空中的糖的遠見，這行為僅能由螞蟻集體（透過氣味訊號）的互動中突現出來。在野外，螞蟻曾被觀察到懂得抓穩彼此，架起有十到二十倍螞蟻身長的「蟻橋」以渡過間隙。但這種集體智慧也有出錯的時候，行軍蟻有時會形成「死亡漩渦」，當中大量的螞蟻都盲目跟隨前蟻，形成首尾相接的環，螞蟻就無盡地繞圈直到力竭而亡。

弄清楚小單元的簡單互動是如何引起複雜行為，有望開發出如「集群機器人」（大量構造簡單、懂合作、無統帥的小型機器人）和奈米科技中所謂「可程式化物質」（其最小組件懂得隨機應變，調節自身物理性質）。當下電腦科學的一大重點領域是「類神經網路」：以人腦神經元為靈感，電腦執行極大量的簡單運算，協同起來足以辨識物體。在這三例中，大尺度上皆有複雜而智慧的表現，但這性質在其大量的微小基本元素之中是遍尋不著的。

然而，或許最經典的突現的例子正是我們最關心的：物質本身。

物質狀態

古希臘哲學家恩培多克勒歸納出了一些典型的物質狀態。他提出萬物皆由四基本元素：土、火、風、水所組成。值得注意的是，許多文化中都有類似的關於物質的理論，包括古印度、埃及、巴比倫和西藏，以及印度教與佛教。

但基本元素的概念或許源於古波斯，瑣羅亞斯德教的祭司。他們被稱為祆僧（Magi），這個名字演變成現代許多語言中魔術（Magic）一詞的由來，由於這群人據信熟知鍊金術、占星術和天文學等奧祕知識。可以合理地想像這些古波斯祆僧是古代科學先驅，若是這樣，則四元素說就是凝態物理的先聲，很意外的能對應到現代科學所知的物質態：土是固體，水是液體，風是氣體，而火是電漿（常稱為物質第四態）。*

這些相的性質各異，但其共同點是，它們唯有在足夠多的粒子聚集，合眾為一的時候才會顯現。欲理解其奧祕，就須先從不同尺度看世界。

橫跨多個時間和空間尺度思考，能讓你在凝態物理學受益匪淺，由於探討的對象往往是從基本粒子聚集、一路堆疊，直到它們顯出突現的宏觀性質。這些尺度也正好能按照探查它們所用到的科學儀器、實驗技法來加以分類。舉例來說，看看你靠在牆邊的魔杖吧，你能直接用肉眼看的皆屬「宏觀」尺度：熟悉日常事物的尺度。它們的長度從以公尺到以毫米為單位不等。假如你有顯微鏡在手，你就能看到魔杖更加細微之處，到大約一毫米的千分之一，正好叫「微米」，是「微觀尺

---

* 譯注：本章用到的元素一詞皆指古典元素。與近代的化學元素名同實異。

度」的上限。在顯微鏡下你可以看到魔杖上有格子般的一個個植物細胞。雖然不太可能，但若你剛好能到手一台掃描穿隧顯微鏡（一台足以占滿大半間房間），你能一路放大直到看見奈米尺度，那是一毫米的一千分之一的一千分之一。一奈米大約只能塞下魔杖的五顆原子。DNA螺旋的直徑約是兩奈米。性能最優異的掃描穿隧顯微鏡可以解析十分之一奈米的尺度，約是原子的直徑。

在我第一次聽說有可能替單一顆原子攝影時，我不相信。我總覺得全宇宙應該會共謀，藏起這樣的祕奧知識。但這些年我有榮幸能和實驗物理學家一塊工作，他們不費吹灰之力就能一覽奈米世界，探勘宇宙之祕。伊利諾大學厄巴納-香檳分校的微蒂亞·馬德雯教授是世界頂尖的一位掃描穿隧顯微鏡專家。她和她的博士生荷黑·羅德里奎茲友情贊助了一張用掃描穿隧顯微鏡拍下的鍶原子照片〔圖1〕。照片之所以有點模糊，是因為顯微鏡迎面撞上了量子力學設下的根本性的物理極限。

微觀尺度一詞，有時一體適用在所有需要用到顯微鏡的尺度。我在本書也是這麼用。即把世界分為兩種尺度：微觀和宏觀。有了適當的詞彙，我們可以開始講四元素和它們對應的物質狀態。

固態物質在四元素中屬土。一般人都很熟悉固體是什麼，但要想出一個精確的定義卻不容易。科學家最終選擇的定義大概不是一般人會最先想到的：唯有固體，他們定義道，能夠抵禦「剪切應力」。剪切應力指的是把朝上的一面往一邊推，朝下的面往反方向推，就像魔術師從一疊紙牌中「搓」出幾張牌。想像魔術師的死對頭偷偷潛入，把一疊牌調換成同樣形狀的單一塊固體，魔術師就無法把牌堆搓開，因為固體「固結」在一起。

圖 1 掃描穿隧顯微鏡下一顆顆鍶原子排成晶格。
致謝：微蒂亞・馬德雯教授。

固體很自然地分為兩大類：晶體和玻璃。其中區別在微觀尺度最明顯。晶體中的原子呈週期性的排列，即是它們都等間距，像水面上一排整齊的波峰，也像象棋棋盤的格子。馬德雯教授的鍶原子就呈晶體排列。與之相對的，任何原子排列不規律的固體都稱為玻璃。例如酒瓶的玻璃，但世上還有很多種玻璃，例如黑曜石和一部分的陶瓷。

講到晶體和玻璃的區別就不能不提陳年的老爭議：常溫下玻璃到底是不是液體。這問題的答案真的取決於我們討論的時間尺度。常被人提起，說可證明玻璃是液體的一則「證據」是，古老教堂的玻璃窗常會上薄下厚，代表它們非常緩慢地流動了。但這完全是誤解：舊時手工平板玻璃依賴吹製，工匠先將玻璃塑形成缸狀，在爐中燒到極熱（流動性相對高的狀態）再使勁旋轉，利用離心力把玻璃甩平。這會造出內厚外薄的玻璃，裁切成方形後，通常將厚端放在下方比較穩。因而完全不是玻璃（在常溫下）流動所造成的。然而，玻璃確實會流動，只不過宇宙無敵慢。但同樣一些常稱作固體的材質，例如金屬鉛，也一樣會在自身重量下變形。鉛皮做的屋簷雨水槽只過幾年就會明顯下垂。問題出在，流動發生的時間尺度需多久。按常識鉛是固體，因此以年為尺度的流動似乎太慢了而不算液體。話說回來，某些種類的起司流動起來只需幾分甚至幾秒。

我和劍橋的一位研究員，卡米・絲加麗葉博士談過這問題，她是玻璃和類玻璃材質的專家。我問她學術界畫下的分界線在哪。她答道，若在數百秒內有顯著的流動，他們就認定那是液體。若不然，那就是玻璃（或晶體）。現在你知道了。但這就像回答「四粒沙才算沙堆」一樣，雖無疑是個精確陳述，卻是人任意定下的。

認識玻璃性質的過程，很像欣賞魔術的三階段。一開始你只是驚奇看著，居然有一塊固體在眼前流動！逐漸地，你開始學到一些知識，開始合理化一個更廣的世界觀：「玻璃其實是液體，當然會流動囉。唉你不曉得玻璃是液體嗎？呵呵。」一人很容易一直卡在這個階段。但最後，過一陣子，如果你非常幸運地學到你先前犯了錯。太快驟下結論，誤以為稀奇並不稀奇。玻璃同時是一種非晶形固體，也是一種過冷的液體（意謂它在凝固點溫度以下猶未結晶）！而且，世上充滿像這樣不讓人類輕易歸類的材質，當人們只憑表相輕率分類，它們就藏好自己的祕密，躲在人眼皮底下。世界終究是神奇的，而現在你能像職業魔術師一樣，充滿洞察地欣賞這場秀。

所以說固體雖看似平凡無奇，卻也藏著自己的祕密之道。其他古典元素（物質狀態）如何呢？

由水元素代表的液體，就無法抵禦剪切應力。回想魔術師要把一疊牌推開，牌若是液體就會流成一灘。在奈米尺度，液體是混亂、排列不規則的。但液體仍然像固體一樣密集凝聚。反觀氣體，即古典元素中的風，既不能抵禦剪切力，更不如液體般凝聚。氣體的密度取決於組成分子的質量。這是有一次我旁觀卡里・達努奇－貝瑞什教授施展的「浮空術」背後的祕訣。順帶一提，他喜歡稱他的學門是「軟Q物理」（軟物質凝態物理）。達努奇－貝瑞什教授做了一艘紙船，放入空無一物的魚缸，然後就是見證奇蹟的時刻，只見紙船浮在魚缸中央，彷彿四周有隱形的水。其實，缸裡裝滿了氙氣，是一種無色且比空氣重的氣體。氙氣的密度之高，紙船的重量還比其所能排開體積內的氙氣輕，故根據浮力的阿基米德原理，紙船浮在氙氣（與空氣的介面）上。接著，達努奇－貝瑞什教授施展了「變化咒」讓他的聲音變得異常低沉。在吸入一些氙氣之後，說話的音高會變低，就如同反過來吸入比空氣輕的氦氣會讓聲調變高一樣。他還得倒立著表演，要不然比空氣沉重的氙會在他的肺部堆積，使他窒息。

電漿，以古典元素中的火為代表，和氣體的不同在於它是「電離化」的，意思是其中有或多或少的原子或分子，得到或失去了電荷，便以離子的形式存在。日常現象中，火焰是電漿態的好例子，因為它含有電離的分子，天生就有導電性。另一個還算日常的電漿自然現象則是閃電（多日常得視氣候而定）。閃電無疑是導電體，雖然大概只有瘋狂科學家會在暴風雨的夜晚，拿伏特計到戶外驗證這回事。

由於電漿相對是平日比較少見的物質狀態，似乎需要更深入解釋，也教人想問為何有些氣體能電離成電漿呢？然而教人吃驚的是，電漿其實是宇宙中最常見的凝態物質！每顆恆星都是一團炙熱的電漿。扼要來說，關鍵就是要很熱很高能，原子運動碰撞如此猛烈疾速，一些電子便開始抓不住而四處飛散。一般而言，能量從低到高依序是土、水、風、火。你可以想像這些原子是一班巫師，在能量低的狀態，大家都安坐著討論一些巫師的要事，像固體中的原子靜止。但忽有風聞傳來：有人領悟出了全新咒語。巫師紛紛起身踱步，口中念念有詞，像液體中的原子動來動去。又有新流言說，新咒語似乎很不得了。這下巫師全都興奮得手舞足蹈，在屋裡奔走相告，逢人就問新咒語是什麼，像氣體中活力十足的原子。最後傳言得到證實，新出爐的是巫術界多年寤寐以求的重要咒語：追蹤不見的巫師帽的魔法。巫師開心得顧不得形象，在房子裡橫衝直撞，把巫師帽拋高慶祝，反而弄丟了帽子。

那麼，金屬又是何種古典元素呢？考慮到多數金屬在常溫常壓下是固體，或許屬土？但它們卻會導電，似乎又屬火。因此或許金屬是土和火的綜合。從古典的看法翻譯到現代術語，這說法雖不中亦不遠矣。金屬是固體，但為了凝聚結合，每顆金屬原子都貢獻出一或多顆的電子，自己成了帶正電的陽離子，坐落在帶負電並且可自由活動的電子海中間。於是電漿態物質其實比想像中常見，也未必需要高能高溫。

綜上，整體而言古典四元素意外不錯地歸納了生活周遭最常見的幾類物質狀態——大量原子交互作用，突現出的集體性質。但除這四者以外，仍有許多種物質狀態，意外常見者還不少。

第五元素

四元素的概念表現得可圈可點，因此數千年才退流行。但它壞在設下了框限，令我們對其他不同的物質態視而不見，即使它們充斥於日常。電視和筆記型電腦螢幕使用的液晶就是一例。液晶中的分子對液體來說，排列得過於整齊，但又不夠如晶體般整齊，而且它們流動得太快也不能算是玻璃。膠體：包括凝膠（像是果凍）以及溶膠（像是牛奶）都擁有經典物質態不具有的性質。所謂溶膠是凝聚態的顆粒懸浮在流體之中，像牛奶是脂肪液滴懸浮在水中。

但四元素所遺漏的最重要，而且也最熟悉的物質態，就是磁性物質了。

一顆磁鐵完全符合我們說物質狀態的定義，是由許多原子產生了集體突現性質：一個磁場。但磁性現象可以存在於固體、液體，甚至氣體之中。電漿的磁性是與生俱來的。一種常規的核融合反應爐的設計稱為「托卡馬克」（環磁機）*是用磁場來禁閉電漿。核融合是讓原子核相結合來釋放

*譯注：Tokamak，源於俄語「環形腔與軸向電磁場」。

能量，這也是太陽的能量來源。核融合不會產生危害性的廢料，不可能災難性熔毀，而且唯一需要的燃料只有氫元素。氫元素取之不盡用之不竭，核融合因而被歸為再生能源。[1]但仍不存在商業運轉的核融合電廠，主要是因為它真的很難——用磁場禁閉電漿，也被比喻為「在一條鐵絲上平衡果凍」。電漿物理學家（不見得會以凝態物理學家自居，視你問誰而定）的工作，就包括開發能讓如此搖搖欲墜的平衡能成立的方程式。

雖然常見，但磁鐵仍留有恰到好處的不可思議。如果你看到有人像是在用心靈的力量讓東西在桌上移來移去，你大概會先猜那是使用磁鐵的把戲。說句公道話，光是磁鐵能超距移動物體，本身就夠神奇了！人類最早入手的是天然磁石，是受磁化的天然礦物。雖沒人能肯定它們是如何被磁化的，但主流的猜測都和閃電有關。支持這理論的觀察是天然磁石一向只在地表出現。

磁石讓我們一窺另一個古老的凝態物理源流，況且它們一向被視為神奇之力。最早談到磁石的文句記載於公元前四世紀的《鬼谷子》〈反應〉：

> 自知而後知人也。其相知也，若比目之魚；其見形也，若光之與影也。其察言也不失，若磁石之取鍼；如舌之取燔骨。＊

這段的翻譯得到我的朋友海蓮娜・勞頓和以前學生陳思軒的協助。思軒還補充道比目魚（鰈魚）是漢詩傳統中愛侶的象徵，雌魚雄魚形影不離。傳統上更認為它們各自只有一隻眼睛，必須成對才能視物。

現代學者認為《鬼谷子》是集結多人之作。傳統相信鬼谷子真有其人，因避居鬼谷而以之為名，地點已在歷史的迷霧中失落。公元前二世紀有著作提到以天然磁石製成杓形，放在平整地面，杓柄指向南方。†英文中磁石（lodestone）一字來自古英語的「路、途」（lode）。至今還有這樣用的例子：我最愛的酒吧是一間十五世紀的小酒館，叫做 Lower Lode Inn，位在塞文河河岸上。抵達這裡最輕鬆的路是由中世紀風的城鎮蒂克斯伯里出發，沿著林蔭小徑往南。你會看到酒吧在寬廣的塞文河對岸。往右邊看，柱子上有一口鐘，敲響它，擺渡人會從對岸來接你過河。替代的選項是走遠得多的小徑跨過原野，或是開車繞很大一圈。所以最好還是走南邊的路（lower lode）。

在一五五八年的書《自然魔法》中花了很大篇幅在探討天然磁石。作者是那不勒斯的姜巴蒂斯塔·德拉波塔，又以「祕法教授」之名為人所知。德拉波塔是位博學家，興趣範圍包括密碼學、光學、天文學、氣象學、生理學，以及戲劇創作。他還創立了世上第一個科學協會，稱為「自然之祕

---

* 譯注：鍼同針。蟠骨，彎曲的骨頭。

† 譯注：《韓非子》〈有度〉「故先王立司南以端朝夕」。這個司南等不等於指南磁針見仁見智，立司南也可以是一根日晷，一個官名。

學院」。欲加入者須至少揭開一個新的自然之祕。到今天這都還是攻讀自然科學系的博士學位的基本要求，翻譯成現代用語就是：拿出原創的科學發現。

德拉波塔的學院被教皇下令解散，因為懷疑他們在行巫術。他本人遭宗教法庭審問，多位朋友也被牽連下獄。但他不屈不撓，反倒發明一套傳祕密訊息給朋友的方法：在煮熟的雞蛋殼內側寫字！*如果說古典四元素是凝態物理的久遠先祖，那麼德拉波塔的《自然魔法》就是科普書的先聲。德拉波塔洋洋灑灑整理出二十冊各自不同的主題，從第六冊《論贗品寶石》到第十七冊《論鏡面和透鏡》。他絕不道聽塗說，反而記錄自己的各種實驗，檢驗古典想法的真實性，還經常直言不諱地指出古人是在胡說八道。在第七冊《論自然磁石》我們可以看到直白的章名例如「第五十三章：假的。鑽石才不會令磁石的力量消失」和「第五十四章：山羊血並不會恢復被鑽石削弱的磁石力量」。他詳盡地引用他的文獻來源，並記錄下他的原創觀察和細密論理。

話說，雖然山羊血對磁鐵的效果一點影響也沒，但另一顆磁鐵鐵定有影響。影響的形式取決於磁體的種類。最常被稱為磁鐵的，是自身即帶有磁場的：鐵磁體（ferromagnet），ferro 字首代表鐵，由於鐵是鐵磁體的典型——所有純鐵都能被磁鐵加以磁化，攜帶自身的磁場。此外，許多材料本身並不帶有磁場，但放在磁鐵旁邊時，會被誘發出相吸的磁場。此時移除磁鐵，材料的磁場即消失，不會餘留。這些是順磁體。元素週期表上有大半成員都是順磁體。

抗磁體則是第三類的常見磁體。它們本身也不帶磁場。而當靠近磁鐵時，一樣會被誘發出磁場，但這次誘發的磁場是與磁鐵相互排斥的。如果你曾經把玩磁鐵，試著吸各種東西，你很可能發現許多鐵磁體和順磁體的例子，但你幾乎不會因此留意到任何抗磁體——雖然抗磁體並不罕見，但抗磁效應都太微弱。包括水、木頭、一些金屬、各種塑膠和大多有機物質。就像你自身，也是個抗磁體。

抗磁體可以用在一些巧妙的魔術上。只要磁場夠強，且有明顯的梯度（強度隨距離變化）就能使各種抗磁體懸浮起來。這也有實用的例子，例如可以將小鼠懸浮，在地球便可模擬太空的失重環境。關於抗磁體，我本人就有一次「欣賞魔術三階段」的體驗。那是在我去蘇格蘭聖安德魯斯大學交流時，走進一間博士生辦公室，我看到架子上竟有一小塊晶體飄在半空中。我第一個念頭是驚嘆：「哇！飄浮的晶體。」我看不到細線，或用燈光與鏡子遮蓋支柱一類的魔術把戲。我戳了晶體一下，它動了，仍然懸浮著。我斷定它一定是藉磁力懸浮的。這就進入了第二階段：依我現有的知識，開始合理化這現象。但我遇到了麻煩，因為有一個純數學的證明，稱為「恩紹定理」，嚴密地證明了不可能將磁鐵排成穩定且靜止的懸浮結構。你可以自己試試看，無論怎麼調整，你都無法在桌面上擺若干顆磁鐵，然後使一顆磁鐵靠斥力平衡在空中。你至少需要一些支撐協助穩定。我遂思

＊《自然魔法》第十六冊第四章〈怎麼在蛋中寫字〉詳述了至少六個方法。我承認我試過，不幸沒能重現書中的效果。我找到唯一可行的方法是網友描述的：在蛋殼上打個小洞，再把紙條塞進去。

考或許那顆晶體有在緩緩旋轉，這是其中一種鑽定理漏洞而達到穩定的方法。於是我問了在場的同學，他們說它在那懸浮好幾個月了，這排除了旋轉穩定的可能，因為空氣阻力終會令它停下來。順帶一提，同學之所以連提都沒和我提這東西，正是因為它在那已久，他早已見慣。但對我就很新奇。我愈無法參透它的原理，愈是為它的魔法著迷。

最後他們揭曉謎底，那塊晶體其實是一塊「熱解石墨」——這是已知材質中，在常溫常壓下最強的抗磁體。而它是飄浮在一面整齊排列、強力的釹鐵硼磁鐵上。而恩紹定理只適用於鐵磁體，對這顆抗磁體無效！於是我抵達了第三階段，我懂了晶體如何懸浮，但仍能因技藝的精湛而回味無窮。不多見的強力抗磁體與強力磁鐵聯手，無須外加電磁能，就能達到靜止的磁浮。

所有的磁體特性皆源於個別原子的磁場：原子具有「自旋」。自旋這個名稱很有暗示性，好似繞著物體轉動的電荷會造出環繞的磁場。但在這我們談的自旋純粹是量子力學的性質，找不到古典的類比。一個堪用（但不得太當真）的心智圖象是，帶著負電荷的電子，在原子核四周像月亮繞著地球轉，才使原子具有自旋。就像電磁鐵是因電流通過纏繞的導線而產生磁場的。

在這三類磁體中，唯有鐵磁體獨一無二，因為它完全是一種突現性質。唯有它，必須仰賴大量原子的自旋，在交互作用中彼此對齊才能產生。反觀順磁體或抗磁體，其性質完全能用原子個別的自旋來建模理解。它們集體的行為，充其量只是個體行為的相加，三個臭皮匠仍是三個臭皮匠。正因如此，也有人主張只有鐵磁體才是三者之中真正算是物質狀態的。可是我個人以為「沒有突現就非物質態」的想法太過拘束。將另兩者納入的一個依據是，鐵磁體在居禮溫度以上也會轉化為順磁體，就如同水在沸點以上化成氣態一樣。物質相的轉化關係，重要度並不遜於個別相態的定義。

相變

恩培多克勒的四元素說，很接近古代中國的五行思想，將木、火、土、金、水列為元素。在五行思想萌芽的時期，有五顆已知的行星，此外許多分類有五種——有東、南、中、西、北五方位；有五正色：青、赤、黃、白、黑，還被對應到五種色澤的茶葉；此外五聲音階：角、徵、宮、商、羽。*五行更準確的意義是「五種行動」，最早是指在固定不動的星座之間游移不定的五大「行星」。五行的可取之處在於，把相態之間的轉變看得與相態本身一樣重要。相態之間的變化稱為相變。科學家說相是物質狀態的一種細分，有更加特定的定義。例如同樣是冰，在原子尺度上可以有多種不同的排列，這些是不同「相」的固「態」冰。已知的就有十八種晶體相，和一種玻璃相的冰。

*異曲同工，牛頓爵士受鍊金術思想薰陶，認為萬物皆應分類得井井有條。由於當時已經有七顆已知行星，牛頓於是決定彩虹應有七色，正如西方音階有七聲。至今我們仍被灌輸彩虹有七色，即使只要實際去看一眼彩虹，就知道光譜是連續不間斷的。

不同相或態之間皆以相態的轉變：相變分隔開來。以水從液態轉為氣態為例，容我更仔細說明。

再熟悉不過的水仍然保持一些神祕，有不少性質仍得不到好的解釋。聲致發光就是其中之一。或是水在超聲波的激盪下，產生的微小氣泡內爆時會發光，為何如此科學界至今未有堅實的共識。或是像彭巴效應，當一九六〇年代物理學家丹尼斯．奧斯本造訪位於英屬坦干伊喀（今坦尚尼亞）的學校時，十三歲的伊拉斯多．彭巴問奧斯本，為何當一樣的兩杯水，分別加熱到攝氏一百度和三十五度，一起放到冷凍庫，總是一百度那杯先結冰。彭巴的同學和老師為此嘲笑他。但奧斯本做了實驗，彭巴似乎說對了。一九六九年兩人聯名發表一篇物理學論文報告此現象。彭巴效應至今仍沒有篤定的說法，甚至一直有是否真有其事的爭議，例如，或許此現象源自對變因的掌控不足，像是一百度水蒸發較多，使得最後須結凍的水較少。

水的許多性質都很奇異。除了水，其他物質都不能在常溫常壓附近轉化成固、液或氣態。而且，接近冰點的水密度比冰大，因此冰浮於水。這性質使冬季冰封的湖，湖底有可能不結凍，留給魚類一線生機。要是水不具有這些性質，地球大概無法有生物存在，我們也就不會在這裡思考水的性質多奇怪了。於是，在冰與水的相變之間，終究有神奇之處。

同樣的，在水的氣化之中也有玄機。如同水，古典元素中的氣也同時兼具熟悉與神奇。（水的氣態其實並非空氣，而是水蒸氣，水蒸氣是溶於空氣中更有能量的一些水分子。）＊空氣的性質其實與別的氣體相去不遠，但多虧空氣無處不在，便成了最常用的氣體。在空氣的不凡特性中，很重要的一點是空氣出奇地不擅導熱。衣物保暖的原理就是緊抓著一層空氣，我們身體的毛髮也有同樣效果。正因空氣如此隔熱，我們才能在極地或是三溫暖的蒸氣房中存活。若你手拿著一根點著的火柴太久，就會親身體驗空氣多麼隔熱：在火焰離你的皮膚只有幾毫米時，你才開始會覺得燙。多明妮克就發現一項日常的空氣魔法，當我在寫這本書時她坐我隔壁。她想把一杯茶放上電熱板加溫，卻發現由於茶杯底部的凹槽形成一層氣墊，加熱效果很不好。我們才想通那是故意為之，利用空氣的隔熱特性，熱茶就不容易和桌面接觸而涼掉。於是濕茶杯的底部才會留下環狀而非實心的水痕†。

將空氣的隔熱性運用到極致的，非氣凝膠莫屬。這種固態人造材質的孔隙中填滿了空氣。有一張著名的照片是一片數毫米厚的氣凝膠，將鮮花和下方本生燈的藍焰相隔，而不見鮮花凋萎。此外氣凝膠也不可思議的輕，雖看來像一團凝固的霧，卻能輕鬆支撐其本身重量的千倍（一片兩克重的氣凝膠磚可承重達兩公斤）。用於房屋的隔熱就可以大大節省空間和空調電費。至二〇一一年為止，氣凝膠藉著傑出的性質囊括了十五項金氏世界紀錄，但許多其實只是利用了空氣的性質。其中重要的是空氣與其他氣體一樣極其輕薄。

＊譯注：雖然溫度不及沸點，但液體水表面分子動能遵守熱力學的波茲曼分布，其中動能最頂尖的那些分子足以逃逸，就是水蒸氣。水蒸氣凝結時會放熱，即「潛熱」，在氣象學很重要。

†陶瓷杯底部呈環狀也有別的理由，像是避免杯底凹凸不均使杯子不能平放。此外，杯子上釉進窯燒烤時，有環狀讓杯底也能上釉。

所有材質的氣態都比其液態的密度小很多。巫師看待這事的角度是，稱密度在此的角色是一種「有序參數」：在相變前後差異很大的物理性質。根據有序參數的變化方式，相變可分為兩大類。

第一類稱為一階相變。它的特色是有序參數不連續地跳躍。就像我們在燒開水，當水達到攝氏一百度，再供熱也不會使溫度上升，後續輸入的熱量完全用於將水氣化。這種只有相變但溫度不變的吸放熱，稱為「潛熱」。相當不得了的是，使水氣化所需的熱能，足足是將等量的水從零度升到一百度所需的熱能的五點四倍。所以如果你要煮茶或咖啡，在煮沸前的適當溫度關火，比起讓水沸騰了才冷卻，可以省下大量能源，或許還有瓦斯費。感受到能量跑哪去的一個觀察是，水在加熱途中都是安安靜靜的，但在沸騰時卻猛力搖晃。搖晃的理由是在沸水中突然出現的大氣泡，源於液體轉為氣體時的密度驟減、體積遽增。

一階相變的用途包括「相變材料」。我還記得小時候聖誕禮物收到暖手包，那是一袋凝膠，中間有一小片金屬。當我按壓金屬片，一下子凝膠就固化，同時變得溫暖。我著迷極了。這怎麼可能！製造暖手包的人難道沒聽過能量守恆定律嗎？熱能是從哪來的？後來我才知道手法。熱能是預先儲存到材料裡面的，需用微波爐加熱把固體變回液體，就能重複使用。雖然固體是能量較低的狀態（回想那班巫師），但液態需先克服一點點能量障壁才能凝固，按壓那片金屬就足以使相變發生，釋放出潛熱。金屬扮演的角色是使固態晶體能開始生長的種子（凝結核）。相變材料也可輔助再生能源，例如太陽能常在白天產量過剩，晚上卻沒法發電。相變材料可以把多餘的能量以潛熱的形式儲存，在需要時放出。

第二類相變稱為連續性或二階相變。例子是鐵磁體的形成。在高溫時，鐵只是一種順磁體，原子的自旋的指向混亂而隨機；雖然原子感受到彼此的磁場，但高溫下隨機擾動太多，使它們無法彼此對齊。一旦鐵冷卻到居禮溫度，即攝氏七百六十八度以下，相變發生，鐵轉為鐵磁體。在微觀尺度，原子的自旋對齊，在宏觀尺度，鐵變得磁化＊。在此磁化是一種有序參數，就像水沸騰時的密度，但不同的是這裡沒有急劇的跳躍，隨溫度下降，磁化呈連續的增加。這給了它連續相變的名字。直覺地，兩類相變能想成不同的地形，雖然高度（有序參數）皆改變，連續相變是如緩坡般，但一階相變卻是個斷崖。一個十九世紀探險家就清楚的現象是，沸點隨著外界氣壓降低而降低，因此他們會燒開水來估計一座山的海拔。對一名嗜茶如命的巫師來說這點須注意，當他要翻越險峻山隘，須記得別帶紅茶而是綠茶。因為紅茶需要近一百度的熱水才能理想地釋放滋味，綠茶則須以不很熱的水沖泡。相反地，增加氣壓會使沸點上升，例如下到很深的礦井中。如果下到地底煮食太不方便，也可以用密閉的壓力鍋，隨著水溫愈來愈高，壓力也會隨之不斷上升。

但是當密閉鍋中的壓力足夠高時，將出現不可思議的現象：液體和氣體的分界線將完全消失。

＊嚴格說，自發對齊的是一個個微小磁區之內的自旋，長度約一微米至一毫米。但宏觀上不同磁區仍四處亂指、彼此抵消，除非用外加磁場強行對齊。

這現象雖怪異，卻也出奇有用。

超臨界流體

想像你正著手以古拜占庭的方法製備一劑回春靈藥。你將蒸餾器置於火上，熬煮乾燥的中華山茶嫩芽。或是說，沏一杯茶。當水在壺裡沸騰，密度劇減，這是一階相變的斷崖地形。但如果我們沿著懸崖下信步走，即緩緩提升氣壓，我們會觀察到斷崖的高度，即液體和氣體密度的差異會愈來愈小。當我們抵達斷崖與海的交界，崖頂的高度降到海面，不再有高度差〔圖2〕，氣體與液體之間的相變界線就此消失。在這個特殊交界點上，水和蒸氣的相變從一階的不連續轉為無縫相接，你可不翻越懸崖就走到懸崖上方。這個特殊的溫度與壓力組合稱為水的「臨界點」。溫度是攝氏三七三・九度，壓力是二百一十八倍的大氣壓力。

在臨界點的溫壓之上，由於氣與液態的分隔消失了，得到的是全新的物質狀態：「超臨界流體」。流體是流動物態的泛稱，像氣體或液體。超臨界流體與氣體不同，降溫不會有凝結的現象。也和液體不同，無法藉著降壓而使它沸騰。這些實驗結果最早由科學家和發明家夏爾・德拉圖（一七七七－一八五九）發現。他在槍管中放入一顆燧石彈和半滿的水後封死，搖晃可聽到石子撞擊水面。但當他加熱槍管，讓其中溫壓升高到某個程度後，水聲忽然消失了。管中不再有液氣之分，只

圖 2　斷崖與海的交界。

剩下超臨界流體。

超臨界流體雖比較不耳熟，但其實並不少見。用來灌氣球（不會飄浮那種）的壓縮空氣鋼瓶中，儲存的空氣就是超臨界態。氣態巨行星如木星，其「大氣層」多半由超臨界流體構成。稱為「黑煙囪」的深海熱泉，噴出超臨界態的水，其熱度和溶解的大量礦物質，維繫了於我們陌生的一整個生態系的生存：深海熱泉是唯一不依賴太陽光的能量過活的地球生態系。

對巫師來說更重要的是超臨界流體的實用之處：它們往往是比液體或氣體都來得優異的溶劑——由於不像液體有表面張力，便能輕易滲入多孔隙的固體內部。所以超臨界二氧化碳可乾洗衣物，將髒汙從纖維中溶出。茶葉和咖啡去除咖啡因也用到超臨界二氧化碳，因為它可以溶出咖啡因，但留下大多香味分子。超臨界水可將生物質廢棄物裂解為甲烷、氫等燃料，也能用於碳捕捉。所以它們很有用。然而它們的存在也引出了關乎物質本性的一個引人入勝的問題。

現在回到圖2的懸崖，你可以從懸崖頂端沿著坡度逐漸走到海邊，再游泳回到你出發點的懸崖正下方，而不用跳下懸崖。這就像從液體水開始，逐步操控其溫度和壓力，繞過臨界點上方，就能不經過相變就得到氣態的水。那，液體和氣體，真的是不同的物質狀態嗎？

就像之前幾粒沙構成沙堆的問題，答案取決於你採用的定義，也和最初提問的動機有關。在一般大氣壓力之下，水與水蒸氣顯然有非常不同的性質，因而在日常稱它們為不同的物態很有用。但其實存在一種精確定義液、氣態間差異的方法。

羊毛與水

大不列顛島現存的最早散文集是十二世紀的《馬比諾吉昂》。它以中古威爾斯語記錄下更古老的口傳故事。故事中含有早期的亞瑟王傳奇雛形，更深刻影響了托爾金的奇幻書寫。〈埃夫羅格之子裴雷度〉的故事講述了英雄裴雷度的魔幻冒險：

> 他來到一處溪谷，山麓林木鬱鬱，夾岸平野芳草離離。溪岸此側有群白羊，彼側有群黑羊。

每當有白羊叫喚，一隻黑羊便渡河化為白羊。每當黑羊叫喚，一隻白羊便渡河化為黑羊。

——由夏洛特・格斯特從男爵夫人由中古威爾斯語翻譯成英語

恐怕我無法解釋故事中到底發生了什麼。畢竟那是個更有魔力的時代。無論如何，關於突現和物態，裴雷度的羊能助我們得出更嚴謹的理解。想像極目所見盡是廣大田野，被劃分成網格狀，每一方格中有一隻白羊或者黑羊，每隻羊可以和相鄰的四隻羊相叫喚。每次隨機選一隻羊，牠咩咩叫後看相鄰四羊，若之中黑或白色較多，便變成那個顏色（若相等則不變色）。和裴雷度的羊不同，我們的羊只乖乖待在格子裡。如果起初羊的顏色是隨機半黑半白，長久下來顏色會怎麼演變？

考慮起初是黑羊白羊各一半，引人猜想或許這比例會維持下去。但實際上，最後所有羊的顏色終究會全變成白色，或全變成黑色。理由如下：在初始的隨機花紋中，很可能存在同色群聚，例如某處有全是黑羊的九宮格。這幾隻羊幾乎不會變色，因為中央的羊已經與四同色相鄰，不能更開心了，牠的鄰居都至少與三隻黑羊相鄰也很開心。而這樣的群聚會不斷擴張，使相鄰白羊與之俱黑。起初的微小隨機不均，久了也會產生宏觀效應。

圖3顯示羊的顏色如何演變。其中每一像素代表一隻羊。

裴雷度的羊在此操演的是磁性的經典模型，稱為易辛模型。兩色的羊代表原子自旋的兩種指向。恩斯特・易辛是猶太裔德國物理學家，一九〇〇年生於科隆。在他一九二四年的博士論文中，

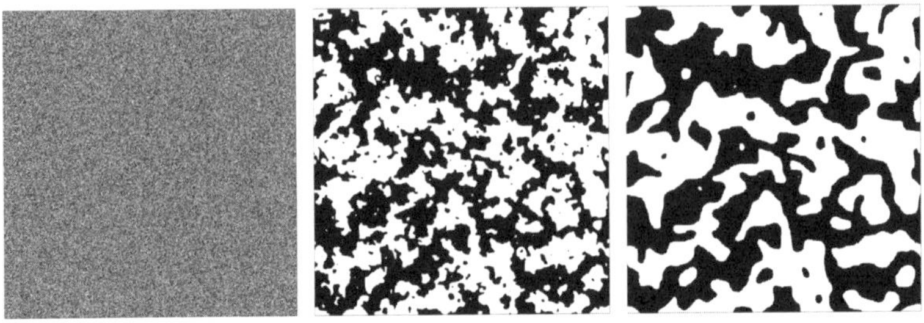

圖 3　裴雷度的羊：由左圖的隨機顏色起始，逐漸變為中、右兩圖的顏色均一。

他完成這個模型的初步分析。一九三九年為逃離納粹，他與妻子約翰娜搬到盧森堡，做一名牧羊人。最後兩人移民美國，幸福地長命百歲：易辛享壽九十八，約翰娜在一百一十一歲生日前夕過世。

既可以為磁性建立模型，也可描述魔法綿羊的行為，暗示了易辛模型有很廣的應用。這就是理論物理的威力：模型愈是簡單和抽象，愈有機會描寫各種現象。各行科學家都會用上「喬裝化名」的易辛模型。在電腦科學中它改名叫「霍普菲爾德網路」是一種簡單卻強大的類神經網路，用於人工智慧。果不其然生物學也用它來模擬大腦形成記憶。也有人提議用它來描述細菌游泳、合金中金屬原子的遷徙，甚至人際間形成輿論的過程。凝態物理學家間有個老笑話：每次發現新現象，第一個想的總是怎麼用易辛模型描述。

易辛本人只研究了排成一列（一維）的羊，但裴雷度的羊所在的原野是網格狀的（二維）。二維是會出現相變的易辛模型中最簡單的。最終原子的自旋只可能全部N極朝上，或全部N極朝下，這也是羊的顏色所代表的。每個原子都感受到前後左右四顆原子的自旋吸引力，在此自旋傾向與鄰居對齊。

藉著易辛模型的精確描述，我們就能仔細研究各種突現物質態，和連結不同物質態的相變。判斷突現物質態的一個絕妙方法是由物理學家利奧．卡達諾夫（一九三七－二〇一五）發明的。我在加拿大的圓周理論物理研究所攻讀碩士時，有幸受他的教導。他是位極有耐心的傑出老師。他對古典巫法的精熟度卓爾不群，而他展示技藝的方式是用一本出版於一九四四年的教科書上課。＊如你所料，這位品味講究的人，提出的方法同樣簡潔優雅。

易辛模型紮根於微觀尺度。但我們感興趣的是何種宏觀現象突現而出。為此我們需要讓眼睛失焦，看還能辨認出什麼特徵。轉為數學語言便是「卡達諾夫分塊化」。用裴雷度的羊來比喻，假如你像小說《永恆之王》中拜梅林為師的亞瑟一樣能化身為烏鴉，飛上高空。只見每隻羊都掉了很多羊毛，格中地面便染成與羊同色。飛愈高格子愈不清晰。當你飛到讓原本三乘三的九宮格看來像原本一格大的高度，就只能區分九宮格中是黑羊還是白羊多。睿智的卡達諾夫觀察到，每當你把視角拉遠到九格猶如一格，取多數的顏色為新顏色，這仍是一組黑白格子。易辛模型原本的一組自旋狀態，對應到另一組狀態。不斷重複這過程，愈飛愈高，最後盡收眼底的就是宏觀狀態了。決定這狀態的是磁體的溫度。

＊譯注：薛丁格的《統計熱力學講義》，是在都柏林三一學院一九四三年的講座講義合輯。薛丁格按同個思緒脈絡，同年寫下《薛丁格生命物理學講義：生命是什麼？》。

宏觀而言，讓所有原子最滿意的是全體自旋都朝上或朝下，因為這使鄰居彼此對齊：形成了鐵磁體。微觀自旋的對齊，表現為宏觀的磁化。但現實中磁鐵會受溫度干擾，使原子自旋不時翻轉，變得不完全與鄰居對齊。若讓裴雷度的羊有時會非自願地隨機變色，就模擬了溫度的效應。當溫度太高，每一個自旋都太常翻轉，無法自發地和鄰居保持一致，就形成了順磁體，和羊初始的混沌半黑半白組態一樣。而如果取消溫度的效應，猶如鐵匠將紅熱的鐵浸入水中快速冷卻，由先前的分析可知會得到低溫下的鐵磁體。因此在冷熱之間的某個溫度，必然存在一個從混亂過渡到秩序的相變溫度。

在相變的一端是高溫引發的無序，黑白兩色混沌交雜。當降低溫度，顏色開始群聚成團，隨溫度進一步降低而擴大。問題是中間，溫度恰好在臨界點時會發生什麼？是混亂還是成團？

事實上，恰在臨界點會發生非常不得了的現象：不管你用什麼尺度（從什麼高度）看，圖像都一樣。看一下圖4。看起來像一張大圖案中，任取三處拍下的。但實際上，中間的圖是左圖（的左下四分之一）的放大，而右圖又是中圖的放大。豈不妙哉！這就是易辛模型在臨界點的表現。

如果起始的原野無限大、有無限隻羊，這個放大過程可以一直繼續，圖形看來都和原本相似。從這樣的圖案中取任何尺寸的正方形，都和原圖有相同的統計性質。而且隨著時間推移羊群變色，這種性質也不會消失。這令我想起弗蘭・歐布萊恩的小說《第三個警察》，當主角被關在牢房，他抬頭看天花板的裂縫。他發現裂縫和鎮上道路的形狀一模一樣，然後他看到一名單車騎士在動，領

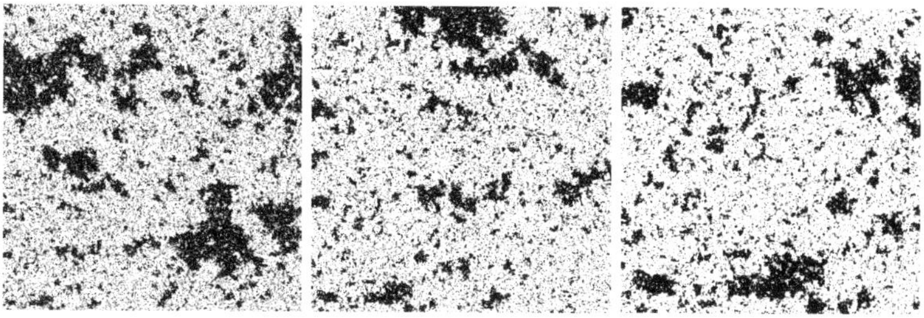

圖 4　在臨界點的易辛模型。

悟那真的是小鎮的鳥瞰縮影。因此其中一定也有一個縮小版的他，正看著更加細小的裂縫。

但現實比小說更離奇。囚犯的無窮縮放限於固定、離散的倍率，才能看到縮影中的另一個自己。但在臨界點的易辛圖案可以連續地以任何倍率縮放，永遠看來相似。這樣的圖案被稱為「尺度不變」，而若你知道往哪找，它們意外地常見。

尺度不變性

一些耳熟能詳的物體具有近似的尺度不變性。一個好例子是雲朵，從遠處看它白絨絨的，如你愈來愈近看，它仍有一樣性質，一直放大直到一次只看幾十顆分子才不再如此。雖然你的魔杖並非尺度不變，但它來自的樹有好幾個宏觀尺度層級的不變性：樹的大枝幹由樹幹分出，大枝幹分出小枝幹，再分岔出更小的枝枒。或許最近乎展現尺度不變性的例子就是宇宙本身：銀河系聚集成星系群，許多星系群又再組成超星系團，不斷延伸下去，不存在一個特別不同的尺度。

尺度不變性理論能精確描述連續相變。可惜的是，最能在家實驗的那種相變：把一壺水煮開是一階相變，因而不是尺度不變的。但即使尺度會變也很有啟發性，有時還能運用。燒熱水的過程中，起初它頗安靜地冒著小氣泡，邊發出高頻率的嘶嘶聲。隨著水更熱，更大的泡泡開始出現，聲音變得較低沉。聲音從嘶嘶變成咕咕。讓你能用聽的或看的就估計出距離水滾還有多久。這招在你沖泡有最適溫度的各種茶葉時很有用。

有一套很古老的術語描述水到沸騰中間的階段，見於宋朝茶藝大師蔡襄著的《茶錄》。＊最初為「蝦眼」指的是微小泡泡初在鍋壁上浮現時。此時水溫在攝氏七十度上下。最優雅細緻的綠茶茶葉適合蝦眼水溫。第二階段是「蟹眼」，鍋壁懸掛更大氣泡，伴隨著水面開始冒蒸氣。這是略低於八十度的水溫，適合大部分綠茶、白茶和烏龍茶。第三階段是「魚目」，又更大的氣泡開始從鍋壁上浮，水也開始嗚咽作聲。此時水溫剛過八十，某些比較粗的綠茶和白茶茶葉在這溫度更能釋放滋味。第四階段叫「連珠」，氣泡此時不斷上浮。溫度在九十到九十五度間，煮紅茶需用此。最後的階段稱為「騰波鼓浪」是真正的沸騰一百度。沸水的氣泡和勁流使水中溶氧盡失，稍微有損滋味，但茶包都是設計成沸水沖泡的。唯一能耐沸水的散裝茶葉就只有普洱熟茶（雲南黑茶）。這種奇妙的茶葉有一種土味（或我朋友馬丁形容的山羊洗澡水味）。它也最耐沖，可以使用五階段中任何溫度的水。

雖然知道煮各種茶的適當水溫很有用，但光是從不同溫度出現不同大小的氣泡，就能感受出它並非尺度不變現象。但若是在密封的壓力鍋中加熱，溫度與壓力一同增加，你就能把水帶到它的臨界點，氣泡就變得尺度不變。在緊逼臨界點時，所有大小的氣泡同時出現，還會出現氣泡中的氣泡……中的氣泡等等。從數十奈米的尺度到整個容器大小的尺度皆有。所有這些氣泡都會散射光線，產生一個相當魔幻的現象：水從完全透明轉為乳白色，也類似蛋白石的外觀。這稱為臨界乳光，或臨界蛋白光。

描述臨界乳光現象的理論是由愛因斯坦提出的，那是他著手證明我們熟知的介觀世界，皆是由微觀世界中的原子和分子互動中突現而出的一系列研究之一。愛因斯坦正確預測，具尺度不變性的氣泡在水中，會把不同波長（顏色）的光線散射至不同角度。事實上他得到的數學式與描述大氣層散射光線（使得天空是藍色）的方程式有完全相同的形式。這很快就得到實驗佐證，畢竟臨界乳光現象是如此搶眼。

愛因斯坦的數學模型除了準確描述實驗觀測結果外，還做到了更重要的事。一個模型並不只是一些神諭般的數學式。模型是建立在關於基本物理實體作出的若干假設之上。模型被驗證無誤的同

＊譯注：《茶錄》原文只寫「前世謂之蟹眼者……」。更多名詞出於唐朝陸羽《茶經》：「其沸，如魚目，微有聲，為一沸；緣邊如湧泉連珠，為二沸；騰波鼓浪，為三沸……」五個階段的說法出自明代張博淵《茶錄》。

時，正確性一起得到背書的，就是那些基本物理實體與其性質了。而這些基本實體往往無法直接觸及。愛因斯坦之所以得到他的數學式，完全源於他假設微觀的分子交互作用產生我們所體驗到的現象。原子說，雖在今日已熟悉到自然而然，但在一九〇五年還並未廣泛被接受。原子說的淵源可以一直追溯到公元前八世紀的印度，阿盧尼仙人（婆羅門教大學者）的著作。但甚至在十九世紀末，仍有主張宇宙平滑且無限可分的流行觀點與原子說競爭。直到愛因斯坦的模型被嚴密驗證，原子說的可信度才得到堅實而強力的後盾。要是沒有愛因斯坦，說不定到今天我們都還不信原子。

古代的自然魔法行者追尋著引導世間現象的普適定律。現代的物理學家在這條路上成果纍纍。在臨界點的尺度不變性，便是這種普適現象最清晰的例子。這個例子好到我們甚至稱它為：普適性。

一沙一世界

物理學家常使用「普適性」一詞來描述不同的事物展現一樣的行為。普適性分為好幾個類別。例如在美國國家科學院院刊，一篇二〇一一年的論文❷裡，科學家仔細測量了火蟻不同凡響的集體行為。當遇大水淹沒蟻窩，火蟻會緊抓彼此形成一顆直徑好幾公分的球，使整個蟻群浮在水上。當這顆球接觸到旱地，螞蟻就散開分頭活動。科學家把這種集體行為視為固體和液體加以分析，測量「蟻流體」的黏滯力等性質，甚至研究了蟻球從固態到液態的相變。在相變的場合，普適性指的是宏觀行為往往不依賴於微觀成分的細節特性。最早是在接近臨界點的液、氣相變的實驗中觀察到的：多種流體的宏觀表現竟都相同。即使它們是由大相逕庭的原子組成，分子間互動的性質也不盡相同。這些流體的臨界點溫度與壓力也有天壤之別。若將系統壓力固定在臨界點壓力，再緩緩將溫度降低至臨界點，這些不同流體的密度會隨溫度以相同的曲線而變，其數值可精密測出。具體來說，密度正比於溫度的〇・三二六次方。這個數字在數學上似乎沒什麼重要意義，但那正是重點：雖是個天外飛來的常數，卻描述了八竿子打不著的各種流體。這就是普適性。而且最奇怪的是同樣的曲線也描述了鐵磁體的臨界點！但在此，有序參數是磁化強度而非密度，依舊按溫度的〇・三二六次方而變。這個行為可從易辛模型的純數學分析得證。

近年，科學家在愈來愈多場合辨認出普適性。例子有在金屬與礦物中裂縫的產生、紙張的撕裂、濾紙吸水的毛細現象、溶液中的分子擴散、沙堆的臨界崩塌、網際網路的斷訊，以及胚胎成長中的結構剛性。以上諸例中普適性指的是同樣一批常數，居然能同時描述大異其趣的各種物理系統。

研究發現就連人類行為也遵從普適性。在《物理評論快報》一篇二〇一三年的論文❸中，作者報告他們分析重金屬搖滾演唱會的現場錄影，發現舞台下開圈衝撞群眾的移動，很符合液體到氣體在接近臨界點的相變。每個歌迷根據音樂以及前方的歌迷的行動而跑動推擠，但群眾很容易自發形成首尾相接的漩渦，在其中每個人跑得更快、碰撞更多，但卻密度較低。論文作者主張這也屬於一種自發性突現的物質狀態。我自己也曾經身處演唱會的群眾漩渦之中，當我隨著墮落體制樂團的樂音推擠，倒沒感到身不由己，像是他們從〈糖〉馬上接著演奏〈監獄歌〉的時候。但或許我就像呂梁激流中的男子，順應漩渦而行吧。該篇論文作者指出這研究務實的一面：逃離火災的恐慌群眾，會展現出類似流體的行為，有時卻演變成踩踏擠壓事故。他們建議類似研究可用來設計更安全的室內空間，和擬定群眾分流管控的對策。還提到搖滾演唱會歌迷為了安全，已自行發展出不成文傳統：一旦鄰人摔倒你須立即助他起身。

為何各式各樣的系統會表現出相同的現象？目前我們對於普適性現象的理解是，它們是尺度不變性的直接後果。在臨界點附近，各式各樣的物理系統，在所有空間和時間尺度上看起來都相似。這代表微觀下的成分是原子、自旋或是搖滾歌迷都不再重要：因為它們在足夠失焦的眼光下消失了。一套數學模型若要描述這種現象就得是尺度不變的。從這角度看，普適性之謎，說穿了就是只可能有區區幾種尺度不變理論。前文圖四的尺度不變圖像，實際上相當獨特。

普適性與巫術

物質是什麼？本章給的答案是，物質是從非常多微小成分的集體互動中所突現出的宏觀現象。原子與分子匯集成比其單純的總和要來得深奧的東西。同樣的粒子能構成不同的物質狀態，同一種物態還可能分為幾種相，有各自的微觀粒子排列。在這之中的核心概念是普適性：微小的細節往往變得不重要，無論底層為何，都突現出一樣的宏觀表現。

這就有點像漫威電影宇宙。不同電影中超級英雄的細節設定可能不同——主角或許是名巫師，或科學家，或者外星神祇；造成他苦難卻又給予他超能力的契機或許是被放射蜘蛛咬，被珈瑪射線照，又或者飛船核心炸毀——但走進戲院的你能確信，劇情會熟悉且舒適地進展，倒數第二幕是正邪大戰以勝利收場，最後是輕快的大團圓。細節或許不同，但整體流向一致。

本章一開頭是最簡單的突現範例：聚沙成堆。類似地，聚集了豐富的理論與實驗觀察，便得到關於突現一個更飽滿的觀念。例如連續相變伴隨著尺度不變性的展現，氣泡中還有氣泡，在各種尺度和時間上皆然。但真正的尺度不變性……是不可能的。不可能有比容器還大的氣泡。卡達諾夫對這問題的答覆再乾脆不過，他說真正的相變並不存在！或說清楚點，完美的相變只存在於理想化的數學模型裡，但現實總是會多少辜負了它。凝態物理學家幾乎都持這樣的務實觀點。然而，要是相變不存在，相態本身呢？

務實的答案是，只要相態這個概念還有用處，它們就存在。數學模型之所以臻於精確是因為假設了現實所不可能有的無限粒子數。但一杯茶是不需要數學般的精確：只要它能在茶杯裡浸盪，而非凍成冰或散逸成蒸氣，那這概念就有用了。答案也取決於考量的空間與時間尺度。一塊卡芒貝爾乳酪在一頓午餐的時間內不會軟化攤平，足夠固態了。但這短短的時間甚至不會引起老橄欖樹的注意。

普適性正是物理理論雖簡化，卻往往能捕捉龐雜現實中各式物理場景的精髓之理由。千頭萬緒的微觀末節，都藉由一種可量化的方式變得不甚緊要。再次借用弗雷澤的話，普適性正是夢寐以求的規律和一致性：一泓祕密清泉，給找到它的人帶來無盡的展望。世界之道雖有時隱藏，但藉細心觀察推敲卻可以汲取。磁石和朝露，雖乍看風馬牛不相及，卻由深根一脈相連。

古代人對於凝態物理的一瞥，反映於古典元素與物質狀態的對應。本章聚焦在氣和水：氣體和液體。接下來讓我們下探地球深處，飽覽其所呈現最神奇的樣貌：晶體。在一個個晶體的王國間穿梭，這將引領我們至一套完全不同的對物質的理解：一切都源自於對稱性。

第三章 晶體的魔力

法瑞安一步步走下盤旋的塵封石階，晶石照耀前路。梯級窄且不均，階心被百代過客磨得凹陷平滑。經過似乎無窮無盡、每層皆相同的門扉，她終於找到對的那扇門。切斷鐵門，門後掩藏的是偌大的地底圖書館。

天花板和地板都是三米見方的鑄鐵柵，重複著相同而細密的植物紋理。透過縫隙，法瑞安看見無數同樣的樓層往上下方延續。亙古以來，自書中傾瀉、蓄積的魔力已使建築產生了異狀。有些無害亦新奇：往前走三格、向右三格、往後三格、再往左三格，不一定會令你回到原地。但其他效應更值得憂心。

魔力初顯露時尚且友善迎人。沉厚書架給讀者讓路，或不住搖曳暗示一本錯過的手稿。但累月經年空氣中的魔力日漸稠重，圖書館也不再理睬讀者。櫛比鱗次的書櫃不復整齊——它們錯雜躊躇、迴環往復，行蹤變幻莫測。有些自行麇集成令理性心智費解的全新分類。有些依偎成對，對彼此架上的書興味盎然。更有大群書架恣意扔出藏書，卷秩便在其間堆垛橫陳。最終人們捨棄了陷入瘋狂的圖書館，卻不代表不加以監視：法瑞安的闖入定引起警戒，她只能假定自己正遭追緝。

踏入圖書館，法瑞安立即閃過疾馳而來、足有她三倍高的書架。圖書館的寬廣反映任務之難，而她須加緊腳步。多年來她考察了關於圖書館的種種傳說，加以推敲，發掘出幾條共同脈絡。熟稔的脈絡已在心中揉合為一套此處運作之道的體悟。猶如覆滿朝霧的蜘蛛網上露珠的震顫，它們總是在動卻永不相撞。由於所有書架皆感受到全體書架的拉力，也反過來拉全體。樣子瞬息萬變，卻始終不易。

在故紙堆中奔逃閃避，好一番工夫，法瑞安才來到那本有望記載著遺落知識，驅使她踏上險阻長路的書的近旁。眼前立著一張閱讀架，在混亂的簇擁之中顯得異樣寧靜。架子上擱著兩英尺寬，數英尺長的巨冊。皮革裝幀的犢皮紙書，以鐵鍊牢牢繫在架上。事不宜遲，法瑞安開始閱讀。

一本講巫術的書不寫晶體就難以稱上完整。它們猶如魔力的體現：從鬆軟不均的土壤間掘出堅硬、閃爍的寶石。其表面平整、邊緣筆直、夾角犀利，是同世界一樣古老的藝品。中心蘊含前所未見的色澤。有些晶體透明，有些則否。有些呈乳白半透明，有些呈土色。有些乍看平淡無奇，但稍

圖 5 烏勞斯．馬格努斯（1490-1557）在《北地民族史》繪出的多種雪花、冰晶形狀

轉角度就射出輝光。[1]有些能發出夜光（磷光），有些在紫外線照耀下，發出嫓美新潮銳舞派對的五彩螢光。[2]晶體就像自行施放的法術，無秩序中不請自來的秩序。不規律的土元素中，究竟何以孕育出如此炫目的對稱形體？

「秩序源於混亂」的概念自古即有。古希臘羅馬文化相信宇宙源於混亂。在北歐神話，尤彌爾這名太初始祖就源於一道混沌的鴻溝。在古美索不達米亞神話，提亞馬特女神象徵混沌和太初創造。在中國，渾沌本身就是一個神話存在，又名帝江。公元前四世紀的《山海經》是一本記載奇幻珍禽異獸的地方志，據說內容蒐集了遊方天下的祭司與巫師的記述。《山海經》〈西山經〉描寫渾沌：「狀如黃囊，赤如丹火，六足四翼，渾敦無面目」。一則註釋評道，囊形恰強調了它無特定形狀、不似任何物體。源初的混沌，無定型且盲目。除了在神話常見，「秩序源於混亂」的驚人過程也在物質中實際發生著。

晶體是如此重要，人類的發展階段就是按照使用它們的時序劃分。石器時代始於三百萬年前，當時古人類才開始敲打加工燧石（由極小的石英晶體組成）成工具。青銅器時代始於約八千年前，當人類首次懂得澆鑄青銅這種銅和其他金屬（通常是錫）的合金。青銅也是一種晶體。雖然說一塊金屬是晶體好像有點奇怪，但這其實是一般定義而非特例，大多金屬都是晶體。當人類掌控火的技術先進到能鍛造熔點更高的鐵，就進入了鐵器時代[3]，大約在公元前一千兩百年，不久人類進一步掌握了鋼（鐵與碳合金的晶體）。

在金屬晶格中，每顆原子獻出一或多顆電子，形成帶負電的電子海，有點像某古老魔術圖書館的書架藉交換手稿而彼此吸引。這讓金屬善於導電和導熱。金屬摸起來冰冷正是因為手的熱度被迅速傳導走。均勻分享著電子也使金屬樂意變形，令它們延展性十足——展性（malleability）指被捶打可展開成薄片不碎裂；延性（ductility）指被拉伸可形成線狀不斷裂。人類和晶體打交道伊始就著重於實用性。而每一段習得新材質的躍進，都構成人類古文明連同早期凝態物理的一個重要篇章。我們現代人無處不用到晶體的魔法，從裡裡外外的LED照明，到智慧型手機和電腦的液晶顯示器，以及向光纖發送網路訊號的雷射二極體。電子產品則由矽晶體製的微晶片組成。

我朋友史蒂芬·布倫戴爾是牛津的凝態物理學教授。他是這樣講述晶體的故事的。他說，每顆晶體內都是具有獨特物理定律的不同宇宙，有著自己的聲速和光速。而在某個晶體世界，擠壓會生電。在另一個世界，帶電粒子會繞圈。就讓我們效法牛津在地的兩位叛逆主人公，展開跨越平行世界之旅：一位是《愛麗絲鏡中奇緣》的愛麗絲，另一位是菲力普·普曼《黑暗元素》三部曲的萊拉。在某些世界我們將與新的粒子朋友相遇。在另一個世界我們會看到老朋友的新姿態。在許多晶體世界中，我們認為神奇的事只是那兒的常態。我們將偷取一些異能，從晶體身上學習如何另眼看待我們熟悉環境中的神奇。我們會順著一條貫穿這所有世界的線索探訪，那條線索就是對稱性。

對稱性是晶體的特徵。我還記得小時候我興高采烈地拆開雜誌贈品的塑膠袋，封面上寫說贈品是一塊鉍晶體，我預料它會是我在小紙箱中營運的「孔雀博物館」＊的最新館藏。我大失所望地發現我被誆了，那玩意是一顆塑膠贗品，果然這樣就能入手一顆真實的晶體是期望過高。仿造者犯的錯誤是做得太美觀了：表面泛著金屬光澤與和油膜一樣的彩虹色澤，還是如馬雅神廟般階梯型金字塔的形狀。但它太對稱了，對稱到不像自然產物。

直到多年後我到了牛津讀物理，修了冶金學，我才發現我那顆鉍晶體終究是真貨！晶體實在帶有魔力，鉍一出土就帶有如此不可思議的美與對稱性〔圖6〕。

在物理學家的世界觀中，對稱性是一等一的重要。再次引用替我們領域命名的安德森大師：

說物理就是對稱性的研究也不為過。

＊主要收藏礦石，但也收藏我在花園裡撿來的馬栗、小珍品和小玩意。不收入場費，但想看本館以之為名的特藏品孔雀礦石則要收兩便士。最大最閃亮的馬栗永久陳列。

圖 6　鉍晶體。

這個宣言很大膽，但其擁護者遍布各個學門。要懂安德森的思路，我們得先理解對稱性的意義及威力。參透晶體的對稱性從何而來，是參透物質本身的不二法門。

在本章我們會遇見「物質」的標準定義：

物質是當對稱性自發破缺時產生的剛性結構。

若要理解這句話，我們得穿梭於各式晶體宇宙間，而它們各有各的獨特法則和怪癖。但首先，我們先來看一些晶體具有的魔力，著重在那些容易入手，又能令我們換個角度看世界的。

極化意見

有特異功能的晶體不少。我們已經看過磁力的例子。而把磁力應用到出神入化的非「趨磁細菌」莫屬。它們演化出能在細胞內長出磁性晶體，以參照地球磁場、找到最適生存環境的能力。[4]趨磁細菌從水中攝取鐵質，培養出磁鐵礦（四氧化三鐵）或硫複鐵礦（四硫化三鐵）的晶體，大小在三十至一百奈米之間。這個尺寸的優點是，其鐵磁性強到足以感應地球磁力線，卻不會過大而分裂為兩個磁區。兩磁區的指向容易彼此抵銷，總磁力反而弱。有些實驗室已初步做了可行性的驗證，展示這種細菌或許可用來搭載殺癌細胞的病毒，延長病毒在人體內具活性的時間，再以磁力引導細菌的特洛伊木馬抵達腫瘤所在。❹

另一個晶體的絕技是摩擦發光，是當晶體互磨互刮、擊打或破裂時的發光現象。記錄中最早利用摩擦發光現象的是北美原住民，安肯帕格里猶他人會用半透明的野牛皮，包覆來自猶他、科羅拉多山區的石英晶體，做成沙鈴的形狀。搖晃這種沙鈴，晶體互相撞擊就發出橘光。甚至糖也會摩擦發光，每粒糖都是一顆晶體，若你在黑暗中把糖放進食物調理機高速打碎，它就會發出詭譎的橘光。[5]作為現代的薩滿巫師口耳相傳的知識，據說迷幻藥ＬＳＤ（麥角酸二乙醯胺）晶體在黑暗中甩動也會發光＊。

＊為了調查這傳說的真實性，我請教了兩位迷幻界中高人：丹尼．哈蒙德是某迷幻太空搖滾樂團的吉他手。多明妮克．斯卡帕曾擔任電台和播客主持人，專門研究一九六〇年代的迷幻反文化運動。但我們的調查止步不前。一顆ＬＳＤ晶體離我們最近的距離是在一位化名尤里西斯的朋友的朋友手上，他身在某個開頭是Ｂ的不曉得是奧地利或瑞士的鎮上，聽說正要啟程帶著晶體去果阿（Goa，一九六〇年代起成為迷幻反文化重鎮）……總之它的摩擦發光暫時只能存於神話與科學之間的邊緣地帶。

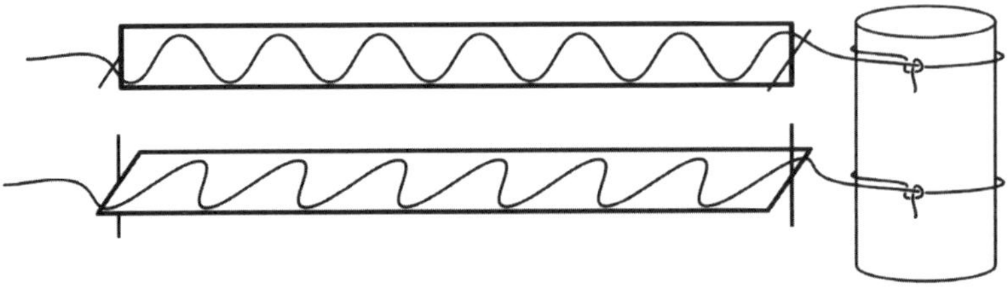

圖 7　繫住一端的繩子可以如圖上方的垂直振動，或如下方的水平振動。這讓橫波具有偏振性。

我所見過最清晰的晶體魔力是雙折射。方解石擁有這項超能力。把半透明方解石放上字紙，會顯出兩重的折射影像。轉動晶體，可見兩影像繞彼此打轉。

要了解方解石雙折射的來由，就得先學習關於光的一個較不為人知的性質：光具有偏振性。基本觀念不會很難理解，光是一種波動。就像一條繩子一端繫在柱子上，我們手拿繩的另一端，稍微拉緊、上下晃動就可產生繩的波動（圖7）。也可以左右晃動產生另一種指向的波。沿著繩子的方向，你可看見第一種波只限於垂直面運動，第二種只在水平面運動。波的振盪所在的平面，稱為偏振平面。如果你能沿著光（一種電磁波）行進的方向觀察，它的電場會往一個方向（例如說上下）振盪，而磁場的振盪方向是與電場垂直（即左右）。我們定義電場振盪的方向為光的偏振平面。

取決於光源，光可能帶有特定偏振或無。太陽是非偏振光，即它呈任何方向偏振的機率相同。但來自手機、電腦等各種液晶螢幕的光，則具有很高的單一偏振度。（液晶分子陣列的旋轉由電場控制，光源唯有在液晶分子以特定方式排列時才能通過。）

在方解石中，以一個方向偏振的光會以一種速度行進，但與該方向垂直的偏振光則會以與之不同的速度行進。當光進入不同光速的介質時，會因速度的差異而折射，改變行進角度。這也是以魚叉叉魚不容易的原因：由於光線被水面折射，魚實際的位置會和看起來的不同。方解石令兩種偏振光有不同的光速，也就令它們的折射角度各自不同了。用非偏振光照方解石，光束會依兩種偏振方向而一分為二，結果就是字體的兩重成像。

在我們熟悉的宏觀尺度，只有一個固定的真空中的光速。光速是最大的可能速度，也不因方向而異。但要是你被縮小到量子領域，進入方解石的晶體世界，你會發現取決於方向，可以有兩種光速。

方解石的雙折射現象，引人猜測它在歷史上曾有迷人的使用方式：維京人或許曾用它在航海中導航。說法的根據是一段公元十三至十四世紀的冰島古書，敘述在陰天利用「太陽石」找到太陽的方位：

> 天氣如西格得預測的一樣烏雲密布還下著雪。國王（聖奧拉夫）命西格得與達格（盧得烏夫的兒子們）上前。還令眾人四處眺望，確認無一處烏雲散開。王再令西格得指出太陽的方位。他明確地指出一處。國王令人取出太陽石，舉高並檢視其光輝，便知西格得所言不虛。
>
> ——《盧得烏夫故事》，約公元十二世紀。英譯：索爾斯泰因・維爾哈姆森[6]

這個段落有幾點值得注意。首先顯然西格得用了某種魔法，合理推測他應該是位有道行的巫師。至少在場者似乎都認定那是不可能之舉。要是你在大陰天卻還能知道太陽在哪，難道不是魔術嗎。哼哼，保存好這想法，耐心看下去，若你願意的話很快也能學會這超能力。其次，故事中的眾人反而不把太陽石當作魔法，而是獲取標準答案的可靠工具。對當時的維京人，太陽石是熟悉日常。但究竟它是什麼呢？答案似乎在歷史中失落了。而其地位又變回魔法。

維京人或許依賴太陽或星星的方位導航，畢竟歐洲在公元十四世紀前都不會聽過磁針羅盤。但對於在極北之境航海的維京人，這些線索也常不可得：一年有好幾個月，全天都是所謂「極地曙暮光」，太陽沉入地平線之下，但不夠低，使得天色是永遠的黃昏，此時太陽或星星皆不可見。在一篇二〇一三年的論文中，科學家主張在伊莉莎白一世時代的沉船中找到的大塊方解石晶體或許曾用於導航。概念是這樣：天光（經大氣層散射的日光）有特別的偏振分布，像覆蓋在天穹上的一幅巨大地圖。如果能看見這個偏振圖形，就能指出太陽的方向。

許多動物例如蜜蜂與雁鴨可以看見偏振圖形，並以此導航。藉由方解石，人類也可以觀測天空這張偏振地圖。轉動方解石，透射的光線的顏色會依據偏振的角度由藍轉黃，藉此可以在天空中繪出與太陽等夾角的圓弧。[7]二十世紀初越過極地的商業飛行，就曾利用方解石在曙暮光中導航。基於這些佐證，方解石或許有可能就是維京失落的太陽石。你大概不會覺得你的咒語書裡有一招維京導航術有太大用途，但沒關係，雙折射還有其他用處。

至今最像魔法的研究是，二〇一一年英國和丹麥科學家發現結合兩顆方解石就可做出「隱身洞穴」。放在這數公分大小的晶石洞穴中的任何物體，從任何角度都能完美隱身，因為光線繞過了洞穴。在此之前的「隱身斗篷材料」製作嘗試都相當累人，須從微觀開始建構有非比尋常光學特質的「超穎材質」，但那仍只能讓微觀尺度的小區域隱形，還只對某波長範圍內的光有用。而這次的破綻在於（就像一切魔術表演，總有蹊蹺）隱形洞穴只能以純的偏振光照明，否則就會漏餡。因此一個巫師要揭穿隱身洞穴的祕密，就不得不設法學會看見光的偏振性，就像獲得一種魔力的第六感。

但怎麼說這也太……

超感官知覺

世上已知有兩種哺乳動物，無需雙折射晶體的協助就看得到偏振光。第一是蝙蝠，還能藉其在暮光中定出飛行方向。第二種……就是人類。為何我們會有這種能力還是個謎，況且大多數人一生都渾然不覺此事。在一八四四年，奧地利礦物學家威廉．馮．海丁格[8]在偏振光下檢視一片礦物，忽然發現眼前有個長得像四葉幸運草的鬼影，相對的兩對葉片分別是藍與黃色。鬼影維持在他視野中央，約和伸直手臂時的拇指同寬。海丁格移開晶體，但影像卻還在。顯然晶體使效果增強，但海丁格察覺，現在他即使裸視也看得到了。該圖形如今稱為「海丁格刷」，其中藍色葉子的指向即偏振平面。

晶體令海丁格學到原來他擁有一種前人從未注意到的感官。而任何熟練的巫師，只要願意也都能學會。但就如大多巫術，學習是有代價的，你最好三思再決定是否要學。這個代價是，現代普遍至極的液晶顯示器，發出的光都帶有高度偏振。如果你磨練了察覺海丁格刷的技藝，今後每次看手機電腦螢幕，你的視野中央都會有一個棕色的汙漬，再也難以視而不見。如果認為這代價不划算，請你跳過下一段。

喔你來了。我就知道你為學奧祕知識在所不辭。我們開始吧。首先在你的手機或電腦螢幕上打開任何天藍色的純色頁面。你只要快速地來回旋轉螢幕幾度角（像轉動方向盤），就會看到螢幕上有一個淡淡的褐黃色領結跟著動。來回轉動是利用了你的視覺更容易察覺移動的東西。起初領結圖形模糊不清，像一團褐色汙漬。與它垂直的藍色領結更不明顯，在藍背景上看來像暗色的汙漬。一旦開始看見，經過一些練習你將不需旋轉就看得到海丁格刷。若你眼睛直勾勾盯著定點幾秒，圖案容易不見。但當你移動眼睛它又會出現。好了，你完成了看見偏振光的眼睛訓練。下次要是有人想用方解石的隱形洞穴隱藏物體，你就會發現可疑的偏振照明而揭穿祕密了。要看見天空的偏振圖樣，最有利的時間是在無雲的黃昏，面對太陽（但絕對不要直視太陽！）兩手指向太陽，左手不動，移動你的右手到任何使兩手夾直角的位置，該處的天空就是天光偏振度最大，因而最容易看見海丁格刷的位置。這樣的位置在天空中呈現一圓弧分布，此圓弧對稱於你到太陽的連線，所以只要找出這個圓弧，你就能像西格得一樣反推出太陽的方位，即使太陽本身被遮擋或是已沉落地平線以下。*

海丁格刷還有其他有意思的應用。近年有人開始用它來篩檢高齡者的眼睛黃斑部退化，這是全世界人們失明的一大主因。由於人眼偵測偏振光的部位正好就是黃斑部，發生病變的患者便難看見海丁格刷，這提供了一種非侵入性檢測。也有類似的技巧用於兒童的弱視篩檢。此外，訓練看海丁格刷已證實對部分的兒童視力問題有矯正之效，其病因是影像未能聚焦到視網膜上對的位置。

就像不是每種動物都能看見偏振光，也僅有一部分晶體有雙折射性質，然而其他晶體具有別種特長。是什麼讓晶體擁有這些特異功能？我們需一探這些性質起源的微觀世界來獲得解答。

晶格

晶體是其中的原子排列成整齊構造的固體。更明確說，是排列成週期性的構造，即每隔同樣的一段距離，原子的排列會重複，就像波浪、欄杆或是浴室瓷磚。在晶體中的原子會沿所有三個方向

---

*譯注：雲霧中光的散射其實會打亂天光的偏振分布，儀器還能依此自動偵測空中雲量。若像《盧得烏夫故事》敘述烏雲遮天還有雪，無論海丁格刷或方解石都難以奏效。較可靠的方法是訓練精確的生理時鐘並依節令推算太陽方位。

週期排列，就像本章開頭寫到魔法地下圖書館的書架（在它們發狂之前）。要理解它們如何排得如此整齊，想像晶體是電影《法櫃奇兵》最後一幕的巨大倉庫，堆滿了不計其數的立方體箱子，箱子的排列完美不留縫隙，如圖八所示。既然晶體比倉庫小得多，每個箱子就得極小，剛好放得下一顆原子。如此，原子就和箱子一樣整齊地週期性排列。

在晶體中原子是存在的，卻沒有什麼箱子。取而代之，使原子能待在它們位置上的是原子之間的作用力。我們已看過金屬令每顆原子貢獻一到多顆電子，形成一大片共同的「電子海」，而丟掉電子後變得帶正電的陽離子就在這海中載浮載沉。因為正負電相吸，電子海便開心地將金屬原子黏在一起，這是金屬鍵結。在食鹽晶體裡，鈉原子交出一顆電子給氯原子，使兩者都具有更穩定的電子組態。卻也都不再電中性，成了離子，其中鈉離子帶正電、氯離子帶負電。兩者相吸就是離子鍵結。此外還有許多種的化學鍵結。

即使如此，規律排列的箱子仍是描述事物的方便法門。物理學家總想造出完美的數學模型，並希望它有捕捉到不完美的現實世界的一點神髓。描述晶體的數學基礎概念就是「晶格」：那些並不存在的箱子。晶格點就是想像中完美而規律，並在空間中週期重複的一些點，例如每個箱子的中心。但現實並不完美。真實的晶體並不如想像的晶格那樣無窮無盡。即使挺大的晶體也不出幾公分寬。但那已具有極大量的原子，可與亞佛加厥數相比。在晶格中幾乎所有原子，以它們的微觀尺度而言，晶體表面離它們遠極，對自己毫無影響。因此把它想成無窮重複的完美排列，這樣的近似

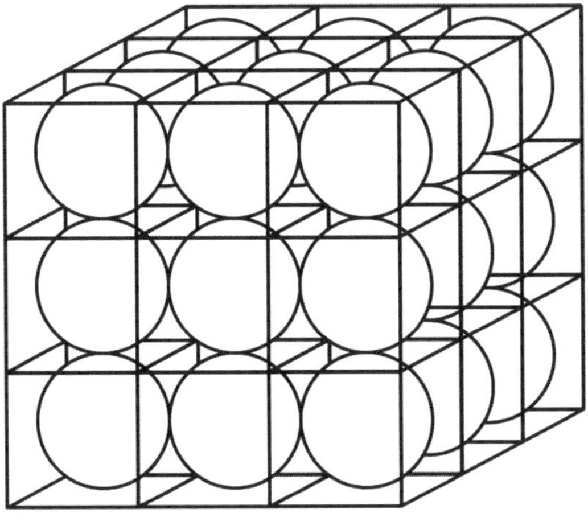

圖 8　晶體中的原子，箱子只是利於想像的方便法門。

取巧其實還不賴。晶體中的原子也並非固定不動，它們會在最愛的位置附近往復振動。這振動具有量子性質。這過程還能看成是若干聲子在晶格中穿行，就像法瑞安驚險閃避的那些書架。

所有晶體可由兩則資訊完全描述：其一是每個晶格中含有的原子組成（每格皆相同），其二是各個晶格是怎麼重複疊在一起的。各種晶格可以視為不同形狀箱子的堆疊。某些晶體，例如釙，箱子的形狀是正立方體。也有長方體的箱子，例子是黃玉。而α－石英的箱子的底部是六角形的。並非什麼形狀的箱子都可能，必須是能以同樣形狀不留縫隙地填滿三維空間才行。舉例來說，在平面上，相同的正六角形可以密密鋪滿，但正五角形就會留下縫隙。在一八四四年，奧古斯特．布拉菲發表了證明，只有十四種可能的立體形狀能重複鋪滿三維空間，即是所有可能的晶格形狀（布拉菲除了研究晶體也著迷於極光）。世上所有晶體皆屬這十四種形狀之一，今稱為布拉菲晶格。至於為何是十四種並沒有很簡單的解釋。那神聖的數字就是十四。不多也不少。十四便是汝須計數的數，汝須計數的數便是十四。十六就差太多了。

布拉菲晶格賦予晶體法力，法力代表的是唯有在晶體中才會發生的現象：在晶體以外的世界卻聞所未聞。我們已經看過光線在晶體中會減慢，因而在介面發生折射的現象。甚至在晶體中不同方向可以有不同的光速。在晶體中光速無須各向皆同，是因為站在一顆原子上四處望，不同方向有著不同的原子排列。這也是方解石雙折射現象的根源。晶體須讓光在不同方向有不同速度，才會產生雙折射，專有名詞叫做「光學各向異性」。

此外，布拉菲晶格還解釋了晶體何以美麗。回到簡單的立方體箱子，每箱子一顆原子的情形：晶格中每顆原子的處境是一模一樣的。所以對一顆原子行得通的堆疊法，可以一體適用於所有原子。因此整個晶體由無數相同的箱子堆疊，形狀就會依稀像一個巨大的箱子。晶體的平整表面由一列列精準的原子排成。當然，實際上晶體排列存在著缺陷：少了原子、多了原子、混進錯的原子等等。又或者晶格排列出了錯（稱為差排），所引發的奇妙後果是，向前三格、右三格、後三格、左三格卻不是回到出發的格子。但大體上晶格的規矩就是：鄰居做什麼你也做。

晶格是晶體的魔力來源。而欲理解魔力之根，就得先學會何謂對稱。

可畏的對稱

在日常中說一個東西很對稱，講的通常是它具有鏡射對稱性：在鏡中看來和原本一樣。我見到的究竟是一輪明月呢，或是它在鏡湖中的倒影？同樣的概念可以推廣成定義：

物體具有某種對稱性是指，當它經過某種轉換仍看來一樣。

一物體有鏡射對稱，代表它的鏡像和原來看來一樣。許多東西差一點點就是鏡射對稱，這讓鏡中世界顯得既熟悉又陌生，更是不計其數的魔法故事和鬼故事中的要角。我還記得在七歲時被《雞皮疙瘩》系列的小說《隱身魔鏡》嚇得不輕。故事是關於一個小男孩漸漸被他的邪惡鏡像拽入鏡中。從那時起我就對鏡子著迷不已。例如說，你知道鏡子是什麼顏色的嗎？另一則鏡子謎題拜理查．費曼之賜而廣為人知，曾讓大學時期的我困惑了幾星期：為何鏡中的你是左右相反，而非上下相反？小提示：鏡射對稱的物體都有一個對稱軸，你可以放一面鏡子穿過該軸，鏡像會完美代替被遮住的一半。大感疑惑的那幾個禮拜裡我認真思考收獲甚豐，但如果你想直接看解答，下一段是寫給你的鏡像化身看的。

你認為你的鏡像左右顛倒的主因是，你左右兩側身體幾乎是鏡射對稱。但你的頭和腳就沒有這種對稱。為了更好理解，試想像有種生物，身體是三藍一紅的正方形拼成的大正方形，當他看到自己的鏡像時，不禁會和想像中繞到鏡後轉身的自己相比較（注意鏡像的性質是，上下左右分別仍在上下左右，唯有臉的朝向，即前後的方向顛倒）。但對這個生物而言，他可以想像兩種轉身方式，一種是從鏡子側邊走再左或右迴轉，他比對鏡像與「轉身」的自己，結論是左右顛倒了。另一種是跳過鏡子再倒立，這時他卻認為鏡像是上下顛倒。對於方形生物，兩種想像都一樣合理，但人類倒立就和原來完全不像，故後一種「轉身」不適用，所以我們只會感到左右顛倒。到頭來，鏡子真正顛倒的方向只有前後而已。*

具有鏡像對稱倒是大大約束了晶體的法力。舉例來說，除了少數基本粒子的互動以外，我們的宇宙似乎不具有「對掌性」（手性），即特別偏好左手或右手†。正如我的哲學家朋友詹姆斯・雷迪曼教授說的，要是你做出一具汽車引擎的完美鏡像版，但它的效率居然比原版差，豈不是非常奇怪。鏡像的螺絲和螺紋會反向，也就是順時針轉它不會鎖緊反而會鬆開。鏡像螺帽倒是與之密合無礙。雖然非鏡射對稱的物體看來和原來不同了，但理應一樣運作正常。然而，要是身處石英晶體的世界就不同了。石英晶體其實有兩種可能的生長方向：左手或右手性。這使它們天生就具有「光學活性」，又稱為「旋光性」：當偏振光穿過石英，它的偏振平面會轉動。這個效應可以用偏光片展示，這是一種能限制通過光線偏振方向的濾鏡。回想起振動的繩波，偏光片就像一排柵欄，若繩子的偏振平面和柵欄的縫隙平行，波就能不受限地通過。若和縫隙垂直，則完全無法通過。若你用偏振片過濾入射光，就可以使穿透的光只剩垂直偏振。這時使光射進石英，用第二塊偏振片檢查穿透的光，你會發現垂直方向已不再能令最多光線通過，需要轉個角度才有最大亮度。光線在石英晶體內的光路長度愈長，這偏差的角度就愈大。

有光學活性的晶體，從原子尺度上看來必定和它的鏡像不同。石英晶體中的原子或是以左手性堆疊排列，不然就是右手性，這使它們以相反的方向旋轉光的偏振平面。天然物質的旋光性由弗朗索瓦・阿拉戈在一八一一年發現（身兼物理學家、共濟會會員、革命祕密結社同情者。電影《達文西密碼》致敬了他）。[9]旋光性也是先前提過液晶螢幕的重要原理。在食品業，旋光度可以用來測量糖漿的甜度，取決於糖漿的種類，可能含有果糖、葡萄糖或者蔗糖，其中葡萄糖和另兩者的旋光

＊鏡中上下左右仍在上下左右，但前後顛倒，所以我們認為「反了」的比較對象是：想像中走到鏡後回頭的自己。

†四大基本作用力中，弱核力已知是手性不對稱的。受弱核力影響的基本粒子，例如電子，在特定意義下與其鏡像並不相同。[8]但若是換成更嚴格的「鏡像」：將其替換為其反粒子；再將粒子沿三個軸翻轉，如同經過三面互為直角的鏡子反射；最後逆轉時間（動量）則所有已知物理定律都與原來相同。這稱為CPT定律，字母分別代表電荷共軛、宇稱、時間逆轉。

方向相反。

石英晶格本身鏡射不對稱，因此有兩種手性堆疊的晶體不意外。但方解石的晶格是鏡射對稱的，卻仍有左手性的表面和右手性的表面。怎麼會這樣呢？簡單來說答案是：因為它可以。如果物理法則並沒有禁止一件事發生但它卻從不發生，不就太奇怪了。構成方解石晶體的箱子不具有手性，但它很容易就堆疊出某種鏡射不對稱的模樣。相反的，若晶格本身就鏡射不對稱，就必然會展現在宏觀結構上了。

不是每種晶體超能力都和光有關。石英還有一招壓電效應。擠壓晶體會產生電位差，也就是電壓。電流可以想像成水流，而電壓就是驅動水流的地勢高低落差。某些瓦斯爐和打火機就是靠壓電效應點火，但除此之外的用途可多了。信不信由你，但全球每年壓電裝置的市場規模在數百億美元之譜。[10]有個開發中的未來風格應用如下：在公共場合如火車站的地板安裝壓電裝置，從人群腳步的壓力獲取電能。

唯有那些缺乏「中心反演對稱」的晶體才具有壓電性。晶格具有中心反演對稱的意思是，把每個點都「翻轉」到中心點的正對面，結果與原本相同。就像把手套內外翻面一樣（這會把左手手套變成一隻右手手套）。壓電效應源自於構築晶體的分子有一端較帶正電，另一端或較帶負電。擠壓晶體改變了它們的指向與分布，引發電荷的不均衡。但這對中心反演對稱晶體無效，因為無論分子怎麼轉向，晶格另一端必有一顆顛倒的分子，把電荷變化一筆勾消。這效應使微觀的分子排列在宏

觀顯露了出來：擠壓打火機，一看見火花放電，我們立刻知道它用的壓電晶體必定不具中心反演對稱。＊

我們觀察晶體，稍微移一小段距離又看到一模一樣的結構，這屬於又一種對稱性：位移對稱。在物理和數學定義中，位移指的是不帶旋轉的平移。位移對稱就是指平移後看來一樣。對於晶格對稱性的完整分類需要考量反射、旋轉、中心反演，以及平移對稱性的各種組合。所有可能的晶格對稱在一八九二年列舉完畢，最終一共有二百三十種，被稱為「空間群」。雖然二三〇這數字看起來不像特別對稱，但三維空間中所有可能的週期性規律排列盡在其中了。感覺上應該要有個更圓滿的數字，例如三，但可惜沒有。

在微觀的對稱性賦予晶體超能力的同時，這些對稱性也常以宏觀的形狀表現出來。一個熟悉的例子（也可能不熟悉，取決於你所在的氣候）是雪花，每一片雪花都是一塊冰晶。從雪花有六根分支，一看便知微觀下的冰晶格必然具有六重對稱性。這不是很厲害嗎？然而藏在冰的熟悉面貌下仍有不可思議。例如我一直疑惑，為何雪花的六根分支會對稱？答案意外有魔術風情，是心理誤導的大師級範例。

＊譯注：雖然繼續以石英舉例比較簡潔，但似乎大部分現代的壓電陶瓷都是用鋯鈦酸鉛（PZT）。可能需要超人才能把石英按出電火花。

冰的魔力無須多言。電影《冰雪奇緣》一舉提高了三七%到挪威旅遊的美國人次，即使該片只是借鑑了一些挪威景物。若是深入探尋冰晶的小宇宙，就會遇到我最愛的一種晶體魔法。

我們宇宙不可違抗的律法有二：真空中的光速是常數，而且任何物體都不能超過這速度。但若你住在冰晶的世界，你的光速將只有真空光速的四分之三左右。仍是個常數，卻是不同的常數。你猜怎麼著？在冰的世界中，粒子可以超過光速！不可踰越的只有真空光速，沒規定不可超過冰中的光速。有一種叫「緲子」的基本粒子，在稱為宇宙射線的高能粒子撞擊中誕生，隨時隨地從大氣層奔向地表並穿透——每秒鐘約有三十顆緲子無害地穿過你身體。它們一天到晚都在超過冰中的光速。就像超過音速的鞭子尖端會發出音爆，穿過冰的緲子會迸出一陣藍色閃光，稱為契忍可夫輻射。深埋在南極冰層底下的「冰立方」微中子天文台，就利用了這效應找尋神出鬼沒的微中子：它們可是惡名昭彰地難以偵測。這實驗觀測冰層中的契忍可夫輻射，那是由微中子與水分子裡的原子核很罕見地交互作用時產生的緲子穿過冰所發出的。[11]冰立方實驗對於搜尋暗物質不可或缺，因為某些暗物質的理論候選粒子，預計其衰變時會產生微中子。

我是看了ＢＢＣ紀錄片《冰凍星球》中雪花生長的縮時片段，才開始對雪花的對稱性著迷。尤其雪花的一個分支怎麼可能知道別的分支怎麼生長？在物理系上四處打聽，我吃驚地發現好像沒有人知道。所以我送出一份研究提案，讓我的一名碩士學生撰寫雪花生長的電腦模擬。而做任何學術研究的第一步都是文獻回顧，看前人已經做過了哪些部分。我們發現目前最好的雪花專家是肯尼斯・李布列克教授，曾任加州理工天文物理系系主任。他在《冰雪奇緣》的片尾名單掛名「雪花顧問」。他也是當初觸動我的《冰凍星球》那段雪花影片的製作者。李布列克對於雪花的興趣源於他北達科塔州老家的一次大雪。大受感動的他矢志要探明這些美麗形狀的由來，便在車庫蓋了一間能製造雪花並攝影的小房間。

我學生和我立刻聯絡李布列克教授。除了幫我們的電腦模型指點一二之外，他也給了我們為何六個分支形狀會相同的疑問一個簡短解答：雪花源於雲中，剛開始都是微塵一樣、約半毫米大小。包圍著雪花的大氣微環境中，有兩個要素決定每個時刻晶體的成長，分別是溫度與過飽和度。過飽和表示空氣中含有的水氣過多，只要一碰到固體表面就會凝結出液體。舉例來說，水氣過飽和的清晨冷空氣，遇到草葉就會凝結出露珠。雲中唯一的固體表面就是冰晶本身，所以過飽和是雪花生長的關鍵。

隨著雪花被雲中的氣流吹來吹去，它所處的微環境條件瞬息萬變，所以成長方式也隨時在變。由於沒有兩片雪花會在雲中歷經完全一樣的路徑，所以沒有兩片雪花形狀相同。而同一片雪花上的六個分支，時時刻刻歷經了幾乎一樣的條件，所以會長得一樣。但李布列克也跟我們暗示，案情似乎並沒有那麼單純。

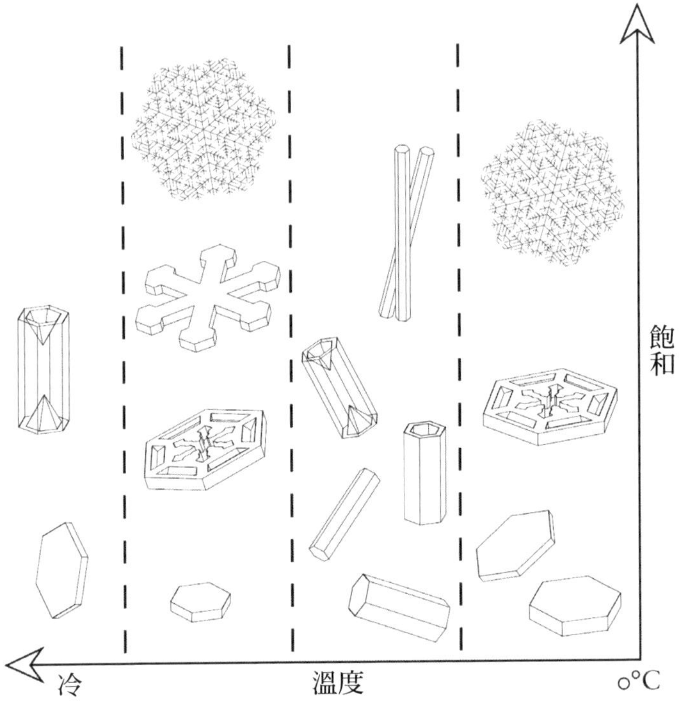

圖 9　雪花生長條件的中谷圖。

首先探明雪花生長關鍵條件的是中谷宇吉郎（一九〇〇－一九六二）。他也是世界上最早做出人造雪花晶體的人。當中谷在北海道大學開始教授生涯時，他發現經費器材雖拮据，但周圍有很多雪。他便一頭栽入研究，不久就做出全世界第一朵實驗室生長的雪花（在一根兔毛尖端）。由於可以嚴密控制生長條件，中谷教授把研究成果匯集成一張圖表，如今稱為中谷圖（圖 9），清楚標明何種溫度與過飽和度下會長出何種形狀的雪花。

雖然還沒有一以貫之的理論解釋這張圖表上的一切，但部分的趨勢已經解明。在低過飽和度，水氣難得，冰晶需等待一個個水分子黏上，這會產生扁平的雪花，這是因為水分子在這情況較容易黏在有最多鄰居的位置上，也就是面的中央，而非邊緣或角落。在高過飽和度時，冰晶周圍所有水分子很快就會加入冰晶而耗盡，但若有一處稍微凸起，它就能接觸到較遠離冰晶因而更充沛的水氣，這使凸起成長更快，得到更多水氣，形成正回饋。[12]這就產生樹枝狀、蕨葉一樣的生長，大分支上面又有小分支生長，層層分支到微觀尺度。

中谷教授稱雪花為「天界來鴻」：在它們的型態之中，記錄了從雲中落下這一路的大氣狀態＊。李布列克教授向我們揭曉雪花對稱的更深祕密，那就是……那是個迷思。大體而言，雪花並不對稱！這就像經典魔術手法的誤導，使觀眾有錯誤期待、把注意力放在錯的地方。其實他每拍下一片雪花，都要拋棄成千上萬片較不對稱的雪花。弗蘭希．齊克琳在一八六四年出版的《雲之晶體：雪花相冊》或許推波助瀾了雪花皆對稱的迷思。齊克琳製作該書中雪花的方法是坐在窗邊，一看到雪花落在窗沿就在紙上剪出形狀。因為分秒必爭，她發明了先把紙摺十二等分再剪的方法，卻也就強迫形狀非得對稱不可了。當我終於遇到下雪天，弄了些雪花來觀察，才知道要找到完美對稱的雪花有多難。但我得說不完美的雪花更美了。

＊中谷教授的女兒，藝術家中谷芙二子克紹箕裘，創造水的雕塑，但她不是用冰，而是用霧（科學上它是水滴分散於氣體中的氣溶膠）。

齊克琳好好利用了雪花的近似對稱性。這指出了對稱性的一大用途：發現規律即可節省時間。當你假設雪花皆六重對稱，則只需剪出一個分支的形狀即可。這原則在資訊時代大放異彩。考慮構成一支影片所需的資料檔，須讓電腦可以時時告訴螢幕每一個像素是什麼顏色。但要是如實記錄每一幀圖的每個像素值，檔案會大得不得了。但觀察到，在正常畫面中，相鄰的像素顏色往往相同。這就是可利用的對稱性了：移動一個像素顏色仍相同。每幀和下一幀影像間也有許多像素維持不變，又是一種對稱性。所以一種壓縮影像檔案的方法是：只記錄有改變的地方，其餘像素都靠對稱性填補。就好像在流行樂譜上寫「副歌」兩字來代替一整段一樣。

雪花也在結晶學和數學占有一席之地。在一六一一年，約翰尼斯．克卜勒出版了《新年禮物，或論六角型雪花》一書，首次留下了將晶體的宏觀形狀解釋為源於微觀原子排列的文獻紀錄。克卜勒主張六角形源於微小全等球體的堆積，他更猜想這種如層層蜂巢狀的六角堆積（圖10）正是堆積密度最高的方法。值得一提，克卜勒的猜想一直到一九九八年才獲得證明。克卜勒是在與英國數學家托馬斯．哈瑞歐特的通信中受啟發才著手研究這問題。而哈瑞歐特則是被他的老闆兼好友，也是著名草地滾球愛好者的沃特．羅力爵士問到該怎麼在他武裝私掠船的船艙中堆放砲彈效率會最好。[13]

雖然克卜勒對於冰晶的推理不太對（水分子不是球體），但他說晶體的對稱性源自於微觀的原子排列的主張，遠遠超過了他的時代。後來新的間接證據是有人察覺到，所有已知晶體的兩面

圖 10 克卜勒球體最密堆積的插圖。

夾角，恰能對應到那些可堆滿空間的箱子的形狀。但即使克卜勒的想法直觀易懂，卻貌似不可驗證。我們怎能指望看到原子的排列呢？直到二十世紀人類才找到方法：這方法涉及穿越不同的世界，由大到小再回來。

鏡中奇緣

讓X光穿透你的身體，投在底片上，會照出你身體的骨頭，因為骨頭能阻絕X光。但要是X光穿透晶體會發生什麼？

答案是一種引人入勝的現象，稱為X光繞射。繞射是使得肥皂泡、鉍晶體表面，以及蝴蝶與甲蟲身上帶有彩虹一樣的美麗色彩的現象。當白光（所有色光的混合）照到肥皂泡，有些光從薄膜的上表面反射，有些穿透再從些微差距的下表面反射。當這兩路徑的光重新會合，某些波長將會得到強化，某些會被減弱。皂膜的厚度與光波長（兩波峰的間隔）相近時效果最顯著，不同波長對應到不同色彩。隨著整片皂膜的厚度細微起伏和觀看角度的變化，就展現出一種油漬彩虹的色彩。

值得一提的是，無需任何道具你就能操作並觀察光的繞射。只要將你的拇指和食指捏著，放在一眼前一兩公分處，後方需有個光源。然後讓兩指分離，不相觸但縫隙盡可能窄，你應會看到縫隙中有暗影。再微微分開點，隙縫中的暗影會像吊橋的隙縫，亮區則像橋上木板，數量應可控制在十到二十條之間，讓我想起印第安那瓊斯《魔宮傳奇》吊橋一戰的名場景。光波從你的指縫間繞射了，像通過狹窄海峽的激流產生的波浪。

我記得在我大概八歲時參加派對，收到一個禮物福袋，裝了一副「彩虹銳舞」眼鏡。我戴著它看東西，它就把世界分裂成無數帶著彩虹顏色的重疊影像。我一頭霧水，想著這玩意到底怎麼知道我在看什麼，才能複製那些影像好幾份呢？許多年後我才知道那鏡片是「繞射光柵」：刻了無數條微小的鋸齒狀凹槽，使從不同鋸齒上反射的光波相疊加，像是加強版的薄膜。

繞射現象的一種驚人展現是蛋白石的「火光」——在你手中把玩時，表面發出的燦爛色光。蛋白石是由無數微小的二氧化矽圓珠堆疊而成的，每個珠子約一千個原子寬。圓珠呈層狀排列，每一層都像肥皂泡一樣反射光。當每一層間距愈窄，由繞射所產生的火光顏色就愈藍。普通的蛋白石只有紅色火光。但如果一顆蛋白石能發出紫光（可見光中波長最短的）就表示它也能發出所有其他色彩。在一九〇七年出版的《寶石：配戴療效與其他治癒效果》中，作者弗尼寫道蛋白石「是所有寶石中最令人陶醉又神祕的」。曾被認為是只要蛋白石具有某顏色的火光，它就能增強對應顏色的寶石的法力。例如紅寶石，據說在生死交關時會變得透明。又例如紫水晶，是戒酒的寶石，助其持有者不貪杯。或者祖母綠，說是能消除迷信的恐懼，例如怕魔鬼或精怪。而蛋白石據說包在剛摘下的月桂葉中能令人隱身。

由繞射而生的蛋白石火光領我們回到X光繞射與晶體的話題。X光也是光，但肉眼不可見，因為它的波長實在太短，遠遠短於紫外線。但即使它波長短，晶體中原子的間距要來得更短一些，所以當X光照進晶體，就發生繞射。

實驗過程說來單純，發射X光穿過晶體，記錄落在底片（或電子偵測器）上的照射強度，會得到一系列等距分布的小亮點，像西洋棋盤的每一格中央同時射出雷射光。圖11展示了二硒化鈦晶體的X光繞射圖樣，是加州大學洛杉磯分校和我合作的實驗家安殊．科嘉教授友情提供的。

圖中可見銳利的亮點，但也有些環形存在：科嘉解釋這些最有可能是碘雜質造成的。一般而言環形會出現在失去了晶體秩序性的部分，例如液體的X光繞射圖就是環狀。而從亮點的分布我們可以研判出晶格中的原子排列。但意外的是，亮點位置並不直接對應到原子的位置。反而繞射圖上兩點距離短，代表晶格中原子距離愈長，反之亦然。這種大小逆轉的數學法術喚作「傅立葉轉換」。

約瑟夫．傅立葉（一七六八－一八三〇）在物理和數學界大名鼎鼎，他是第一位指出溫室氣體

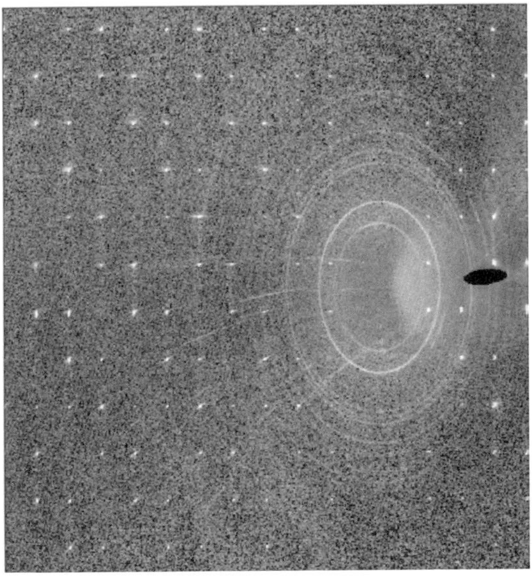

圖 11　二硒化鈦晶體的 X 光繞射圖樣。
致謝：安珠．科嘉教授。

會使大氣層留滯熱量增加的人。傅立葉也是艾菲爾鐵塔上鐫刻其名的七十二位偉大法國科學家之一。他大概也是遭到最適得其反的意外而過世的人。傅立葉的最大成就是建立了熱傳導的數學理論，從此他確信長命百歲的祕訣就是保暖。他從此毛毯不離身。卻在六十二歲那年被裹著自己的毯子絆倒，跌落階梯一命嗚呼了。

除了獻出生命向大家提供一則警世寓言外，傅立葉還貢獻了以他為名的傅立葉轉換。它的原理頗像一具魔法樂器。一般的鋼琴只有固定數量的黑白鍵能彈，想像一具能任你同時彈任何音高的樂器，像是有無窮個鍵的鋼琴（我們假裝原本長度塞得了這麼多鍵，但這並不完全瘋狂：零和一之間本就有無窮個分數）。到這已經很神奇了，但真正的魔法如下：這樂器讓你只需按下適當的按鍵組合，每個鍵按的力道（音量）拿捏得剛好，它就能重現世上一切可能的聲音。貓頭鷹的嗚嗚叫、蟾蜍的聒噪，甚至整個一九七八年的原始《銀河便車指南》廣播劇系列，無所不包。最了不起的是，這種樂器真的存在：你的電腦播放音訊時就是用這原理。因此神奇並不在器材而是方法，在於這個奇特的事實：所有聲音的波形都能用一系列的純音疊加而精確重現。

如果你曾給弦樂器調過音，或許對這已有第一手認識：當調音到兩條弦的頻率只差一點，同時撥響它們就會發出「拍頻」：疊加的聲波會週期性變大再變小聲。疊加更多頻率，再複雜的音色都能表現出來。傅立葉轉換就是把原本的聲音：隨時間而變的波形，轉換為一組不隨時間而變的純音組合的數學過程。接著，時間的單位是秒，而音調（頻率）的單位是每秒幾次。傅立葉轉換一般而言會將一個單位的東西，對映到該單位的倒數的東西。某數的倒數就是用一除以該數，所以愈大的數它的倒數愈小。日常直觀的例子是，你或許注意到大狗的吼聲低沉，而小狗叫聲刺耳。愈是龐然大物就愈重低音，蚊子等渺小微物愈尖聲作響。

傅立葉轉換對水波也有用。許多水波疊加可以形成各式各樣的波紋：長波長（對應到低音聲波）提供波整體的形狀，短波長提供小細節。想像你站在尼斯湖邊，這次演奏另一種魔法樂器：薊花笛。在地小孩說它能召來尼斯湖水怪。遠遠地你看到湖面有些浪尖，那是波長約一米的水波還是水怪的背呢？你近前一看不得了，有一對小耳朵，若這些是水波而非水怪，那就得剛好有短波長的波疊加在剛才看到的波上面。有足夠的水波就能構築出尼斯湖水怪的歷歷身影＊。現在可以解釋X光繞射了。晶格不外乎就是一些規律排列的點，它們的傅立葉轉換仍然是一組規律排列的點，對應到繞射圖上的亮點。後者就稱為倒易晶格，這名字暗示它像倒數一樣有反比的性質。例如加熱使晶體膨脹，原子間隔變大，倒易晶格則會變小。

在實際應用時，物理學家會用「實空間」描述我們熟悉的時空，而用「倒易空間」描述經傅立葉轉換後抵達的時間或長度單位轉為倒數的國度。倒易空間不易想像，但真的值得牢記的，僅有大小對調一事而已。

要把傅立葉轉換的結果想成自成一格的空間需要一點動機。設想回到剛才的魔法鋼琴，你聽到很酷的聲音，例如一匹孤狼的長嚎，你想記錄這聲音的「樂譜」寄到遠方巫師朋友那裡，讓他也能聽聽。由於這樂器只需長按按鍵，無須隨時變化，樂譜會是靜止的圖樣，只需記載按哪些鍵和按多大力就好。一個自然的作法是沿著無窮的琴鍵放一張紙，不須按的鍵記錄為高度零，需按愈用力的鍵記號愈高。這樣所有記號會連綿成一片地勢。若這狼嚎很低沉，在低音那側就會有很多飽滿的記號，像一座山岳。

我當初是在大衛．柯凱因教授的牛津課堂上學到X光繞射和傅立葉轉換的。柯凱因是澳洲人。他的女兒任職於澳洲皇家飛行醫師服務隊，她的責任區是比英國還大的一片澳洲內陸地帶。倒易空間之所以一開始陌生，源自於你我對於實空間再熟悉不過，一輩子都在其中踟躕。澳洲內陸是片很大的地方，要是收到緊急醫療呼叫你曉得旅程會很遠。但在倒易空間中，大小對換，所以在倒易澳洲內陸飛行會比在你的倒易花園裡走動來得輕鬆。柯凱因想確定我們都得其三昧，規定我們閱讀《愛麗絲夢遊仙境》——特別是馬丁・葛登能加註的權威版本。葛登能身兼卓著的數學普及者，以及二十世紀最重要的魔術師之一。葛登能註解了隱藏在愛麗絲的魔幻世界的數學奇思妙想。愛麗絲的作者路易斯・卡洛爾是位數學家，任教於牛津。書中無數異想天開的情節都掩藏著數學的寓意。（像續集《鏡中奇緣》就有許多因身在鏡中而顛倒了的古怪邏輯。）

柯凱因讓我們邊讀邊想像如何像愛麗絲一樣進出倒易空間並在其中探索。愛麗絲過不了一扇小門，一旁桌上有瓶魔藥，標籤寫「喝我」。她喝掉它，費了一番周折縮小了，便繼續探險。柯凱因詮釋道，雖然這轉換有點困難，但只要過了，在倒易空間中就能像在實空間一樣操作如流。正如愛麗絲需要另尋恢復尺寸的方法，吃下標著「吃我」的蛋糕那樣，從倒易空間回到實空間也需要另一次轉換：逆傅立葉轉換。故事中蛋糕還讓愛麗絲變得太大，還好數學不會出那種差錯，就只有倒易和實空間。

身處哪個空間較好，取決於你想進行什麼樣的巫師技藝。就像愛麗絲發現的，有些事變小了容

*好吧，嚴格來說，經典的尼斯湖水怪的剪影中，脖子和頭懸空了，這非函數圖形而無法用傅立葉級數重建。但只要形如一些波峰相疊的圖形就可以了。

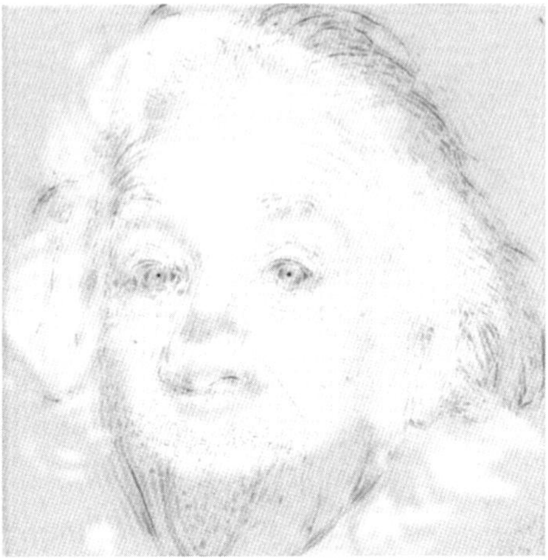

圖 12　夢露斯坦。近看像愛因斯坦，遠看像瑪莉蓮夢露。

易做，有些則否。這裡還有一例：麻省理工的歐妲・奧莉瓦教授發明了一種魔術照片，遠看像瑪麗蓮夢露，近看像愛因斯坦。圖像的原理是只取夢露的粗略輪廓，加上愛因斯坦臉的細微線條。初次看到時我大惑不解，在圖像的「實空間」該怎麼混合我束手無策。但我突然澈悟：這在倒易空間就容易多了。微小細節（高頻信號）的位置遠離中心，而粗略輪廓（低頻信號）則圍在中心，之所以如此和大小倒易有關。完整步驟如下：兩張圖分別傅立葉轉換，取夢露的圖中央區域的「樂譜」和愛因斯坦的外圍區域，在倒易空間中結合兩部分後，取逆傅立葉轉換回到實空間。圖12是我嘗試重現奧莉瓦教授的圖。

這張圖像有實用價值。當它在受試者眼前一閃而過時，大家都只看到夢露，表示大腦優先處理粗略輪廓，隨後才添上細節。奧莉瓦的研究團隊提議：或許可製作只有當近看才會顯示更多細節的圖表（像是工業設計圖的圖層）或當你遠近移動時會活起來的「動畫」，和唯有近看才讀得懂以保護隱私的文字。身為一名巫師，這招你可以學起來備用。例如說，假使你需要在一場魔法審判中控告某個不擇手段的暴君。你可以說：「陛下可認得此人？」一邊展示某位王家熟人的照片，待得到肯定答覆，你便轉向較遠的陪審團，照片此時看來……竟像國王雇的那名殺手！或是表演如下的舞台魔術：跟上台的志願者說你施法模糊了他的雙眼。作為證明你拿一張魔術圖樣讓他近看。確實讀不出字。你轉身向台下觀眾展示同一張圖，觀眾都表示讀得懂。現在你念誦魔術咒語，表示要讓志願者視力復原，一旦拉開距離他又看得懂紙上的字了。

在現代，若沒有傅立葉轉換，資訊就寸步難行——它正是資訊壓縮的另一利器。例如電話只需忠實傳輸一五〇到一四〇〇〇赫茲的頻率，這是構成人聲的主要範圍，其他頻率可割可棄。但怎麼割？這又是進入倒易空間（在聲音訊號稱為頻域）會容易許多的操作。先傅立葉轉換，捨棄「樂譜」上過高與過低頻率的琴鍵記號，再逆傅立葉轉換，這和夢露斯坦圖的做法毫無二致，就得到能由電話系統的窄頻傳送的信號了。一樣的原則也適用於壓縮線上串流的影音訊號。

一顆晶體的傅立葉轉換是另一顆晶體，但後者居住在倒易空間中。X光繞射就像從這詭譎的裏世界帶回的照片。在這個倒易的世界，由於小和大互換了，原子的微小距離再也不是阻礙，反而是機遇。X光繞射打開了克卜勒觸及不了的原子世界的大門，讓我們驗證雪花的對稱性確實源於晶格的對稱性。這些照片揭曉了晶體原子的對稱排列，而對稱性正是晶體法力之源。

在方解石的世界有著光學各向異性——不同方向的光速不同，給了方解石雙折射的魔法，畢竟折射源於介質內外的光速差異。石英的世界中缺乏鏡像對稱性，這給了它天生的光學活性：光的偏振方向會逐漸旋轉。石英也欠缺中心反演對稱，這使它具有壓電效應：若施加電壓，整個石英小宇宙都隨之伸縮振盪。其實，在伸縮的是晶格，但若你活在量子尺度的晶格世界，週期排列的原子就彷彿空氣之於我們一樣，自然得宛如空無一物。

雖然上述特性都和對稱性息息相關，但值得強調的反而是，猶如秩序出於混沌，晶格的對稱性皆出於對稱性的「丟失」。每顆晶體內都存在一個巨大弔詭：與其說晶體決定於其對稱性，不如說它們決定於其原本可能具有，卻失去了的對稱性。晶體是特定的對稱破缺後的產物。

破鏡難再圓

你有沒有試過立蛋？民俗說法是，除了一年中的某個特殊時段之外，是不可能把蛋立起的。於是在那特殊的時間窗口，世界許多地方都會舉辦立蛋慶祝的節慶。但這迷思早被破除了，還是出於一位專精於對稱性的物理學家之手。我們已經見過他：中谷宇吉郎，人工雪晶體的創造者，就示範過立蛋雖不容易，但一年到頭都能辦到的。立蛋的難度源於對稱。雞蛋具有幾乎完美的旋轉對稱性，沿著長軸轉任何角度形狀都一致。中谷解釋立蛋的訣竅〔圖13〕在於，你得找到微小的缺陷，使蛋殼上有三個點同時接觸桌面，接著你須調整蛋的重心使其落在這個迷你三角形內部。假使蛋殼

圖 13　一顆立起來的蛋。

完美無缺，立蛋就只剩下使重心恰好在頂點（旋轉軸通過處）上一途了，這在現實中不太可能發生。懂了中谷教授的祕訣，加以應用你可以變點戲法：在桌上灑一點鹽，容易找到作支撐點的三顆鹽粒，立好蛋，把沒用到的鹽粒吹走，看來天衣無縫。你若喜歡這種黑魔法，練熟後你在當地酒館跟人打賭就穩贏的了。

立好的蛋是對稱的，從各個角度看形狀都一樣。但當它翻倒，這對稱性就被破壞了。蛋是怎麼決定往哪倒的？這個嘛，現實中蛋並非完美對稱，桌面也不完全平坦，有可能突然吹起一陣風等等。如果我們要建立數學模型，可無法詳盡納入所有不完美的細節。我們只好變個戲法，設定說蛋是隨機選取方向。我們稱這抽象觀念為「自發對稱破缺」：好似蛋自動自發選了個方向。這不難懂，除非你被自己的完美數學模型迷惑了。「布里丹之驢」的寓言就在警告我們這件事：一頭絕對理性的驢子，站在與兩堆完全一樣的乾草等距離的地點，驢子將會無所適從、站在原地活活餓死。反觀晶體之所以能生長，正因為它們懂得抉擇。

上一章我們探討從水到蒸氣的相變，現在我們來看水結冰。如上所述，結冰是自發對稱破缺的例子，因為晶體是由「其失去了哪些對稱性」而定義。假如此話有理，那液體似乎必須比晶體來得更對稱。太可疑了這說法——晶體怎麼看都應該比液態水中混亂的分子對稱？但事實就是，濕答答的水其實是更為對稱的一方。此話怎講？

這個腦筋急轉彎的解答是基於以下觀念，雖然聽起來像狡辯，實是一項深刻奧義。對稱性有兩種，分別是離散和連續的。一個正三角形就具有離散的旋轉對稱性：旋轉三分之一圈，這是個離散的量，使它形狀不變，即使轉得少一度它就與原本不同了。反觀一個圓具有連續的旋轉對稱性，任意角度的旋轉都使它不變。因此，連續對稱性強過離散對稱性。

這正是液體居然比晶體更加對稱的理由。

晶體之所以為晶體，正是因為它在原子尺度有離散的平移對稱性：從一顆原子走一段路到下一顆一樣的原子，看來會和起初一致。但少走一丁點距離都不行，那會看來不同。殊不知液體有種更強的連續平移對稱性，可以平移任何距離皆同。晶體就像三角形，有離散的旋轉對稱。而液體卻像圓，有連續旋轉對稱。但液體難道不也是處處無秩序而且混亂的嗎？

我同意，這說法聽起來像強詞奪理，玄虛弄得太過了，但我保證其中有深意。而這理由是我們其實不活在微觀的原子世界：我們是介觀世界的居民。當我們進行測量時，無論是用手和眼，或用最尖端的實驗器材，都有特定的時間、空間解析度，僅可得到一段時間或一段長度中的平均量值。在原子尺度看液體，其中特定位置的精確時刻，要嘛有著原子或者空無一物。但我們有限的測量能力迫使我們只能看見某段短期間內的平均，其中粒子要嘛在這又或許在那，機率均等。同樣的，有限的空間解析度使我們測量到的其實是一段小距離內的平均行為。只要我們考察的範圍內原子數夠多，液體就會看起來四處皆同質。對我們來說重要的唯有這些平均值。

X光繞射讓這再透明不過——對晶體繞射會照出一組銳利光點，這是倒易晶格的寫真。但對液體進行繞射，得到的會是個圓，而圓的半徑則和分子的平均距離成反比（當分子愈分散，環愈小）。由於我們的測量充其量只是平均性質，所以混沌無序的液體會比秩序井然的晶體更加對稱，而水要結成冰其中某些對稱性便需要破缺。值得一提的是，即使在平均的意義上晶體仍能打破對稱。

晶體的法力源於被打破的對稱。而晶體失去愈多種對稱，就能擁有愈多種異能。就像揮之不去的悲劇過往是超級英雄獲得超能力的契機。液體的特性不取決於方向，我們便說液體是「各向均質」的，這是一種對稱。若從液態結晶成各向異性的晶體，對稱就被打破了，晶體就獲得雙折射的能力。液體也具有中心反演對稱，若結晶成缺乏中心反演對稱的晶體，失去這對稱性帶來的是壓電效應的能力。液體是連續平移對稱的，但若要結晶就須把它拋棄，形成離散平移對稱的晶格構造。以上都是自發性對稱破缺的例子。自發一詞在這的意思是，在所有可能的方向中，晶體在無外力引導下選了一個。從此決定原子此消彼長，但又何故厚此薄彼呢？

正如我們訴諸於一陣不可測的風來解釋立起的雞蛋朝哪翻倒，我們也能訴諸某種未知的不對稱來解釋晶體生長的自發性。注意到當水結冰時，冰晶總是從容器壁，或從水中的雜質上開始生長。形成冰晶的水分子並非總是隨遇而安，畢竟它們須緊貼著容器壁。有一招魔術能說明——若你小心翼翼地給一罐很純淨的水降溫，它有可能降到零下幾度卻還不結冰。在這稱為「過冷水」的狀態下，即使輕輕一敲都會導致整罐水立即結冰。想添加一點戲劇效果的話，你可以邊念誦魔咒邊用魔杖敲它。這過程和前文所說的相變材料暖手包完全一樣。過冷水就像一頭餓壞了的布里丹驢子，或是一顆非常光滑對稱的蛋那樣，一觸即發，而終會倒向一側。

增長晶體本身就充滿魔法氣息。在物理學家之間，結晶專家享有獨特的巫界聲譽。

一所大學的物理系或許有百來名物理學家，他們之中多數是實驗家，少數是理論家。然而得非常幸運才會有一位專業養晶人。但他們贍養了所有凝態物理學家的事業。一塊好的晶體樣品或需幾個月才能長好。隨後幾十年，這塊晶體會在全世界的物理學家手中代代相傳。一般不收取費用，但回饋的方式是令養晶人為用到那塊樣本的研究論文的共同作者。我的第一篇物理論文*得以誕生就多虧了加拿大的養晶專家哈林・西佛斯汀博士設法養出了世上第一塊鉬酸釓晶體。這種材料在理論預測中，很可能具有前所未見的磁性狀態（自旋玻璃）。非常可能那就是開天闢地以來，世上第一塊鉬酸釓結晶，是真正的無價之寶：不只買不到，連替它估價也無法。我對養晶人的敬仰如滔滔江水連綿不絕。但每次我出言刺探，都只得到：「那是一門黑魔法。」的回答。接著他突兀地啜口茶，表示對話到此為止。我唯一能分享的就是，當我的朋友湯姆．布魯克斯（是名熟練的樵夫，懂得擲手斧擊中二十步開外的樹幹）忽然想投身物理，問我意見時，我建議他可以養晶，因為他渾身散發靈氣，結果他馬上拿出一塊鉍晶體，說是上週在營火上的熱鍋裡長的。還有一次我向牛津的晶體大師，達瑪林甘．普拉巴卡蘭教授提案矽化鈷內部可能含有前所未見的突現準粒子時，教授說他上週剛造出一顆。令我不禁想那些邊啜茶的告誡的意思是，除了堅毅和技藝以外，生長出一顆無瑕的晶體還需一些神通。

布里丹的驢子只需要稍微離一堆乾草近一點，就能決定去該側吃。而一旦它動身就不再反顧，下了決定的驢子比什麼都還固執。從這份倔強中，竟能衍生出物質的準確定義。

固執不退縮

你可曾注意到，老巫師總是最愛樸質的咒語？相較於菜鳥總想施展最浮誇的術式，大師卻大巧

＊我特別說物理論文，因為我第一篇發表作品其實是在《超常時報》上寫的短評，關於人體自燃現象的可能原因。

不工、渾然不像有在施法。這或許又是一種三階段：門外漢見到什麼效果都驚嘆；初入門弟子已看慣基礎招式，一心追求奇技淫巧；大師則反璞歸真，藉深刻智慧在尋常中找尋新意。

在舞動身軀的種種人類技藝和武藝中，總會回歸到最根本、樸實的原則。愈基本則愈重要。其中站姿與呼吸，是基本中的基本。有次在電視節目上我看到這件事的體現。魔術師在街上徵求一名志願者，要他閉上雙眼靜靜站立，自己則站在他身後三步之遙。接著魔術師宣告他要隔空用心靈之力撼動志願者，令他摔倒。果然一番指手劃腳後，志願者跌倒了。表演很有說服力，我納悶是怎麼做到的。但我隨即想到，把身子站穩其實不是件容易的事。你可以（在安全、空曠的場合）試試看閉上眼睛單腳站立，不容易吧？如果限定雙手需貼緊身旁，你連幾秒都撐不過。所以我找了朋友當白老鼠。我要他原地站好，閉上眼，再宣告我會用魔術隔空推倒他。果不其然只消幾秒他就跌倒了。更妙的是他說他真有感受到我推他的力。某種程度上他說對了，那其實是地心引力。魔術師提供的只有一套很有說服力的手勢，假裝那是他的功勞。

要是你問我，我會主張晶體最奇妙的性質也是這個：能夠一動也不動，長久保持它的形體。從這端推它，另一端馬上開始動。其他物質狀態都做不到此事。液體隨盛裝容器的形狀而變。當你想推它，你的指尖只會陷進去。回想凝態物理學家怎麼定義固體的：能抵禦剪切應力，任你搓它捏它都不變形。液體分子如一盤散沙，故無法合起來抵禦外力。但在固體裡，每顆原子都和其餘原子協調地整齊排列，指定好單一晶格中的原子排法，你就確知所有原子的位置，既然晶格是週期性重複的。當外力試著推最頂端的一層晶格，所有原子都齊心頑抗。晶體就是大量原子一條心、協調反應，因而在宏觀也能抗拒變形的表現。這便是「剛性」的定義。同時也是何謂物質的一個不錯答案。

物質是什麼？凝態物理學家常給出以下答案：

物質是由大量粒子互動，引發了自發對稱破缺而產生的剛性結構。

我們來細看這句話，以水結冰為例。當水溫接近冰點，分子間互動開始讓它們排成規律週期結構。是什麼決定了晶格的最終指向？有可能是容器，又或許是雜質，但在數學模型中我們令這個選擇自發發生。而一旦做出決定，所有分子便倏然定身，因為它被鄰居牢牢固定住，鄰居的鄰居也一樣。這是一個剛性結構。

剛性的概念不只能描述固體。鐵磁體就是另一個我們見過的例子。記得鐵磁體中每個原子具有一個稱為自旋的磁場，自旋傾向和鄰居對齊。在高溫時，自旋的指向混亂不堪，每個方向都同等地不受磁化，是一種連續旋轉對稱。此時施予外加磁場可以隨意轉動這些自旋。當材質冷卻，自旋的互動愈來愈能對齊彼此，一旦冷卻到臨界點以下，全體自旋便自發地選取一個指向對齊。一旦選定了它們就咬定不放鬆：這時施以外加磁場，鐵磁體的自旋會一齊抗拒或一齊旋轉，正如固體晶格裡的原子面對外力那樣團結。以「具有剛性」來定義物質，涵蓋了固體和鐵磁體，卻沒能包括所有我們想稱之為物質的東西。

在古典四物態中僅有固體符合剛性的描述，但不計其數的凝態物理學家也研究液體、氣體、電漿和其他不計其數的相態。這也是當年安德森和海涅教授將「固態物理」之名改掉的原因。只要稍微放寬剛性的定義就能囊括其他物質相態。雖然液體不像固體能抵抗剪力，但它們有比較廣義的剛性，例如當太空人在國際太空站倒水出來，水會集聚成珠，而不會化為無數分子奔散。戳戳它也不會逸散，這是分子集體協調的反應。這種抵抗改變的行為可以看成一種廣義的剛性。水分子凝聚而成一個物質狀態。即使氣體也有凝聚現象，即使相當弱，而對它們最佳的描述仍是著眼於分子間的互動（突現行為），而非個別分子的運動。

我必須說，並非所有凝態物理學家皆同意這種定義得如此廣泛的剛性。有些人會抗議當你把氣體和液體放進太空的真空環境，所有分子都會逃逸無蹤。但即使是固體，這件事仍會發生！只是發生在長得多的時間尺度上：當電燈泡的鎢絲被加熱到白熾，鎢原子也會蒸發飛散，讓鎢絲過早斷裂，令燈泡壽命不如預期。解決方法是填充惰性氣體氬氣。我則認為，只要大量原子的互動能展現某些集體突現行為，就是種廣義的剛性。[14]

無論大家同意的定義為何，剛性都是凝態物理的核心概念：從大量基礎單元的互動中突現出的遠比個體的總和來得深奧的行為。在晶體的單一原子身上，哪兒都找不到使晶體能夠屹立的性質，遑論晶體為何具有對稱性了。我已闡述了為何所有物質可以由剛性，從而由對稱性加以定義。但為何安德森更進一步說所有的「物理」都是對稱性的研究呢？為闡明這點我們需要最後一層的推廣。

一切可能性的世界

如果說物理就是對稱性的研究，那對稱性就需要是不只凝態物理，而是所有物理學門的指導原則。在有些學門這無庸置疑，例如粒子物理學的標準模型就完全奠基於對稱性。雖然比晶體的對稱更抽象，粒子物理中對稱性仍一絲不苟，也適用同樣的直觀：對稱性就是當你變換某物，它仍和原來一樣。例如當你將電子的電荷逆轉，就得到一顆正子，但它其餘性質都和電子相同。在粒子物理學家講述的宇宙大歷史的最初，自發對稱破缺扮演要角。在和液體結晶有點像的過程中，希格斯玻色子打破了宇宙的對稱性，進而賦予若干基本粒子質量。這被稱為安德森－希格斯機制，因為正是安德森首先在凝態物理的脈絡中闡明這機制，繼而才被推而廣之的。但對於吾等區區介觀世界的居民，以上概念都太宏大了，我們就不多談這些事了（噢，除了第八章會談到一些）。

再廣泛點，稱物理是對稱性的研究有種詩意。物理的目標是探明萬物，並尋求普適的關聯性。水在臨界點附近的凝聚，與鐵磁體在居禮點的行為，可由完全相同的數學描述。這也是種對稱性：把水分子換成自旋，其數學模型毫無二致。這麼說來，物理學家在尋求的隱密關聯性，正是對稱。

晶體的平整表面以及幾何般精確的夾角，由其原子排列的完美對稱性而生，隨之而來的是諸多魔力。從顯然不可思議的摩擦發光，到再熟悉不過的有用性質：推晶體一端則全體會隨之而動。但在我心目中格外美麗的事實是，晶體內的規律週期結構，令五花八門的突現準粒子成為可能，而它們無法在晶體外存在。

之中某些是新面孔，像是沒有基本粒子對應物的聲子，在傳遞的介質以外便無法存在。其他是老朋友的新偽裝。光子在晶體內的速度減慢了，其他粒子竟能超車。這就產生了契忍可夫輻射的森森藍光。這種效應起先預測會發生在假設性的超光速粒子身上，直到愛因斯坦出面解釋那種東西不可能有。這便是凝態物理的獨門術式：預測中一種激發驚嘆的現象，被證明在我們的宇宙中不可能存在，卻終究在另一個蘊含不同可能性的世界中尋獲。那個世界，存在晶體之中。

在這些眾多可能性的世界中，是否存在終極的限界？我們巫師的職責是在混沌中尋求潛藏規律。但要是一切皆有可能，我們從何著手？幸虧在大千世界之間，仍有幾道共同之道相連。讓我們繼續旅程，細細檢視其中一些聯繫著所有可能世界的定律。

第四章　思索火之驅動力

巨冊盡收眼簾，法瑞安得以一窺這世界的祕史：

自海圖所記載的世界的最西端，你如揚帆復向西行，可抵達極其不可思議的世外群島。氣候和煦宜人，豐沛雨水饗島民以富饒多樣之果菜，但也作育一種令人迷醉的塊根。各島諸集落各有一名結繩人，平日司掌活計如編織魚網、綴補船帆，或紮起海灘上的棚屋竹架。結繩人亦不時受命設計新繩結，在新工藝萌生時尤有必要，譬如風車。新繩結的製法由諸島結繩人共享，然這種種知識卻罕能傳到島外世界。新繩結問世之初，結繩人需再三與村民商討，以保技藝充分好懂，蔚然成風。唯有兼具實用、必要、樸素與典雅的繩結，始能獲得令譽盛讚。

當結繩人相聚，他們以編織格外複雜、夾纏惱子和大而無當的環路，足以混淆最熟練匠人的「結謎」取樂，乃至廢寢忘食。但最時興的競技仍是開鎖，畢竟這也落在結繩人的轄下。對壘兩方各有一串掛鎖相連，比誰解得快解得多，每解一道便重新鎖在對手那串上……

巫之際涯

巫師的能力有其極限。即使巫師已是最強大的一類存在，他們所居的宇宙卻往往對其設限。例如《地海》世界的巫師法術受限於他們知曉的事物真名。

這個世界究竟有何顛撲不破的律法？而知悉這些限制又對我們認識物質有何助益？鍊金術尋求物質的任意轉化，冀望造出不死靈藥獲取永生。一般認為鍊金術師失敗了。雖然鍊金術演變成了化學，確實能轉化許多物質為它物。某種程度上，鍊金術正是敗在不給可能性設下限制：你要是施展了可行的物質轉換，那是化學；若你觸碰自然的禁忌之事，那是鍊金術而你必敗無疑。銅轉為銅綠？可行。鉛化為金？不可行。蛋轉為歐姆蛋？可行。歐姆蛋變回生蛋？不可行。

幸運的是總是存在著規則，即使我們不識廬山真面目。在此之前我們見過古典元素中的水、風與土。但火元素是轉變的化身——火充滿能量，火也產生混沌，而能量與混沌正是引領世界轉變的基本原則。這些原則由熱力學的三條半定律所囊括。從恆星到細胞乃至介於其間的一切事物都遵循這些法則。法則的發現源自於介觀世界中的實際應用：一六九八年托馬斯．塞維利的一紙專利《藉火之驅動力汲水與牽引各式機械的新發明》即蒸汽機的先聲。

我明白蒸汽機不容易讓人怦然心動。即使所謂的蒸氣龐克穿著風格，也不太擁抱蒸氣（更別說龐克風）而是著重在繁複齒輪、護目鏡和高禮帽。但熱力學定律可不只適用於蒸汽機、鍋爐和活塞而已。熱力學其實給宇宙中一切物質、能量和資訊的變化設下限制，從DNA到黑洞皆然。蒸氣只是一切開始之處。

原初的蒸氣機使人類能將混亂裝瓶。隨之而來的工業革命像極了浮士德的契約：令人類掌控能源與物質，而蒸汽機就像浮士德的助手惡魔梅菲斯特，藉微觀粒子產生宏觀效應，達成主人心願。這個早期的凝態物質科技之成功，令十九世紀末的科學家驕矜自滿地認為物理學的終結近在眼前。

但浮士德究竟是主人，抑或受惡魔所控呢？早在一五五八年，姜巴蒂斯塔．德拉波塔在他的《自然魔法》書中就寫：

> 世上有兩類魔法。一種邪惡且給人帶來不幸，因其招惹邪靈、操弄咒法與不義之物。（中略）另一類魔法是自然的。賢人許可接納，智者稱頌讚揚，博識之人敬重瞻仰。

幸好在現代前者退流行，後者發揚光大。大眾不怎麼相信惡魔，甚至可說現代科學之昌盛是拜這波除魅之賜。

各方面來說，鍊金術都受到苛責太過。誠然惡魔召喚是有點過時。但鍊金術的許多層面想成是早期的科學更為貼切。很多鍊金術的發明是貨真價實，正如活躍於公元三世紀的亞歷山卓，史上第一位鍊金術師「女先知瑪麗亞」發明的器械化學家至今還在用，即隔水加熱鍋（bain-marie 水浴法，字面上是瑪莉的澡盆）。鍊金術這種化學的雛形受赫密士主義（早期西方神祕主義）的影響深重，從留存的術語「赫密士緘封」可見，指的是術士發明的氣密封口技術。公元十七世紀科學革命的重大貢獻者中也不乏有認真看待鍊金知識者，艾薩克・牛頓爵士就是其一。在十八世紀熱力學興起時，因為著眼於實用目標，它便拋開了許多鍊金術的神祕主義，脫胎成一門現代科學。唯有證實有效的才得以保留。但並不是說沒有構思理論的空間，事實上熱力學正是因為格外成功才脫穎而出。藉由抽象思維，熱力學理論達成鍊金術師夢寐以求的不朽。

本章中我們將逐條檢視熱力學四定律。有一套白話文版的措辭（常被歸於詩人艾倫・金斯堡，或科學作家史諾）如此寫道：

第零定律：你身在一場賭局裡
第一定律：你贏不了
第二定律：你別想打平
第三定律：你停不下來＊

（不得不提，這些同時也是「那個遊戲」的規則，就是當你想到「那個遊戲」你就輸了。很不湊巧的是在座的各位都是輸家。）我們會學到這四法則給我們施法的可能性加以限制，以及它們如何源自於微觀世界。歷史上，熱力學可視為凝態物理的直接先驅。它指出物質就如同能量與混沌的拉鋸。但在逐條說明前，我們先看熱力學發展史。

卡諾的水車

在薩迪．卡諾（一七九六－一八三二）於一八二四年發表的《思索火之驅動力，與適合施展此力量之機器》一書中推導出一切從熱能中汲取有用做功的機器：熱機——例如蒸汽機的最大可能效率。本書被視為熱力學的肇始，也是本章章名由來。而這門學問起初就帶有毀滅性的展望：卡諾在前言中強調蒸氣動力為掌控戰局與帝國擴張的利器。他的神來一筆卻在於抽象思維：蒸汽機是由金屬連桿與活塞與鍋爐與操作員構成的龐雜器械，卡諾卻看穿了其運作的核心，他察覺到了普適性原則。

＊譯注：這個幽默版本被寫進音樂劇《新綠野仙蹤》（The Wiz，一九七八）由麥可傑克森飾演的稻草人演唱的歌曲歌詞。有心網友便在故紙堆中搜查出處。拜此之賜我們可知歸於金斯堡的文字最早見於一九七五年 CoEvolution Quarterly 期刊。但早在一九五三年，哈佛教授德懷特．巴投（Dwight Wayne Batteau）就在 Astounding Science Fiction 雜誌的幽默小語專欄投稿一模一樣的字句。常被提及有關的科學作家史諾，則尚無相關線索。

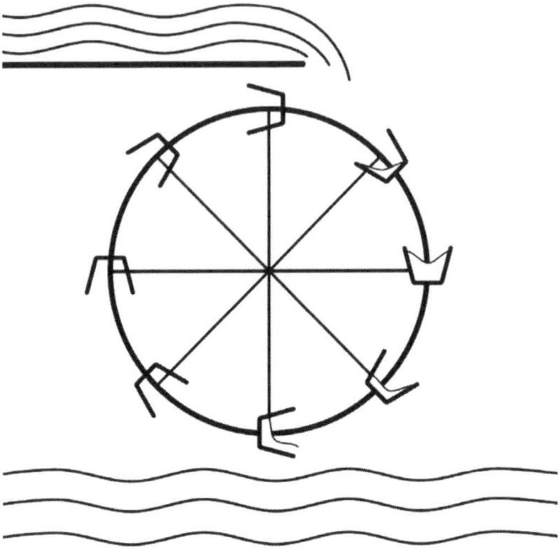

圖 14　一座水車。

卡諾從小就為他父親[1]建造的水車機械所著迷，由自高處往低流的水所帶動。這點我感同身受，在我老家的德文郡奧特里聖瑪麗鎮有一處名叫「跌水堰」的溢流堰，在那兒水流落入一個大圓洞，穿過斜槽的水流曾驅動一座水車，供給工廠機械動力，直到我爺爺在一九五○年代在那工作的前十年都還在運轉。

水車的概念是，水流從一位置較高的大水庫，經過水車輪瀉入較低的池裡，過程中產生有用的轉動動力〔圖14〕。反過來也可以供應機械能、逆轉水車，把水抬高儲存回高處的水庫。卡諾想像熱流如水，由高溫「熱庫」流向低溫「冷庫」。他假定上游的熱庫的儲熱量其大無比，即使持續供應熱量也不會降溫分毫。在由高溫流到低溫處的途中，人類可以截取有用動力。在蒸汽引擎中，高壓蒸氣反覆吸熱膨脹，又再冷凝收縮，如此驅動活塞運動。熱庫供給蒸氣熱能，而冷庫相當於被排出冷凝的蒸氣。[2]

卡諾推導出最理想狀態下任何熱機效率的極限，如今稱為「卡諾效率」。當熱與冷的溫度差愈大，熱機的效率愈高。若你的熱機只能用一鍋一百℃的沸水供熱，零℃的冰塊吸熱，根據卡諾的計算，其效率最高也僅有二七％。任何工程的改良都無法繞開這道由宇宙施加的效率限制＊。蒸汽動力或許顯得落伍，不免引人聯想維多利亞時代的工程師戴著護目鏡，或是蒸氣龐克設定的魔幻世界中一座頹圮的城堡漫步荒野間，由友善的火焰惡魔驅動——指的是吉卜力動畫《霍爾的移動城堡》（和黛安娜．韋恩．瓊斯的原著）裡的卡西法。但蒸氣實際上空前地與現代文明緊密相關：大約有八五％的電力得靠蒸氣轉換而來。即使核電也需借助高溫蒸氣的擴張與冷凝，帶動渦輪機的旋轉發電。同樣過程也用在未來感的再生能源。例如冰島多虧豐沛的地熱能與水力，所有電力都來自再生能源。地熱能也需藉蒸汽轉為電能，這次扮演卡西法的是地球深處的熱量。卡諾教我們提升效率必然得先增加冷熱庫之間的溫差。將水置於高壓下即可使沸點上升，甚至消失，由於水變成了超臨界流體。使用超臨界水的新一代發電廠，可望有高達五〇％的效率提升。此外二〇一四年澳洲政府宣布使用集熱太陽能發電成功產生了一些超臨界水。[3]

＊卡諾的水車譬喻有一點偏離實際的蒸汽機原理。因為真實蒸汽機使用的衝程皆不可逆轉，故其效率皆不如理想情形。

卡諾的真知灼見源於他兒時對水車的迷戀，創始了熱力學，最終被編纂成不朽的定律。現在我來逐條說明。

你身在一場賭局裡

之前說熱力學定律有三條半：第一二三條，外加第零條。這裡出現「第零」有兩大理由。首先這代表這條定律很重要，必須先訂好作為其他定律的基礎（不然它就會是第四定律）；其次，這重要之處不明顯、容易漏失（否則它就會是第一定律）。直到三大定律都成形後，科學家才恍然大悟他們必須確立一項始終視為理所當然的假定。如金斯堡所言，在講解遊戲規則前，得先確立我們都有參加。

熱力學第零定律的正式描述是：

若系統A與B處於熱平衡，同時系統B與C處於熱平衡，則系統A與C必處於熱平衡。

物理學家說的系統是一切他們感興趣的東西，與他們不感興趣的（稱為環境）區別，由一道想像出來的屏障隔開。單一系統中的熱平衡代表它的總能不增不減，且內部溫度均勻。兩系統間達到熱平衡，代表它們彼此傳遞與接收的熱能相等，故沒有淨流動。

我朋友牛津的史蒂芬．布倫戴爾教授直接把第零定律翻譯成：「溫度計有用」。這豈不顯然？溫度計熟悉到掉渣。它有用不是應該的嗎。但記好了，當一名巫師就是要一本初衷，別把任何事當作理所當然。溫度計測量溫度。溫度的科學單位是克耳文（K），一克耳文等於攝氏一度的差距，但克氏溫標的零點設在「絕對零度」，即理論上的最極限低溫。

為說明第零定律是怎麼保證溫度計有用，先想像你是個愛釣魚的巫師。你在窗外掛了一支溫度計，一目瞭然現在溫度是否在零下（釣魚之行告吹）。溫度計的原理仰賴它與周遭空氣同溫。但若空氣和水面溫度不同，知道了前者也沒用。所以你仰賴溫度計和空氣處於熱平衡，同時空氣和水面也處於熱平衡。其實你暗自希望的是，這時拿溫度計去碰水面，讀數不會又改變，即它們早就藉居中的空氣達成熱平衡了。最後這步驟就是第零定律：溫度計有用！

事情不總是那麼順利的。想像你試著用類似原則管理動物園。你把獅子和陸龜關一起，什麼事都沒有。你再把陸龜和羊關一起，也沒事。所以你尋思由於獅子和陸龜相安無事，陸龜和羊相安無事，所以把獅子和羊……場面就不好看了。或許最熟悉的例子還是剪刀石頭布：布勝石，石勝剪，所以布或最贏？但其實剪勝布。雖然剪刀石頭布每局有輸有贏，似乎不能稱之為均衡，但假設一群人反覆猜拳，若他們之中沒有心靈感應者，則出三種拳的勝率應歸於均等，因為沒有最占優的拳。若你想用類似原理做些壞壞的事，到在地酒館和人打賭必勝（現在的你應該小有名氣），你需要自

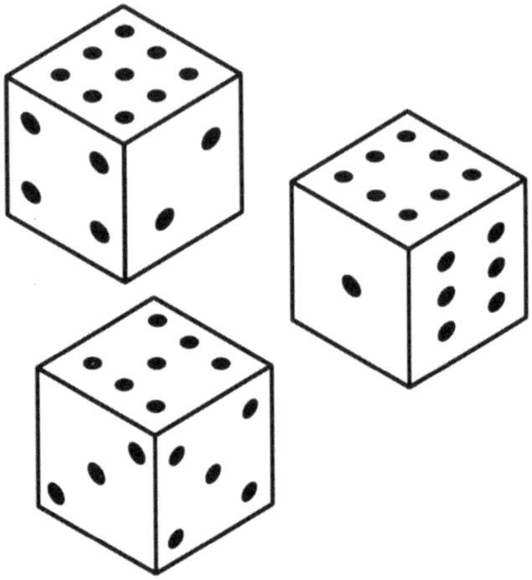

圖 15　非遞移骰子。

己做幾顆「非遞移骰子」，如圖15所示。

未畫出的背後三面，點數都和正對面相同（即同點數都有兩面）。列舉所有可能的兩顆骰子的點數組合，可以很清楚看出骰子兩兩對抗，點數大過彼的機率都是過半的九分之五，但輸贏關係卻像剪刀石頭布一樣。在酒館中你只要叫酒友先選一顆骰子，你必然能挑出機率剋制它的骰子迎戰。這是始料未及的，直覺上若A平均勝過B，B平均勝過C，A應能勝過C才是，但它卻會輸。

考慮到上述詭計存在，溫度計有用忽然就不那麼自然而然了。然而它們確實如預期那樣作用，使「溫度」成為一個確立的概念。這是好事，畢竟冷熱的概念很符合直覺——但其實它也有難捉摸的時候。例如說，單一個分子的溫度是什麼？請跟我來一趟外太空之旅，順便看看溫度可以多棘手。

飛毯任遨遊

我們都知道太空是個極寒冷的地方。（以免你懷疑有玄機，別擔心，太空是真的冷：在遠離恆星或星球處，太空的溫度是二．七K，即從絕對零度往上數約三個攝氏刻度。）電影都教過我們，人要是不穿太空衣暴露於太空，會發生兩件慘事：全身爆炸，然後凍結。說人體會爆炸理由是，在地表我們時時受龐大的大氣壓力擠壓，之所以不扁掉是多虧體內壓力平衡。若一下進到真空，體內向外的壓力就不受制衡，恐撐破人體。但這是多慮了。這皮囊還是足以承受這點壓力差的，只不過會滿身瘀青。若降壓過程夠平緩，就更不會爆炸了。所以請想像這段太空旅程我們是乘飛毯悠閒地升上去，呼吸的問題就用魔法解決，再加一道防護危險高速太空垃圾的魔法力場。但我們是否還需要多施一個魔咒，以免被太空凍死？我覺得不用，理由如下。

雖然你的體溫比太空高，但你和太空交換熱能的效率卻相當差。若你是像《007：金鎗人》尾聲的一幕裡反派斯卡拉孟加的打手，被推進一缸接近絕對零度的液態氮，則無疑會結凍。這情景中熱能由三種方式喪失。傳導：冰冷液體直接接觸帶走熱。對流：液體與你接觸後升溫，其密度降低而上浮，由較冷的液體遞補，帶走更多熱。輻射：有溫度的物體（包括你）都持續發出電磁波和環境交換能量，只不過人體主要是發出波長過長、肉眼不可見的紅外線。當你體溫高於環境，逸散的輻射熱會少於接收到的。在炎熱環境下人體還有第四種散熱方式：體表汗水蒸發。

太空雖冰冷，卻遠非一缸液體。幾乎沒有粒子直接與你接觸，傳導和對流都免談。而身體遇冷也不太會出汗。最主要喪失熱能的途徑就剩下輻射。我曾經和友人去達特穆爾的荒涼濕地健行，他開始失溫，而就在等候救護車時我也發抖到不行。救護技術員一到場就拿紙一樣薄的金屬毯把我倆裹起來，讓紅外線反射回我們身上。片刻我就暖了起來。簡單計算可知在太空中你每小時藉由輻射失去約三百萬焦耳熱能。而我在早餐穀片盒子上讀到人一天建議卡路里攝取量是八．四百萬焦耳，這代表約需吃進正常量的九倍食物才能在太空維持體溫。我們多帶幾個三明治上飛毯大概就沒事了。[4]

若從傳導及對流看，太空之於人體有如一缸剛涼掉的洗澡水。但在太空，你無法像在地球一樣接收環境發出的輻射熱，只單方面輻射散熱，這倒像是身處二．七K。因此溫度並不像乍看那樣單純。問題出在，身處太空你身體遲遲無法和環境達成熱平衡，你不斷失去熱量，為活下去就得吃三明治補充。但若未達熱平衡，溫度的定義就不再明確。大多系統都只有近似的熱平衡：如果釣魚之行前幾天氣溫驟降，溫度計和湖都會跟空氣交換熱量調節溫度。溫度計很快就重回熱平衡，但湖泊降溫卻要很久。英格蘭氣溫最高是在七月，但海洋最暖的時間卻是八月甚至九月上旬。所以溫度計唯有在差不多熱平衡時，差不多有用。

熱、溫度和熱平衡等觀念都是關於我們日常的宏觀時間、空間尺度。但宏觀世界起源於極大量原子的集體互動。研究宏觀的熱力學如何源於微觀粒子的學問，稱為統計力學。我們來看第零定律的由來。

第零定律的突現

蒸氣龐克的靈感源於一個割裂的世界，其中有富裕體面的上流，也有貧困破敗的底層。往往這個上與下的層級並非只是比喻而已。吉卜力動畫《天空之城》展現許多蒸氣龐克的元素。開篇在一個煤礦小鎮，終場在一座魔法空島的理想鄉。蒸氣龐克的美學精神著重於汙濁的底層世界。正如工業革命時代奢侈而頹廢的上流社會，唯有靠掩藏在下方鍋爐室與機房之中的苦工才能存在。我們豪華舒適的介觀世界也一樣，苦差事都發生在底層的微觀世界裡。

在現代「萬物由原子組成」的概念耳熟至極，乃至理所當然。我們甚至有穿隧掃描顯微鏡拍下的個別原子的照片。但原子說得到一致推崇其實意外晚近。愛因斯坦在一九〇五年的理論創舉，由尚・佩蘭以實驗證實。佩蘭在一九二六年受諾貝爾物理獎肯定，獲獎理由是「他的研究揭露了物質的離散組成」。雖然原子說源遠流長，但就在十九世紀末，它一度失去許多哲學家和物理學家的青睞。這竟是因為熱力學太成功：既然溫度與熱量是以連續變量描述，似乎沒有不連續的微觀世界的立足之地。凝態物理差一點就要被扼殺在襁褓之中。而力挽狂瀾的人就是路德維希・波茲曼。

波茲曼生於維也納一個鐘錶匠之家。他是出了名的講求細節到不近人情。例如有一次他認為家中小孩得多攝取乳品，就到市集買了一頭牛。此舉本身沒有很龜毛。但我們凡夫俗子若想學怎麼給牛擠奶，大概會請教農夫，沒想到波茲曼跑去問了動物學教授＊。這一板一眼的性格是他生涯的寫照，藉此波茲曼得以解決於十九世紀末浮現的幾項棘手的科學哲學爭端。波茲曼抱持一個想法：或許我們周遭平滑的宏觀世界，是從微觀下的粒子依循熟悉的牛頓力學互動而突現出的。雖無可能一一追蹤極多原子的個別動向，但原子的集體特性卻精確地遵從統計學的預測。這要多虧「大數法則」：隨著抽樣次數增加，統計平均會愈來愈接近期望值。例如擲骰子，每次出哪一面不一定。只擲幾次的話，某點數很可能湊巧出現特別多次。但你骰愈多次，每一面出現的次數會愈平均。大數法則實質上是說明這現象屬於機率的本質，和骰子不甚相關。知名的歷史實例（我是看達倫・布朗魔術秀學到的）是統計學家法蘭西斯・高爾頓†取得了德文郡一場農業博覽會上七百八十七位民眾競猜一頭公牛的體重的所有摸彩券：競猜需交參加費，最接近實際值者有獎。雖然最高和最低的猜測值相去甚遠，畢竟參加者是一大群非專業人士，但全體猜測的平均值：一一九七磅竟奇蹟地與答案吻合❺。[5]凝態物理的核心概念是「熱力學極限」，含義即當系統中的粒子數巨大到適用大數法則。也就是粒子的統計狀態足以構築出我們介觀尺度萬象所需的粒子數。事實上，凝態物理另一個常用的定義就是：在熱力學極限的突現現象的研究。

「理想氣體」是連結統計力學和熱力學的最簡單模型。理想氣體遵從一個簡潔的關係式：溫度正比於體積乘以壓力。這個模型源於假設微觀下氣體分子完全不互動，[6]只會飛來飛去撞擊容器壁。氣球裡的分子撞上橡膠皮就會回彈，同時傳遞一部分動量給氣球。這就像你拿網球拍擊球，球反彈時你手感到反作用力。無數氣體分子時時刻刻撞擊氣球內壁，把氣球往四面八方外推。這股推力就是充飽的氣球能一直脹著的微觀緣由。要清晰掌握這麼翻騰混沌的景象，分成「微觀狀態」和「宏觀狀態」兩端來想比較方便。

系統的宏觀狀態指的是我們可以觀察、測量的性質：體積、溫度和壓力等等。而微觀狀態是系統中不計其數的粒子的個別位置與速度。我們測到的每組宏觀狀態，都是某種微觀狀態的表徵。但由於無法直接觀察所有粒子，我們無從得知後者。而符合一種宏觀觀測的所有可能的微觀狀態組合數其大無比。熱力學第零定律講述的是系統在熱平衡時的行為。統計力學解釋，所謂熱平衡就是與最多種微觀狀態的可能性相符的宏觀狀態。附加一些公認的假設，則熱平衡也會是系統最有可能處在的狀態。[7]第零定律便蘊含了熱平衡系統必然是最均勻分散與混合的這個結論。援用一個耳熟能詳的例子，一個房間內空氣的熱平衡狀態必是分子均勻散開，而不是全擠在一個角落。因此，當兩個系統開始互通有無直到達成均衡，它們最終聯合的宏觀狀態也會是符合最多可能微觀狀態的那個：溫度相等的狀態。

＊歷史沒有記載那位動物學教授的回答。但大概是叫他去問農夫。

†達爾文的堂弟。

物理學家創造數學模型，頗像已知世界最西端再往西的群島上結繩人創作繩結。如同結繩人的繩結，物理理論要得到至美的盛讚，唯有兼具實用性、必要性、美感和簡潔才行。統計力學是個很美的理論。這道在微觀和宏觀宇宙間架起的橋梁，也撐起了凝態物理。

第零定律確立了我們身在的這場賭局具有「溫度」這項有用性質。剩下三條定律則述說遊戲規則。

你贏不了

熱力學第一定律說：

能量守恆，並且熱是能量的一種形式。

其中有兩大觀念。首先是能量守恆定律：能量不會無中生有也不會無端消失，唯有在不同形式之間轉換。這也是奇幻小說的熟悉套路：巫師每次施法都會使世界失衡，因此他們總是審慎為之（巫術律之二）。在泰瑞．普萊契爵士的《魔法的顏色》將這正式命名為「現實守恆律」：魔法達成某功效所需的準備，永遠與非魔法途徑所需的準備等同或更多。

接下來，熱是能量的一種形式，能量能轉成熱。這個觀念由埃米莉．沙特萊侯爵夫人（一七〇六－一七四九）首創。[8]她是一位數學家與自然哲學家——這頭銜在現代大可稱為理論物理學家。埃米莉自少女時期就一展數學長才，想出一套賭博必勝祕訣，用贏來的賭金博覽群書。常用來闡釋能量守恆原理的例子是單擺，例如催眠師在人眼前搖晃的懷錶。我不確定現代催眠師還晃不晃懷錶，但有一次我參加一場催眠術研討會，幾位受試者各自拿到一個單擺，被要求讓擺錘靜止懸垂在自己眼前，接著大會開始念一段詞，使得某些人的擺錘開始下意識地晃動＊。單擺來回擺動時，在最低點時有最大動能，擺到最高點暫停時，動能似乎消失。但我們被教導的是動能並沒有消失，只是轉為「位（勢）能」了。但難道這不是狡辯？我們大可依樣畫葫蘆，找某種不守恆的東西，例如池塘裡的鴨子，說當鴨子離開池塘，牠只是轉為「位勢鴨」所以鴨子並無減少？我認為根本上的差別在，關於不同種類的能量相互轉換，我們有具體的數學模型能驗證（擺錘動能加上位能）總值不變。但光看一個空池塘我可說不出有幾隻「位勢鴨」所以這概念不實用。但其實離我家不遠有一戶

＊說到這個。和我看到飄浮晶體同一次的聖安德魯斯大學之行。校方安排我到一家民宿。老闆娘在早餐時拿個吊墜，說要看它是順或逆時針轉來占卜。我解釋吊墜的力量來自力學而非靈力。我用了自以為高明的手法示範我能以心靈（巧手）操控它的方向。她說看到我的手有動，但她的手可沒動。同桌共餐的美國高爾夫球友們不置可否。

養鴨人家用籠子把池塘圍起來，旁邊還有棟鴨小屋，這下「位勢鴨」就比較具體，因為鴨子不是在池塘就是在小屋裡，籠中的鴨守恆。數學在此有捕捉到情況的神髓。這正是沙特萊侯爵夫人的創舉：她讓鉛彈從高處落到厚黏土塊上，測量撞出的凹陷深度得到正確的動能公式。藉此她才掌握所有人——包括牛頓——都錯失的概念：快速落下的物體和靜置於高處的物體，兩個看來無關的狀態，可以加總出一守恆量，即能量。

但對於催眠師的懷錶，動能和位能並不是完整的描述，畢竟單擺晃久了終究會停，除非持續供給能量（藉手晃動或其他途徑）。能量去哪了？必定是動能與位能以外的形式。這時就輪到第一定律登場：單擺會停是因為阻力將動能轉為熱了。廢熱，或雜亂無用的能量，藉許多途徑散逸到環境：有些使空氣分子變熱，有些振動被人手吸收，有些轉為頗有催眠效果的簌簌摩擦聲。因此只看單擺似是能量不守恆，但只要納入周遭環境就能補救。這就是第一定律的精神。

你贏不了，是因為贏代表無中生有得到能量。記得普萊契說過，就連魔法都沒有白吃的午餐，你需有同等的投入才行。或許正因如此某些巫師總是試著找魔法生物幫忙。蘇珊娜．克拉克的小說《英倫魔法師》想像魔力在十八世紀的英國復甦，關鍵情節正是與精靈簽訂契約並使役。約翰．霍爾丹是一位有名的遺傳學家，開了應用統計於遺傳學的先河。他也寫過以李奇先生這位巫師為主角的小說系列，描寫李奇先生滔滔不絕細數他是怎麼令他擁有的魔法生物各司其職（有些很神奇，有些是區區家務）。場景在他倫敦的家或是一時興起的飛毯遠遊。他令一頭迷你的龍加熱茶壺。

第一定律從微觀世界的浮現簡單明瞭：由於微觀下能量守恆，故宏觀也守恆。如果我們像波茲曼假設粒子遵循古典牛頓力學，能量守恆就是必然結論。另一半關於熱就比較有趣了，因為熱唯有在熱力學極限才有定義。詳細解說熱的由來需要用到第二定律。第零和第一定律描述系統在熱平衡時是如何，第二定律則描述如何達到熱平衡。

你別想打平

索爾，北歐的雷神，曾向厄特加爾城發下戰帖比賽角力。索爾本希望能與約頓海姆的強大巨人一戰，應戰的卻是一名叫伊里的老婦。對峙中索爾發現動不了她分毫，他愈出力她站得愈穩，最終索爾屈膝吞敗——原來索爾對抗的並非老婦，而是老年本身。

十三世紀的《散文埃達》是這麼寫的。小時候我聽完只想，打敗老年應該很容易，畢竟它一定兩腿顫巍巍，腰都直不起了。但有人向我解釋重點：索爾唯一無法擊敗的就是祂自己的衰老。背後的理由就是熱力學第二定律：

把熱能完全轉換成有用的機械能是不可能辦到的。

雖然第一定律說熱和功（有用的機械能）同屬能量，只是形式不同。第二定律卻稱熱和功有根本上的區別。在於將機械能完全轉為熱十分簡單，就像索爾和伊里對峙角力那樣。但想把熱完全轉為功是不可能的。這和伊里的不敗之身有何關係？熱與功的不對稱，使得有用的功無法避免地逐漸轉成廢熱。死亡與衰敗不可避免，而萬物的終點是無秩序。在人生這一局當中，你不但贏不了，還無法永無止境賭下去：你終會輸掉。

所謂輸掉，一言以蔽之就是「不可逆」。幾乎每個物理定律的每個方程，把時間倒轉也沒問題。水晶球可以從斜坡滾下並加速，也可以滾上斜坡並減速。催眠師懷表的晃動周而復始。這些是可逆過程：它們的錄影你無法分辨是正著放或倒放。除了幾種微妙的量子過程以外，大多基礎物理定律都可逆。但熱力學第二定律就不然：功可以全部轉化為熱，逆轉卻不可能。非常奇妙這竟是量子物理以外唯一能區別過去和未來的物理定律。若把第二定律從現實中擦去，任何影像的倒帶看起來都會與正著放一樣可能且合理。但人生在世是完全不可逆的：傷疤會留下過往印痕；雞蛋摔破就再也不完整；世界傾向於混亂無序。

物理學家能把混亂無序精確地量化成「熵」的概念。[9]熵量化的是我們人類只能觀測宏觀狀態，因而對微觀狀態幾乎一無所知的程度。例如說，關於房間裡所有空氣分子的位置，我唯一所知只有它們並非塞在同一個角落（因為我能呼吸）。但符合這個觀測「空氣均勻分散」的可能分子配置方法數大到難以想像。回想起，每個空氣分子的位置和速度等詳細資訊叫做系統的微觀狀態，而大範圍的摘要資訊（氣溫和氣壓等）叫做宏觀狀態。熵值愈大代表有愈多種可能的微觀狀態與所看到的宏觀狀態相符。

第二定律教我們的是，所有系統終究會達到熱平衡。即是最大可能的微觀狀態數所對應的那個宏觀狀態：即使空氣不均勻地擠向房間一角（此宏觀狀態）有多種可能的方法（微觀狀態），但空氣均勻分散卻具有壓倒性多數的方法，所以我不用擔心忽然吸不到空氣──機率雖不是零，卻極度不可能。第二定律是基於統計學的斷言，而且是純粹突現性的。即雖然它可以由基本組成來解釋，卻比基本組成的總和更複雜。

很多人認為第二定律與直覺相悖。他們抗議說，像是地球就存在複雜且高秩序的生物體，它們身上的熵不見增加，請問第二定律該如何解釋？複雜的東西像一窩蝙蝠，源於一鍋混沌的太初濃湯。雖然蝙蝠相對之下是低熵狀態（構成牠的原子若排成肝臟塗地的樣子，會比組成一隻活跳跳的蝙蝠有遠遠更多種可能的微觀狀態），但幼年蝙蝠要從母親的子宮生長出來，母蝙蝠需要增加代謝和進食，這給周遭環境帶來更多的熵──排泄物和廢熱。生命就是這樣的過程：從環境中攝取有用的物質與能源，轉化成更多的廢熱排出，同時維持自己遠離熱平衡（死亡）：熱平衡便代表身體盡歸塵土。換句話說第二定律掌控萬物，無止盡地將世界推向熱平衡。而當系統達熱平衡，第二定律就功成身退，而那樣的系統再也沒有機會變化，遑論有生命。

因此，第二定律粉碎了獲得賢者之石繼而長生不老的夢想。長生不老等於永遠不達熱平衡，但由於有用的能量不停轉為廢熱，遲早會用盡。事後諸葛地說，連同其他許多鍊金術師的夢想，這事從一開始就毫無指望。然而，行得通的科學和禁忌的魔法，分界往往曖昧不明，幸好我們有句兩字真言，得當使用就能劃清其界線。

虛妄幻想

許多科學點子都是由其他人指出那違背了熱力學定律而慘遭擊墜。我自己也被這樣潑過冷水。而一旦這樣觸犯了天條，傳統上我們會喊出兩字的拉丁語咒文來驅驅邪：Perpetuum Mobile!（讀法是「波配求恩謀比雷」）。或是你不想那麼矯情，它意思就是「永動機」。及早認出一樁提案等於在說可造出永動機，就能輕易證明它必錯無疑。畢竟假使永動機存在，就代表人類對整個世界的基礎理解都搞錯了。

第一定律的等價說法是：

沒有機械裝置能不耗能就一直做功。

那樣的機械是違反第一定律的「第一類永動機」。由於能量守恆，巫師就有所不能。例如最近我忽然想，或許可以做出發條兔子，令它動起來並給自己上發條。我就有一支不知疲倦的兔子大軍！隨即我就醒悟這是不可能的，因為不勞而獲。是永動機！我低吟真言，這個點子就被掃進儲放我過度豐富的想像力的深淵。一個比較中用的提案是，有次我朋友問我為什麼電動車不能在煞車時把動能儲存回電池，這樣就不用充電了。電動車確實是這樣從煞車中取回一部分的動能，但遠非全部的動能！

約翰．威爾金斯是切斯特主教和皇家學會創始會員之一。他在一六四八年列舉了三大試圖製造永動機的方向，現代看來這些就和巫術一樣。包括鍊金萃取、磁性吸引，和重力吸引。而即使在十七世紀他都清楚這些是白費工。然而一直到現代都還有人嘗試造永動機。英國專利局覺得有必要發布以下聲明：

> 凡製程或產品，其聲稱明顯違背確立的物理定律者，譬如永動機，將視為不具產業利用性。
>
> ——專利局實務手冊（二〇一六）節四．〇五

這聲明頗不證自明。而李奧納多．達文西一四九四年在他的手札中的措辭更詩意：

噢，追求永動機的人啊，你們還抱持多少虛妄幻想？去與鍊金術士為伍吧。＊

熱力學第二定律也令巫師永不能施展某些咒語。任何聲稱能完全將熱能轉為可用的功的機械都屬於第二類永動機，同樣不可能存在。例如想像有個箱子裡有扇葉，其轉軸上裝了只容許單向轉動的棘輪，箱中的空氣分子具有溫度而撞擊扇葉，棘輪使隨機發生的來回撞擊化為單方向的可用機械能，同時使氣體冷卻（由於第一定律）。但第二定律裁決這種裝置是非法禁咒。[12]

然而，有一位物理學家差一點點就成功鑽漏洞造出一具第二類永動機了。他就像《英倫魔法師》的主角諾瑞爾和李奇先生，尋求超自然生物的幫助。他是詹姆斯·馬克士威。

馬克士威的惡魔

愛因斯坦曾說他之所以能有非凡成就，全是因為他站在馬克士威的肩膀上。馬克士威在所有近代物理領域都成就斐然：用以他為名的方程組，統合了電與磁的理論，解釋了光的波動性並預測無線電波存在。他還解釋了土星環的組成，闡明人類彩色視覺，並據以發明了彩色照片。但馬克士威從來沒有寫過關於惡魔的事。在他和身兼物理和數學家的朋友彼得·泰特通信時，馬克士威只提到某個有奇妙能力的「有限存在」與他挑戰熱力學第二定律之極限的思想實驗有關。其實是克

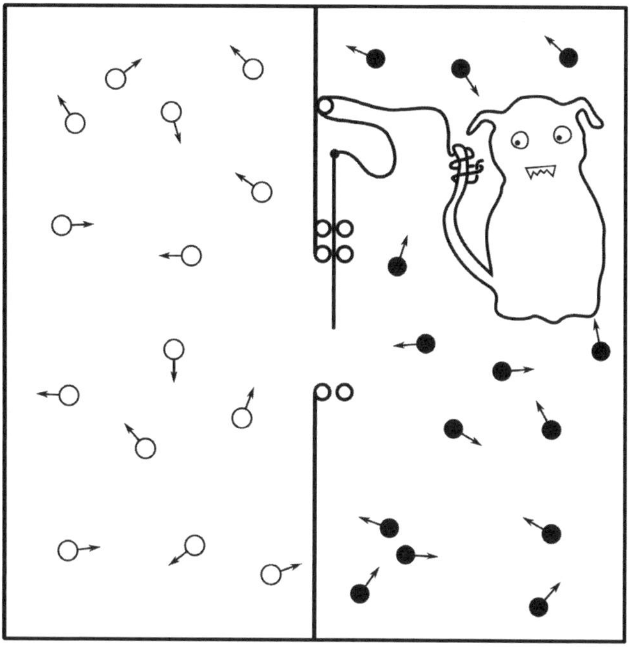

圖 16　我朋友露絲·戈登想像的馬克士威惡魔。

耳文男爵（因絕對溫標出名那位）在投給《自然》雜誌的一封信上賦予了「祂」如今不朽的名號。

想像一個分為兩半的盒子（圖16）。盒內完全隔絕了盒外一切影響。一側都裝白色分子，另一側全是黑色分子。中間隔板上有個小小的橫拉窗口，只有幾顆分子寬。開著窗令分子通過，很快兩側就會變成半黑半白的灰色混合。這是因為均勻混合對應到極多種可能的微觀狀態組合，但黑和白分離只有區區兩種。要是灰色混合氣體自行分離成一邊黑一邊白，就違反了第二定律。

＊注意到，達文西在鍊金術因熱力學而失寵前好幾世紀就確信它一無是處了。

現在想像一隻小惡魔能迅速開關窗口。祂也能觀測到所有分子的位置和速度：祂對系統的微觀狀態一清二楚。馬克士威想到這樣的惡魔有能力把混合的氣體重新分開，從而違背第二定律。祂唯一需要做的就只有在白球從右方來，或黑球從左方來時打開窗口，相反的兩種情形則不開。其實馬克士威原本的思想實驗中講的是快速和慢速的分子，而非黑與白色；而祂原本是將兩邊的溫氣體分開成一邊冷一邊熱的氣體。

很自然的質疑是，惡魔每次開關窗口是否都必須消耗少許能量，於是產生廢熱。這樣就沒矛盾了，由於宇宙整體而言熵值還是增加的。人們長期以來都認為這是謎題的正解。但現代實驗已證明實務上這個開關的耗能可以削減到遠小於氣體分開為冷與熱的熱流量，所以假設開關窗完全不耗能、不增加熵，是可接受的近似。

當惡魔工作了一會，成功將兩種氣體分隔開並降低熵。重點是，似乎哪裡都沒看到有第二定律規定的對應熵增加。謎題的關鍵似乎在找尋除了氣體外系統哪裡也變了，藏匿著額外的熵。但表面上看來惡魔的工作成了，做出第二類永動機，打敗了第二定律。

然而，有件事確實改變了。在分子分類完畢之後，惡魔的腦中增加了祂放通過的所有分子的資訊。這些資訊祂原本不具有。所以若要和初始狀態公平比較，這些資訊應該刪掉，惡魔應該遺忘。但遺忘是種不可逆的過程，忘了就回不去了！

你或許抗議說惡魔才不需要記憶，祂可以每測量完一顆粒子，決定是否放通過後就立即忘掉它。如果你想發明一台煙霧（粒子）偵測器，可不需要記憶元件？但煙霧偵測器確實需要一點記憶，雖然只是很小一點。即使它一次只偵測一顆粒子，它也得先暫存關於粒子的資訊，加以比較後再擦除。那就是不可逆過程。

第二定律把「世上紛擾與日俱增」的觀察量化了。雞蛋滾落桌下摔碎，即使物質、能量守恆蛋也不會自發重圓。如果馬克士威的惡魔為真，那祂就能逆轉時間。這也是電影《天能》的前提。在特倫斯．懷特版本的亞瑟王傳奇《永恆之王》小說中也有類似概念，說巫師梅林的睿智源於他逆著體驗時間，因此記得未來之事。寇特．馮內果的《第五號屠宰場》有段動人心魄的描寫是一場倒帶的戰爭，朝向熵值減低的方向發生：飛機把子彈從死者身上吸走，使其復生。從焚燒的城市中匯集火焰，儲存回炸彈裡。炸彈升回機腹。飛機倒著返航，卸下炸彈後人們將原料拆卸，還原成礦石埋回地下。（作為一名戰俘，馮內果曾歷經德勒斯登大轟炸。）

馬克士威惡魔腦中的資訊是化解祂與第二定律衝突的鑰匙。既然不可逆過程總伴隨熵的增加，而遺忘（抹消資訊）是不可逆的，因此遺忘必造成熵增——產生廢熱。惡魔的腦中的熵增加量，會起碼彌補氣體分開造成熵的降低。這是一定要的，否則物理定律將自相矛盾。

西拉德引擎

蒸氣龐克和賽博龐克的共通精神是一種自造者的反叛性。而熱力學的無遠弗屆正體現在它將兩者合而為一。最突出的例子是一具純粹以數位資訊（位元）驅動的蒸汽引擎。引擎的發明人是匈牙利科學家利奧・西拉德。他的博士論文主題正是馬克士威惡魔。西拉德也是電子顯微鏡、直線和迴旋加速器的發明者。他也參與研發第一個大量無性增殖人類細胞的方法。當他在一九六〇年確診癌症後，他自己動手替自己做鈷六十放射治療，居然成功了。

西拉德的有趣想法如下：想像一個長條形鞋盒（圖17），兩端都有可動的分隔板，可以用一根桿子推到盒子正中央。例如擠壓左邊的隔板就可以把空氣分子都排到右邊。由於盒內體積減半，壓力就會倍增。鬆開桿子，氣體壓力會把隔板推回原位，桿子也被推出去。也能把空氣都推到左邊。之後可以放手，讓隔板被氣體推回，或不放手，固定隔板在正中央。

這個鞋盒身兼一個一位元的記憶裝置，但也是最簡單的引擎。我們可把氣體在左側的狀態記為0，在右側記為1。只要有夠多的盒子，你可以儲存一顆電腦硬碟裡的全部資料。例如電腦將字母a編碼成八位元的 01100001。所以你可以拿八個鞋盒，把氣體依序推到「左右右左左左左右」的狀態。每一個有儲存位元的鞋盒也能做功，也就是讓氣體壓力把桿子外推。但同時位元就被抹消了：盒中氣體擴張完畢的狀態既非0也非1。這引擎要做功就得吞食數據。

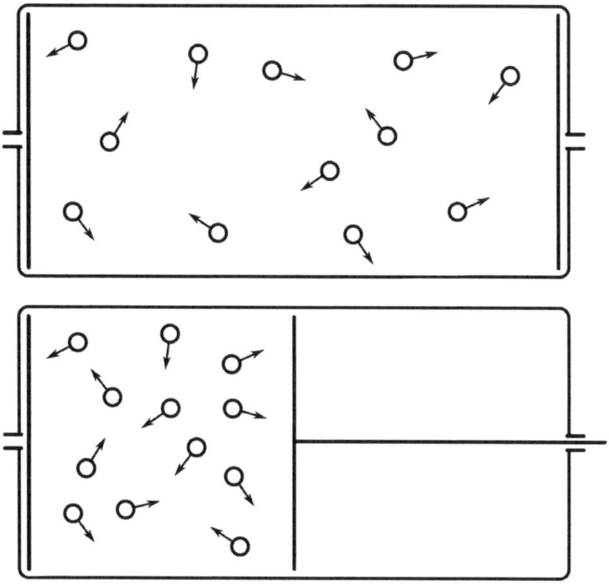

圖 17　鞋盒電腦。

西拉德想像更為簡化的版本：如果盒中只有單一氣體分子。只要它彈跳夠快仍能產生壓力，好像困在紙袋裡的蜜蜂高速亂飛讓紙袋不扁掉。現在馬克士威惡魔來了，粒子的位置祂看得一清二楚。祂可以等到粒子在左側時快速把右側隔板推到中央。因為右側沒有氣體分子，這步驟不耗能。惡魔接下來就能鬆手，讓單顆分子的氣體「膨脹」，將桿子外推做功。惡魔剛剛把一位元資訊（氣體在左或在右，是0還是1）轉化為有用的功。就成了一具「惡魔引擎」。*

*譯注：粒子做完功會因熱力學第一定律冷卻。據西拉德論文描述，粒子可從盒壁吸熱回復速度。惡魔引擎因此是真正的熱機，和馬克士威的思想實驗的設置有差異。

當單顆分子氣體占的體積膨脹成兩倍時，它的熵值增加了。它現在位置可在左或右，可能的微觀狀態是原本的兩倍。而熵增代表生成了廢熱。東京大學的研究團隊在二〇一〇年造出西拉德引擎的一個版本，實際證明此理論不虛❻：資訊可轉為能量，而刪除資訊會生成廢熱。這被稱為蘭道爾原理——凡刪除資訊必有熵增，和具體刪除過程為何無關。電腦運行時一直在寫入和擦除大量位元，考慮現代電腦運算之高速，便累積出可觀的耗能與熱。但說實話，目前電腦主要的耗能過程是在其他部分，還沒有晶片能趨近蘭道爾原理訂出的理論效率上限。話說回來，熱力學定律確實保證了不可逆過程必伴隨廢熱的產生。搜尋引擎公司的伺服器機房需要安裝巨型的冷卻設施，例如Google保守估計用戶每執行一次搜尋約消耗一千焦耳，可供三十五瓦的LED路燈亮三十秒。二〇二一年全世界比特幣挖礦動用的算力和耗電量驚人，如果它是一個國家的話，用電量排名排在第三十名，用電量高過全阿根廷。而由於比特幣的設計，這個值將只增不減。

值得一提的，其實也有運作不需刪除位元的電腦。這之所以不尋常，是因為即使非常基礎的邏輯運算都牽涉不可逆過程。例如語句「我穿著巫師袍，或者我沒有」的真值一定是真，但這句恆真語句無法用來逆推我是否穿著袍子。電腦用邏輯閘實行邏輯演算，而「或閘」是兩導線入一導線出，輸入導線中只要任一有高電壓（代表1），輸出導線就有高電壓。但只知道輸出是高電壓，並無法推知兩輸入中何者是，因此不是可逆的。但可逆計算已經存在，例如量子電腦，除了最後一步的讀取之外，中間的操作完全可逆。可逆計算繞過了蘭道爾原理，落在第二定律裁決可行的那端。

使用它可望達成極大的效率增進。❼

我們從下個例子來看熱力學有多無遠弗屆。假使馬克士威惡魔試著不要忘記。由於第二定律並沒有規定寫入位元必須產熱——它產不產熱視實際過程而定，但並沒有顛撲不破的律法令它非得不可。然而，宇宙對最大資訊儲存密度其實有所限制。最大資訊密度唯有變成一顆黑洞才能達到，又稱為貝肯斯坦－霍金熵。要是惡魔試著在腦中儲存過多資訊，它的腦終究會變成一顆黑洞。使用貝肯斯坦－霍金公式以及平均的腦表面積，你也可以估計人腦要裝多少資訊才會變黑洞。我估算的結果是約十的六十九次方位元，即一後面接六十九個零。本書寫作時一台筆電儲存容量約為一兆位元組（一位元組是八位元），表示人腦要變成一顆等大的黑洞得塞進一億兆兆兆台筆電的資料。當然，比較接近現實的考量，惡魔的腦容量可能是和體積成比例——如果惡魔有體積。但記憶容量終歸有限：一旦裝滿就無法繼續執行任務。

熱力學第二定律預言了一個黯淡的未來：我們的世界持續走向最大熵、最高混亂的狀態，屆時一切有秩序的構造都將不復存在。這個概念稱為宇宙的熱寂。這理論在十九世紀中後期蔚然成風。我聽過一個有意思的推測，稱這理論是當時孕育它的社會背景的當然產物——西歐日漸逼近第一次世界大戰，卡諾當年關於高效的引擎將會擴展帝國與散播毀滅的預言將徹底實現。但目前科學認為宇宙的最終命運取決於宇宙學常數，它決定了將來宇宙膨脹的確切方式。

馬克士威惡魔並不是參與了熱力學發展的唯一惡魔。在卡諾發表《思索火之驅動力》的十年前，皮耶－西蒙．拉普拉斯忽然心生邪念。

你停不下來

和馬克士威一樣，拉普拉斯從來沒寫過惡魔的事。在拉普拉斯一八一四年的論文中，他設想一個「智慧體」能夠知曉全宇宙所有粒子在某個瞬間的確切位置和速度。拉普拉斯論道，這剎那的全知，應可令祂完美推知一切過去和未來之事。十九世紀真是惡魔的黃金年代，總之，在多次轉述後大家決定就叫祂拉普拉斯的惡魔。在討論第二定律的突現性時常用祂當開場白。一條思路是，熵的概念將拉普拉斯的惡魔逐出了我們的介觀世界。因為想藉現在推論過去，需要可逆性，日常體驗卻顯示並非如此（破蛋不重圓）。這至今都還招來激辯。特別是以下最重要的物理未解之謎：怎麼可能微觀世界的物理是可逆的，從中突現的宏觀世界卻不是呢？

這叫做洛施密特悖論。一部分的答案是：上述兩隻惡魔教了我們，第二定律唯有在粒子數夠多時，才有很大機率為真，即使實際上只需要不多粒子就夠讓第二定律被違背的機率微乎其微了。因此在宏觀的日常經驗中，我們永遠見不到這種違背。就像擲硬幣容易連續兩次出正面，你卻幾乎不會得到連續十次正面一樣。洛施密特是位教師，是波茲曼的同事和朋友。正是洛施密特的悖論促使波茲曼由機率的角度理解熵。

拉普拉斯的惡魔無法存在介觀世界，由於介觀系統總有熵存在。最後這句話就是熱力學第三定律。一種版本的定義是：

當溫度趨近絕對零度，系統的熵將趨向一個最小值。

另一種是：

不可能以有限步驟達到絕對零度。

換言之，此一熵最小的狀態，現實中是達不到的。或如金斯堡定律所說：你無法停下來不玩。第三定律中提到了絕對零度。這是理論中最低可能溫度，等於負二七三．一五℃，即克耳文溫標定義的零點。克耳文男爵是從卡諾的水車譬喻和引擎效率的分析，推論出必存在最低的可能溫度。他領悟要是溫度可以不受限地降低，卡諾熱機的效率終將超過百分之百——是永動機！必存在一個最低的溫度，而凡是將熱輸送到這溫度的冷庫的熱機，可達完美效率。克耳文用實際氣體的測量值，套用理想氣體的分析，用外插法估計出了這溫度。

確立絕對溫度讓你能用一招實用魔法：當你趕著要跨越炎熱的荒野尋寶，但馬兒沒草吃便罷工。你只好跳上腳踏車，但在燒灼的酷暑中，根據理想氣體定律你的胎壓會升高，你可不想讓它爆胎。但你也不想給輪胎洩氣，這樣一離開荒野輪胎就會扁掉。你如何利用氣溫監測胎壓？絕對零度令這題簡單許多。冷與熱的輪胎的壓力比例正是兩者以克氏計算的溫度之比。即這招只有在絕對溫標有用，用攝氏或華氏的數字計算是行不通的。

注意到克氏溫度的K不使用右上小圈圈的「度」記號。我本來以為這是某種歷史遺緒，但我朋友蒙提跟我解釋並不是。理由在於絕對溫標和相對溫標特性不同。在知曉存在絕對零度之前，溫度的物理計算都必須使用兩溫度的差距（乘除才有意義）。若你只使用差距，溫標的零點定在哪都不影響＊。當確立了存在最低可能溫度後，絕對溫標的數值既代表一個數量，同時也是溫度差（和絕對零度的差），便可省去「度」的記號而直接進行計算。與此類似，熱力學第三定律也定義了最低可能的熵值。以之為零點，我們就能談論絕對的熵，而非只是熵的差距。不嚴格地說，絕對零度是一切動作都停止的溫度。第三定律使這句敘述更精準。為了說明，再看另一版本的敘述：

> 當一顆無限完美的晶體趨於絕對零度，它的熵值趨於零。

這個版本或許是最好懂的，概念上或操作型定義皆然。如果能達到絕對零度，則晶體應能歸於完美規律，由於其粒子動作完全停止。而熵可視為系統遠離規律的量，故也歸於零。從此得出觀照物質的全新觀點：物質就是「趨向規律的慾望」和「趨於混亂的誘惑」兩者的拉鋸。

不羈放縱愛自由

愛倫坡在小說《悖理的惡魔》中探討了人類毫無意義的的自毀衝動。一名逍遙法外，甚至不曾被懷疑的殺人犯享受著人生，有天他卻在一群人面前自曝其罪。他說不出理由。是有小惡魔坐在他肩上耳語呢？內疚？還是人類天性中的非理性作祟？

晶體是宇宙秩序的藍圖。不計其數的原子呈規律結構，到處排列都一模一樣。每顆原子都尋求最低位能的位置，猶如鬆手後滾到山谷底部的水晶球。由於原子完全相同，它們必然追求相同的相對關係排法。但若說這即故事全貌，怎麼解釋冰溶化成水？為何它不永遠都是晶體？

因為它還受另一個過程影響。晶體唯有在絕對零度靜止而已。凡是有溫度（而第三定律保證一切實際系統都有溫度）原子就開始振動。這是熵的表現。而隨溫度上升原子開始得到能量，它們不排斥升溫是因為它們的熵隨之增加。這個取捨權衡不難懂，就像水晶球滾下山谷，為何它不會爬上

＊這也可解釋同樣使用「度」記號的角度，它也是兩個東西的間距，通常是圓周上兩個點。九十度的間距定義為圓周的四分之一。[13]

對面山坡，復又滾下周而復始（像單擺）呢？因為地面有摩擦，摩擦將有用功轉成散亂的振動、噪音和廢熱。這過程不可逆（第二定律）故球的動能終會消耗殆盡。

一條優雅的公式囊括了物質相牴觸的兩種慾望：一方面想降低位能，另一方面想提高熵。這則公式要歸功於赫爾曼．馮．亥姆霍茲。[14]亥姆霍茲接觸物理的門徑很特別：正職是軍醫的他利用在軍營服役的閒暇做實驗。時興的爭論是，當時新確立的物理通則「能量守恆」是否同樣適用於生物體——生物與人體是單純將化學能轉為機械能，或是另有一種無形的「生命能源」？亥姆霍茲投身前者陣營，並精心以實驗證明在肌肉運動之中能量守恆。這是驅逐「生機論」的重要一步，在此之後生理學家可以無顧忌援引物理原則分析生物體。亥姆霍茲之後會在多個物理分野卓然有成，與本章有關的是他的熱力學理論。

物質具有內能：維多利亞時代人燃燒煤炭釋放其內能以驅動蒸汽機。熱力學定律告訴我們這些內能可部分轉化為有用的功（使霍爾的城堡漫步鄉間），有些免不了會變成無法使用的廢熱，如原子振動等。亥姆霍茲的創見是，從總能中扣除掉這些無用部分，其差值就是最大可用的功了，這稱為「亥姆霍茲自由能」＊。究竟什麼是物質？物質就是互動的粒子遵循熱力學原理，最小化其「自由能」而突現出的結構。在低溫下，降低內能是比較有利的減低自由能的方式，所以物質變得有序，才會有冰與其他晶體的存在。但在高溫時，升高熵值更能降低自由能。物質的相變就是這場拉鋸開始倒向另一側的時刻。隨溫度升高，秩序逐步讓位於混亂，冰溶成水，更高溫時水拆散成蒸氣。

多虧亥姆霍茲不朽的貢獻，熱力學在他逝世的一八九四年已一統物理學江湖。它的空前成功，革新了思潮並奠定現代物理的基石，並給另一場將在二十世紀初發生的革命搭好了舞台。

可行性的藝術

物理的家族樹分兩支。一端是尊貴可敬的自然哲學家，是開始讓理論接受實驗嚴格檢驗的學者。以及眾多特立獨行者，是從隱密知識中尋求名聲與財富的鍊金術士。熱力學揉合了兩家。這是由工業界需求所推動的一場策略聯姻。但鍊金術士本身也分兩支：一方是自然魔法，反覆驗證而確立前人傳下智慧中的可靠內容，藉此理解世界。也有意圖召喚惡魔的人。在最後的結盟之中沒有黑暗祕儀的容身之處。科學永久驅逐了惡魔，由於祂們禁不起嚴酷的反覆試驗。

熱力學的三條半定律所捕捉的，是集結人類對於現實的深刻理解而得的精華。適用範圍由微觀宇宙到宏觀宇宙，與之間的一切。基本粒子的生滅和互動受能量守恆律約束。恆星是由核融合驅動的巨大引擎。而嶄新的奈米材料領域將熱力學提升到藝術層次，構築分子機器執行諸如藥物遞送任

＊為了完整，亥姆霍茲自由能是定義在溫度固定的封閉系統。也就是能與一恆溫熱庫交換能量，卻與外界沒有物質交換。[15]

務，有望治療不少疾病。熱力學也突顯我們在的介觀尺度有根本性的不同。以熵為例，對於單一粒子熵沒有定義。它純是從大數中突現的性質，也是我們存在的基本要件。熵決定了時間的方向，過去和未來的區別是時間朝著失序度增加的方向而去。我們所知的現實是突現的。

這些定律是否真的不可撼動？這個嘛，一名睿智巫師的答案或許是世界自有其道，與其逆天而行不如順其自然。但巫師天性叛逆。這位巫師朋友或許會掩嘴悄聲說：況且，你得先熟習規律才能設法違反它不是嗎。當你和定律熟到一定程度，它就好像對練拳擊的老夥伴，每當你挑戰它的韌性就學到愈多關於世界的事。

我們已看過這些定律如何出自微觀的原子分子互動，如統計力學所描述。但十九世紀對微觀世界的描繪卻過於簡化，它假設微觀粒子和宏觀事物遵循一樣的熟悉物理，沿直線彈來彈去。從中得到的模型出奇成功。但實際上微觀宇宙是更充滿魔力之處。拜更進步的實驗之賜，科學家開始能窺探微觀粒子，才察覺它們和日常熟悉的物體性質有本質上的不同。為了解釋這些實驗，就不得不在現實的模型中添加一些不熟悉也不直觀的特色。

熱力學是凝態物理的前身，連接了常有缺失的古老觀點與已扎實確立的一門現代科學。但就在二十世紀初，爐灶裡已收集了夠多的乾柴。就在一九〇五年從愛因斯坦的腦袋裡擊出四顆火星，點燃了量子力學的熊熊烈火。我們現在來看它的灼熱核心。

第五章　在熟悉的原野之外

沿月光照耀的林間小徑回府，聃夫人忽然止步，指向前方問葫蘆子：「何為我指之物？」答曰：「籬也。」指向樹籬間空隙，聃夫人再問。曰：「籬也。」聃夫人扣指成環，表示所指並非樹葉。葫蘆子慍道：「籬亦有隙。」聃夫人解釋：「此地之民有一字，言鳥獸穿行之隙。其名為窬。」聞言，葫蘆子所見不再是籬間有隙，而是窬間夾籬。

量子領域

我們的旅程始於遠古人類對凝態物質的窺探：古典物質相態，和人們對磁石的驚嘆。接著我們一覽了令古人趨之若鶩的晶體和金屬。遂來到凝態物理的濫觴：熱力學，驅逐了古典思維中那些比較不實用的部分（例如惡魔）並強調可受檢驗的實驗。我們也看到統計力學解釋了世間萬象怎麼從原子和分子的微觀世界突現。待到十九世紀末，這些理論成功得令人覺得物理學已臻完美，剩下唯有綴補細節罷了。

事實證明，這種看法相當短淺。

許多已被研究甚詳的現象，以當時的思維得不到一以貫之的解釋。缺少一塊關鍵拼圖，就像在田間找到一根胡蘿蔔、一雙樹枝和幾塊木炭，許久才弄懂其間聯繫是一尊已融化的雪人。例如說，在二十世紀初，磁石的存在除了魔法之外仍別無他法解釋。另一例是根據當時概念，一切物質只要夠冷必凝固成晶體。畢竟在絕對零度一切運動理應停止，還可能有別種結果嗎？但隨著極低溫冷凍技術在二十世紀初問世，人們才明白氦氣無法凍結。在正常大氣壓力下氦氣永不形成固體，即使在絕對零度。再者，前一章描述相變是能量與無秩序間的拉鋸，這使相變理應無法在（弭平一切無序的）絕對零度發生。但今日已知不少「零溫度相變」的例子。為理解上述現象，我們不得不棄絕古典世界觀。

物理的古典時期在一九〇五年戛然而止。物理學家稱這年為「奇蹟之年」。而施展奇蹟的是愛因斯坦。他只用了四篇精簡的論文就擘劃出一張前所未見的新世界地圖。借用現代奇幻小說的鼻祖，鄧薩尼男爵《精靈王之女》中的開場白，在熟悉的原野之外潛藏著一個新世界。愛氏第一篇論文發明了量子力學。第二篇解釋了如何用統計力學加上簡單的實驗證明原子存在。第三篇他創立狹義相對論。而在第四篇中他證明了世上最有名的公式 $E = mc^2$。任何一篇這樣的論文都足以革新我們的世界觀。愛因斯坦怎能一寫就四篇？這四篇論文暗暗呼應。皆跨過了古典物理的邊緣，邁入全新畛域。其共同精神是，我們始終浮在物質之洋的表層，但愛氏設法洞察了浪花下的深意。他的論文確立了現代物理的大綱。

大眾心中的愛因斯坦是特立獨行的天才、理論物理的化身。我最愛的他的軼事是他的孫子回憶道，愛因斯坦酷愛駛帆船，但他只在無風的日子出航，不然就太沒挑戰性了（所有證言都表示愛因斯坦是個糟糕的水手）。愛因斯坦的科學成就也可以分為三階段欣賞。首先，那顯然是魔法。大家都知道 $E = mc^2$，卻大多人都不會去弄懂其意思，認為那一定和學魔咒一樣難。接著，在大學物理課你開始學到，歸功給愛因斯坦的許多公式，先前已有別人提出了。例如狹義相對論中描述時空如何在相對運動下扭曲的公式，出自亨德里克·勞侖茲的手筆。愛因斯坦毫不諱言這件事，卻常遭到通俗化敘述略去。邁入第三階段你才拾回最初的訝異。愛因斯坦的創見可貴在概念，而非高深數學，反而更為深刻。當一切拼圖皆已齊備，他構思出正確詮釋勞侖茲方程式的方式，將我們對世界的認識化繁為簡。[1]科學從來不是單打獨鬥。在一九五〇年有人問愛因斯坦他最欽慕的科學家是誰。答案是勞侖茲和瑪麗·斯克沃多夫斯卡－居禮。居禮夫人關於放射性和物質的研究，替愛因斯坦的研究打下重要基礎。同樣的，現代物理不是一年就造成的。愛因斯坦一九〇五年寫下的題目，到今日都還在發展茁壯。隨著細節被研究透徹，研究對象便轉向更加複雜的系統。量子力學需數十年的發展才能夠一次處理大量粒子。這成果叫做量子場論。正是這項發展催生了凝態物理這門研究千千萬萬個粒子與其量子互動的科學。

量子力學主宰的微觀領域，是個充滿可能性與概率的世界。一切都只有不太可能發生和頗有可能發生的區別。介觀世界的真確敘述如「我的魔杖在這」在量子領域不完全可靠。在那，你的魔杖只是有可能在這。你才剛確認它在，它卻立即有機會在其他地方。眾所周知愛因斯坦後來受夠了這種瘋狂的量子性質。在一九二六年關於量子理論他寫道：

> 這理論雖說了許多，卻幾乎沒有令我們更加接近「老傢伙」的祕密。我無論如何都不信祂會玩骰子。
>
> ——愛因斯坦致信馬克思．玻恩。於一九二六年十二月[2]

愛因斯坦的異議有其道理：接受量子力學等於承認我們的世界遠比任何奇幻作家敢寫的更加奇幻。在本章中我們只稍微淺嚐這種魔幻，不時把底部透明的桶子壓到波浪裡窺看水下。

在進行這場心蕩神馳之旅前，有必要準備好定心丸——在掌中握好一枚護身符，當你落入瘋狂與無限，可以握緊感到它熟悉的沉重感，而憶起你曾神智清明，且很快就會復元。這枚護身符是以下簡單的事實：

發明量子力學並非為了讓世界更神奇。世界本就神奇。而量子力學只是它的最簡潔描述。

上帝祂老人家確實玩骰子，而且這已有實驗支持。

關於量子力學，存在好幾種不相容的哲學詮釋：議論其數學式代表的是怎樣的究竟現實。但詮釋無法藉實驗分辨虛實。我會避開這些會把我們拽進深海裡的揣測的暗流，並且緊跟著可由實驗闡明的主題。畢竟本書並非意在解決數十年來未得解的爭議。抱持前後一貫的個人哲學是很重要沒錯，但現代大多物理學家每次援用量子力學時，已經擱置了「不知它何以有效」的問題，就好像汽車技師不會整天苦惱古希臘哲學家所提出，說運動並不存在、只是幻覺的辯論。這個方針被名滿天下的康乃爾大學量子物理學教授大衛．梅明總結為「閉嘴並計算」。

這也是我們應注重量子力學的理由：它使命必達。記得護身符所說的，我們不是為了魔法而發明魔法。量子力學其實是史上最與觀測吻合的理論。例如說它計算出的「精細結構常數」與實驗量測的差距只有兆分之八一。[3]比任何我們賴以建築家屋的古典力學，或賴以設計飛機的流體力學精確得多。依靠量子力學我們才能釐清恆星內部構造、藉雷射在光纖網路中傳訊，以及在醫院非侵入性檢查人體。話說回來用X光繞射獲得倒易晶格的圖像也純屬量子行為。它主宰了原子的世界，更是通往再生能源如太陽能與核融合能源的鑰匙。一切智慧電子產品：手機與電腦都依量子原理運作。這全是因為凝態物理學就是應用量子力學。

前幾章我們看過介觀世界自微觀中突現。但在微觀世界的深淵之底，我們抵達被量子掌管的領域。即使看來與熟悉事物遠不相及，我們卻不得不洞察其詭祕運作，否則無法解釋許多日常現象：像是磁力。本章會探討我們的古典世界如何從量子領域突現而出。

波函數ＰＳＩ的奇幻漂流

量子一詞指的是不連續、分開的。量子力學就是用不連續的粒子描述世界。我老是以為這個詞一定有關於機率的意思。但不連續與機率性兩個觀念實際上相關。

以方解石晶體為例。它將光線分成兩束。把光當成是連續一束便罷，但量子力學的目標是要更精細地描述事物：光束由什麼組成？愛因斯坦（在奇蹟之年的第一篇論文）教我們應把光想成由稱為光子的基本粒子組成。但我們立刻遇上麻煩：要是一束光是由光子組成，那方解石是依據什麼決定每顆光子該去哪一束？每顆光子必定得根據某種機率法則決定去向。好吧，我聽到你抗議說，或許那就像河水分岔時水分子做的事。但詳情比那怪異得多。

在一九〇八到一九一三年間，蓋革和馬斯登在拉塞福的指導下進行著名的金箔散射實驗，證實了原子的結構是帶負電的電子圍繞著中央帶正電的原子核。在實驗中他們以帶正電的 α 粒子轟擊金箔。發現非常罕見，約有萬分之一的機會，α 粒子會被直直彈回來。這顯示原子核很小而且密度很高，而原子的電中性需要由圍繞的電子平衡。由於正負電相吸，引人想像電子或許像月球繞地球一樣繞著原子核轉。然而這不可能，因為圓周運動的帶電粒子會持續發射電磁波並失去能量。要是電子如月球繞地球，不用多久它就會墜進原子核使原子解體。但電子也不能停著不動，那也會直直掉進原子核，像從樹上落下的蘋果。那它們該怎麼辦？

量子力學的答案是，電子在它們的「軌道」附近像河一樣流動，但在此流動的並非水而是機率，代表多有可能在該位置找到電子。當你觀察電子你會清楚看到它在一個地方，但那是因為你看了。若你再看一次，它大可不會乖乖地出現在預期的軌道上。[4]

異於熟知的性質還包括「量子疊加態」的概念。回想熟悉的物件：一枚硬幣（或許是有深深刻痕的古銀幣）在酒吧打賭中被用力一拍蓋在桌上。這枚硬幣只可能是正或反面。但一枚量子的硬幣可以是正和反面的疊加狀態，意思是它各有若干顯現正或反面的機率。量子疊加態有著魔法般難解的名聲，但它其實表現得就如同熟悉的水波。在此脈絡下，疊加態就像兩水波相遇仍得到一道水波。它們通過彼此後又無事恢復成原來的兩水波，又或者疊加成形狀更複雜的一道水波。其實我們已看過這概念了，就是傅立葉轉換能將任何形狀的波（聲音）分解成適當成分的簡單波形（純音）之疊加。所以疊加態並不陌生。在這意義上，量子硬幣能以正面和反面的疊加存在，就像兩道波分別代表正反面，重疊成一道形狀較複雜的波。

關於量子疊加，真正神奇的部分在於當你看向硬幣，它總是非正即反。這句在介觀世界理所當然的話在量子領域卻很稀奇。因為當你看一道形狀複雜的水波，它仍是一道複雜水波——我們熟悉的介觀水波會一直保持疊加態，但量子的波每當被觀察，就會隨機顯現構成它的簡單波形的其中一種。此處的魔力源自量子一詞代表的不連續。就像硬幣非正即反。當你觀察粒子它必在一個確定地方。總地來說，量子力學的魔法（非古典的玄奧性質）只有兩點，上述就是其一：疊加態的複雜機率波，一經觀察測量必會顯示離散的值。

一點須知是，量子硬幣和古典硬幣的機率值，本質上意義不同。傳統在酒吧丟硬幣打賭的方法是先拋高，令大家都看到硬幣快速翻轉，用手接住然後神氣地往桌上一拍，再緩緩揭露哪一面朝上。在硬幣還被手掌蓋住的時候，它的結果雖早就決定，但我們仍說機率正反各半——這只是表達我們對結果無知的程度。但量子硬幣與之截然不同：在開出之前其既非正面也非反面，而維持著兩者的疊加，有實驗可展示出其區別。

所需的實驗就是我們看過的光的偏振性。記得光的偏振就像繩波，若振動平面與柵欄縫隙平行則可完全通過，與柵欄垂直就完全不能通過。偏振方向定義成電磁波的電場振動方向。而偏振片的原理就類似柵欄，只放特定振動方向的光通過。但在量子的觀點，光子逐個通過偏振片，就跟擲量子硬幣一樣。當非偏振光源遇到偏振片，只有一半的光子能穿過，因為和偏振方向垂直的一半被擋下了。相當於每顆光子現擲一枚硬幣，只有投出正面者可過。

好。現在取兩張偏振片重疊（稱它們A和B）。一開始它們角度相同，轉動B四分之一圈，現在它們就像兩道互相垂直的柵欄。所以可通過A的光會被B完全擋下。許多太陽眼鏡有過濾偏振光的機能，就能拿來做本實驗：兩副眼鏡擺垂直，則鏡片全黑。到此為止看不出和古典的硬幣有差別：要是A只讓正面的硬幣通過，B只讓反面通過，當然通過A的就無法通過B。

現在拿第三片偏振片C，以四十五度角夾在AB之間。既然沒有光能穿過AB，再加一片C也無濟於事吧。但驚人的是ACB的組合竟然反而能透光！要是你手邊沒有三張偏振片，你可以利用手機或電腦的液晶螢幕的純偏振光來取代A。將偏振片（或太陽眼鏡）在螢幕前旋轉直到最暗，再在之間以斜角插入第三片，結果竟是微微發亮。這真教人震驚＊。你若試著用酒吧的古典硬幣在揭露前已有定數的概念想，會怎麼也想不通。在AB兩片的實驗中，我們已知穿過A的光子都是「正面」所以遇到只放「反面」通過的B會全被擋下。但加入C居然會讓部分光子的硬幣轉為反面。這代表它們不可能在一開始就有確立的值。[5]所以量子的機率不只是代表人類的無知程度，而是另有玄機。

量子機率的特質由「波函數」表達。這在古典也有熟悉類比。例如海面上的水波，視為函數的話這函數囊括了一切我們想知道的訊息，像是每一地點的水面高度，和它現在在潮落到潮起之間的

＊很可惜現代的劇院立體眼鏡不能用來做這實驗。因為其原理是用「圓偏振光」：隨光行進它的偏振方向會自行旋轉。這發明的優點是觀眾的頭左右搖晃，角度變了也不影響畫面。

$$i\hbar\dot{\psi}=H\psi$$

圖 18　薛丁格墓的銘文。

哪個階段。量子波函數的角色一模一樣。傳統上用符號Ψ代表，即希臘字母的 Psi。

我從小就憧憬量子力學的魔法，還找了每本有關的科普書來讀。初次看到符號Ψ我覺得美極了。那些書教我這符號會在量子力學最具代表性的方程式裡出場：薛丁格方程。但因為書上是用散文語言概略描述式子，卻沒真的把它寫出來。所以在維基百科存在前的年代，我只能想像它的符號長怎樣。

我十四歲那年到阿爾卑巴赫這個奧地利的小山村度假。我隨身帶著一本量子力學的科普書：約翰．格里賓的《尋找薛丁格的貓》（一九八四）。在村子裡的墓園漫步時（普通青少年的正常娛樂）我找到一座奇怪的墓，雖貌不出奇卻明顯比四周的墓保養良好，有花束和蠟燭。我吃驚地發現碑石上刻著數學式：我們世界的創生語。如上圖（圖18）。

這就是薛丁格方程式，而那些科普書只敢提及其通名。我陰錯陽差地來到它的創造者：埃爾溫．薛丁格的墓前。其含義以當時我薄弱的數學知識不足以窺其一二。但我將它們深深映在腦海，猶如古代盧恩文。我知道Ψ就是魔法，而這一行石中符文就包含其一切奧祕，超過言語所能述說。

那麼我已展示那天我所見的符號，一如薛丁格墓上所示。我將不會解釋他們的意義，但一樣會試著用言語傳達給你一些它含有的魔法。況且本書的重點在於理解底層與突現世界的關聯，像是為何熟悉的宏觀宇宙看似欠缺那些量子魔法。再次引述著名的量子力學學者大衛·梅明：

> 我總是藉書寫讓我自己更理解物理。某種意義上，方程式卸下了我思考的重擔。

這感想格外合適，因為就連物理學家也不知道波函數Ψ的葫蘆裡賣什麼膏藥。我們在計算中使用Ψ，以減輕必須一直狐疑量子領域發生了什麼的重擔。我們只知道Ψ經過簡單的數學操作，便能用來推導出在某位置找到粒子的機率。在機率不確定的描述間，它能召喚出確定的陳述。舉例來說，以下就是能施展波函數威力的一招實用魔術：量子穿隧。

穿隧之光

舉起你的水晶球朝牆壁丟，然後在牆後找找。你當然找不到，因為它反彈了。要是在量子領域做一樣的事，你就有機會在牆後找到水晶球，而牆完好無損。這就是量子穿隧現象。

許多電子裝置利用了電子能穿隧障壁的性質。一種稱為穿隧二極體的元件以此達到了等效的負電阻特性：施加的電壓愈高，得到的電流愈小，與尋常材質相反。電腦是由無數電晶體組成，它需讓電子翻過能量障壁，但有一項二〇一一年發表的實驗顯示，若讓電子藉穿隧通過障壁，可望改進百倍的效率❽。放射性同位素的衰變的原理也是基於量子穿隧，例如皮耶和瑪麗・居禮夫婦發現的鐳元素，發生α衰變時，α粒子須從原子核的能量障壁中穿隧出來。與之相反的，粒子藉由穿隧，跨越靜電斥力的阻礙抵達另一顆原子核是核融合的基本原理。太陽因此而閃耀。而在地球設法達成一樣的穿隧可望得到一種新的潔淨再生能源。植物或許懂得借助穿隧效應而提高光合作用的效率❾，深入研究其機制或許能啟發許多高能源效率、低汙染的製造科技。凝態物理學家成天都在利用穿隧效應窺看微觀世界。還記得〔頁四五，圖1〕，那張一顆顆原子的相片嗎？馬德雯教授是用一台掃描穿隧顯微鏡得到該圖。它的原理是用極細的金屬探針，往往尖端只有一個原子寬，靠近樣品的表面。在探針和樣品之間施加電壓，令電子想從一端流到另一端，但這電壓其實並不夠使電子跳過分隔兩者的間隙：電子只能穿隧而過。顯微鏡需精密測量這「穿隧電流」，電流愈大代表探針離樣本表面愈近。用更強的電壓，探針還能拾起原子，像某種磁力釣魚遊戲，甚至能把原子當成積木般堆砌。這是最尖端的奈米科技。

你或許會問為什麼要叫「穿隧」。不就是跳過一個間隙嗎？這個嘛，非也，比那更奇怪。想像縱身跳過一道溝，你的起點和終點同高，只要中間不跌下去就好（有如《銀河便車指南》主角亞瑟學會飛行的方法：他在跌落中不慎分心而忘記著地）。但穿隧就好像起點和終點同在平地，但中

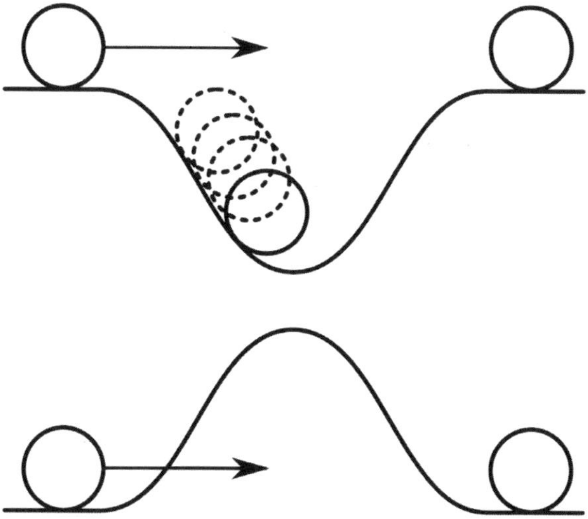

圖 19　輕輕一觸球就能滾到無摩擦的山谷對面（上圖）。但無法越過山丘（下圖）。但一顆量子的球卻能穿隧過山丘。

間有一座山，而且登上山頂你力有未逮。如圖19，假設球在平滑山谷邊，輕輕一碰它就會滾下，對面若等高則它自然能出現在那。但量子穿隧就像要越過山丘，球自己動不起來。所以無論量子領域到底發生了什麼，它的效果比較像挖穿一條隧道，令球能不升高就抵達對面。

關於掃描穿隧顯微鏡我學到格外奇妙的一件事：它不只能探測那裡有什麼，還能進一步探測那裡可能有什麼。材質中的電子有可能持有某個範圍的能量，[6]施加多點電壓你就能看到這些電子若持有較高能量會做些什麼。畢竟探針是在測量電子在材料外面的行為，若不是有這儀器存在它們也到不了那裡。我一直覺得這很像約翰．卡本特的電影《X光人》，演的是主角撿到一副眼鏡令他能看見周遭的人隱藏著的異樣面貌。只差在顯微鏡看不到電影裡的殭屍外星人。

無須昂貴儀器，你自己也可以體驗量子穿隧效應。一個好地方是在地酒館——前提是他們還放你進門。裝滿你的玻璃啤酒杯，用稍微潮濕的手指按著杯壁，再透過啤酒看你的指紋。角度適當你應該會看到指紋格外清楚，凸起處黑，凹陷處白。怎麼會這樣？原來光在啤酒杯壁的玻璃中發生「全內反射」，但你的手指正在杯壁外，一部分的光子能夠穿隧過去，該處光被吸收便顯得黑。但穿隧效應對於距離十分敏感，因此指紋凹處即使只遠一點點，穿隧的光子量已劇減，該處反射較多光就顯得白。

但當粒子穿隧時究竟發生了什麼？它起先在這側，後來在對側，並且從來不具有能存在中間區域的能量。常用來概括這神祕過程的概念叫「量子漲落」。但這名字太誤導人，說得彷彿粒子隨時都在沒來由地得到又失去能量，沒有這檔事。在量子力學中能量就如同古典物理一樣守恆。實際發生的事比那更神奇。

穿隧效應清楚顯示量子領域的運作深深基於概率。但必須指出，古典波動也有類似現象：上述的啤酒杯指紋也有古典解釋，是光轉成了「漸逝波」穿出玻璃而觸及你的指紋。量子謎團唯有當討論的對象是單一基本粒子（在此是光子）時才突顯出來。記得量子表示離散不連續，量子穿隧才會沒有古典的類比。到此我們都限於討論單一粒子。但量子力學自愛因斯坦以來最了不起的發展，就在於察覺到它不僅可以一次處理多個粒子，而且必須如此，否則會和一九〇五年的另一項物理創舉彼此矛盾：那就是相對論。揉合兩者的就是量子場論，而它正是現代物理的基石。

在熟悉的畛域

在二〇〇四年的電影《心靈偵探社》中有一幕是伯納德這位「存在主義偵探」用一張毯子闡述他對現實的哲學看法。那張毯子，他解釋道，就是真實，代表了一切：這一塊代表他自己；那一塊代表他的妻子暨同事薇薇安；這兒是支鐵鎚；那兒是艾菲爾鐵塔；而這裡，是場戰爭。他主張一切事物，即使看來不同，實際上都是一樣的。即使考慮片中劇情，伯納德所說也並非完全無可反駁。然而把毯子的一部分舉高，稱它是不同物體，但終究還是出於同一張毯子，真是對量子場論意外貼切的描述。

就我來說，最容易懂量子場論概念的方法是回想起聲子。還記得聲子就是聲音在晶格中傳遞的量子化描述。晶格的古典類比是一疊小球，每顆都和鄰居以彈簧相連〔圖20〕。再更簡化，我們想像一種二維晶體，一片只有一顆原子厚的材料，猶如世上最薄的毯子，或者一張伸縮自如的彈跳床。球與彈簧之所以是個好模型是因為原子與鄰居之間有化學鍵相連，但它們卻不想彼此太過靠近，否則會感到彼此原子核正電荷的斥力。原子並非固定不動，它們可來回擺盪，而彈簧隨之伸縮。扯一下晶格毯的一端，振動就會擴散開。把一顆球抬高，由於彈簧相連，就會把鄰居以及

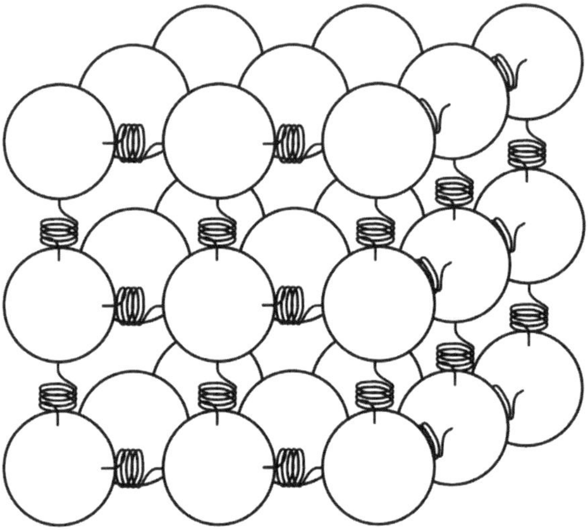

圖 20　球與球之間以彈簧相連，此為材料中原子振動的古典模型。

鄰居的鄰居跟著抬高。現在放手，球會來回擺盪，振動也擴散到整張彈跳床。然後，假使球和彈簧都極小（記得它們是在比喻原子以及原子間的鍵結），你再稍微模糊視野，就看到一張平滑的表面，有著連續變動的高度。這就是一個場：某種物理過程的描述，需要在空間中每個點指派一個數值（在此是高度）。在某時刻，彈跳床表面某處的高度代表了球在平衡點附近振動的幅度。

「場」的名稱由麥可·法拉第在一八四九年提出，用來分析磁場（在此例，空間中的每一點都指派到一個向量：磁力在該處的方向與大小）。我們釐清一下這些譬喻，畢竟場（field）的原意是「原野」或「田野」就是一個譬喻。球與彈簧是原子與其間鍵結的古典模型。我們只想像二維的薄片是為了簡潔，也為了強化相似性，但現實的三維材料其實也適用。每一時刻彈跳床表面的起起伏伏就像高高低低的原野地形。拿張毯子鋪上去，像在野外攤開一張露營墊，墊子的形狀會與地形相同。

之所以引入場的概念，是要消除物理中的「超距作用」的必要。例如磁鐵可以影響一段距離外的另一顆磁鐵。但若這影響是瞬間抵達，就會違背現實中光速不可超越這一觀察：即愛因斯坦相對論的基礎。場可以解決這問題。方法是定義說磁鐵影響磁場，也受磁場影響。移動磁鐵會改變該處的場，而場的擾動以光速擴散（不能更快了）並在抵達另一顆磁鐵時把毯子抬高，令它移動。

想把古典場換成量子場，你只要把古典彈簧都換成量子彈簧就行了。出乎意料簡單。量子彈簧（術語叫做「量子諧振子」）和你預期中的性質幾乎一樣，能屈能伸。唯一區別是古典彈簧能以任意的頻率振動，但量子彈簧只能以某些固定的不連續頻率振動。

所謂量子場論，就是用一大片由量子彈簧構成的巨毯的擺盪來描述世界的方法。空間的每一點對應一個彈簧。由於我們活在三維空間，說是擺盪的巨大果凍或許更貼切。果凍某處搖得猛，表示那裡有大量振動動能：有很多代表著振盪的量子，就像聲子。其他粒子如電子擁有自己專屬的場，但概念一樣：場的振盪代表粒子，振愈強代表愈多粒子。

由一個例子能看出這方法的優勢：全宇宙的電子都完全一樣。擁有相同的電荷及質量，至於另一個性質自旋，其絕對值均相同。憑什麼如此？為何質量不只是「差不多」相同？「毯子即真實」是一個精湛的解釋——所有電子均相同是因為它們全是同一個場上面的振盪。我在這有一顆電子

（抬起毯子一處），在那還有一顆（抬起另一處）。它們完全相同，是因為皆屬於同一張毯子，但它們也不同，因為處在不同位置。萬物都是相同的，即使它們不一樣。

量子場論是把愛因斯坦一九〇五年的四篇論文發揚光大並互相聯繫的成果。論文挑明了古典物理在兩種極限處忽然不靈的問題：極小的東西和極快的東西——如接近光速。當薛丁格在一九二五年寫下他的方程式，他是在描述具有質量的單一粒子，如電子。這理論完美解釋極小尺度發生了什麼，但仍假設粒子移動遠遠小於光速。這是個問題：薛丁格方程式視時間和空間是不相關的兩種東西。但愛因斯坦的理論顯示，時間和空間必須想成是同一種東西「時空」的兩種面向。現代已有明證：例如，雖然某種基本粒子相對於我們靜止時只需一瞬間就會衰變，但假如我們與它之間有極接近光速的相對運動，它可以存在上千年不衰變。隨著在空間中高速運動，我們觀察到它的壽命便增加，突顯時間和空間有所關聯。不只我們看粒子的時間慢了下來，在粒子的觀點我們的時間也是慢下來的。雖然這些相對論效應很迷人，卻不是本書重點。重點是薛丁格方程式未能包含這個特性，因而仍待某種升級。

第一個寫下描述電子運動，其中同時包含量子力學和狹義相對論的方程式的人是保羅．狄拉克，那時是一九二八年。狄拉克是個有趣的人。他婉拒了王家封爵，是因為不想被人直呼名字——接受了人們就得叫他「保羅爵士」。眾所皆知他常在研討會上打盹，並在會議結束前醒來，拋出一個問題難倒講者。就我所知，他並非唯一積極鍛鍊這招的大咖物理學家。

狄拉克說，當他想出這個如今以他為名的方程式時，他馬上停下工作，上床睡覺：他想和確信自己發現了符合相對論的電子運動方程的感覺溫存一晚，隔天醒來再面對免不了找到錯誤的失望。萬幸的是，為了物理的未來，他沒錯。

狄拉克方程式導出了幾個石破天驚的預測。首先，存在一種新的粒子，性質都與電子相同，除了電荷相反。現在稱為正子，即電子的反粒子。正子有助解釋狄拉克導出的第二個不尋常結論：為使理論前後一致，一旦存在一顆電子，就必須同時有其他，實際上是無窮顆電子與正子存在！實在棘手，但說白了並不難。這就得說回愛因斯坦在一九〇五年所創最著名的公式 $E = mc^2$，告訴我們質量和能量，一如時間和空間，是同一個東西的兩種不同面向。要是一顆電子遇見正子，將一齊湮滅，完全將質量轉化為能量。與之相對，集中夠密集的能量（例如造出超強電場）就能憑空令正子、電子成對出現。但癥結在於，電子周圍的電場強度是離它愈近愈大，就像帶靜電的氣球愈靠近愈能吸引。電子與氣球的不同是，電子是一個沒有大小的點：它無限小。因此只要離電子足夠近，電場會大到足以產生新的電子正子對。這過程稱為「真空極化」（新產生的電子正子對，以正子較靠內側而平衡電荷，故稱極化）。於是乎，存在一顆電子就表示也存在無窮顆電子和正子。而在測量時施加愈高能量，你就會測到愈多顆粒子。

量子場論是幾乎所有物理學門的基礎。粒子物理學用它描述基本粒子的交互作用。宇宙學和天文物理用它解釋宇宙尺度的觀測，如暗物質和暗能量的真面目。而凝態物理學用它描述物質中原子分子的集體行為，我們的介觀世界從中突現。

量子場論的重要結論是所有粒子必定分屬兩類：玻色子和費米子。當多顆粒子聚集互動時，兩種粒子的表現有根本上的不同。例如聲子是玻色子，我們已經探討過它們一些性質。然而電子是費米子，費米子都遵從稱為「包立不相容原理」的金科玉律。話說，一定不需我提醒大家時空旅行的金科玉律。根據一九九四年尚克勞德・范達美主演的《時空特警》電影所述——各位一定像我一樣家裡有一捲破破爛爛的錄影帶吧。影評還盛讚說：「范達美的口音比劇情好懂得多。」但假使你不知，該鐵則是：「同樣的物質不能在同個時刻占據同個空間。」這說的基本上就是包立不相容原理。好吧，有幾點細節跟電影演的不太一樣。首先，玻色子就沒有這種限制。我認為這是電影少數的邏輯失誤。其次，定義上同樣的物質本來就該在同個時刻占據同個空間嘛！我想編劇想說的一定是包立不相容原理的正式定義：多顆相同的費米子，不能在同個時刻占據同個空間。不同凡響的是，這原則解釋了許多熟悉的物質為何得以存在。

量子物質

十九世紀末的科學對物質的描述已意外的完整，然而它卻對某些狀態的物質無能為力。磁性材料便是一例：玻耳－凡麗雯定理（由尼爾斯・玻耳在一九一一年，也獨立地由亨德麗卡・凡麗雯在一九一九年提出）以數學證明了：若沒有量子力學效應，則磁鐵不可能存在。雖然完整證明有點複雜，但關鍵論點很好懂：古典物理使用統計力學描述電子的行為，該定理說磁鐵中所有電子呈現特定分布的運動狀態的機率，只由電子總能量和磁鐵的溫度決定。但外加磁場無法改變電子的能量。那是因為磁場只會使電子進行圓周運動：磁力只改變電子的運動方向，而非速率，因此電子不會由磁場得失能量。但要是外加的磁場不影響材料中電子的統計運動狀態，也理應不會誘導材料表現出任何順、反、鐵磁性了。古典物理遺漏了些什麼，那正是量子力學。

包立不相容原理還讓另一個磁鐵的奇異量子性質迎刃而解。我們最熟知的磁鐵是鐵磁性的，其自旋完全對齊。但憑什麼自旋會想對齊？畢竟你若併攏兩支磁鐵棒，它們會努力保持極性顛倒，而非一致的姿態。

解釋很簡潔優雅，而且徹底是量子力學式的。每顆電子擁有自旋，一對電子的波函數除了描述它們的自旋，也須描述它們出現在兩位置的機率。電子作為一種費米子，自旋相同就完全無法區分，這下《時空特警》守則成立：它們不能處於相同位置。假使它們自旋相反，此時兩者可以區分，同處一地就不禁止了。但兩電子同處一地，會有巨大的同性相斥而不穩定。於是相鄰電子在自旋同方向時，因為王不見王反而較穩定。因此量子的自旋才會喜好對齊，而非如熟悉的磁鐵棒喜好反向排列。

包立不相容原理也是理解材質導電與否的關鍵。這竟然得用到量子力學才說得通——早期理論無法吻合諸多實驗觀察，例如「材料的導電性和導熱性成正比」。量子之前的模型多少都敗在同個地方：它們預測金屬中所有電子都該有貢獻。畢竟世上的電子都完全相同，憑什麼有些最特別呢？然而實驗似乎顯示，僅有極少數電子有在導電時出力。量子力學能解釋其間的落差。

想像有一班巫師為參加巫師大會而入住巫師塔旅社。巫師和他們所觀測的宇宙一樣節能，只願意投入最低限度的能量。先來的巫師會優先住進最低層的空房間，以免爬太多樓梯。附帶的好處是能搶先到大廳自助餐，就能先把水果盤的鳳梨挑出來。但一間房限住一名巫師，晚來的巫師不得不往高層挪步。最後難免有巫師住得很高——儘管每個巫師都盡可能節能，選最低的房間住，有些巫師還是得費勁爬高。材料中的電子還滿像這些巫師的，由於包立不相容原理嚴格規定每層只能由兩顆電子占據（自旋相反的電子可住同層），某些電子就會像晚到的巫師，儘管不願意，仍具有頗高能量。所謂導體就是電流不費多少能量就能穿過的材料。反之，電子很辛苦才能動起來的材料是絕緣體。延續巫師旅館的類比，決定材質導不導電，最重要的是塔裡「最低的空房間」之所在。因為得先讓部分巫師動起來，才能上下換起房間。如果住在最高層的巫師的樓上就是空房，無需走太遠，則材質是導體，因為這讓巫師們都容易搬家。但如果下一間空房得往上走很遠，或許那邊有個挑高的夾層樓，放滿時髦的商業藝術品，讓巫師動起來太耗能，則材質是絕緣體。

從這類比中，如何理解唯有極少數電子有在導電時出力？這解釋的精妙在於，唯有住在最高層的巫師容易搬家，對於低層的巫師而言，上層都被占滿，空房間十分遙遠。於是乎，只有能量最高的一些電子有機會為電流或熱傳導貢獻了。諸如此類的材料重要性質，不用量子力學便無法解釋。

這個原則有很日常的例子。純銅的紅色澤是它吸收藍色光子、反射紅色光子的結果。理由是銅材質的電子能量「空房間」之中，就有上述的挑高夾層樓，使得僅有含較高能量的藍色光子能令最高能量的電子跨過該間隙，同時藍光被吸收。紅色光子因能量不足而被反射。

另外一個不動用量子力學就無法解釋的物質特性，同時也是我最愛的一項魔術：霍爾效應，是由埃德溫．霍爾在一八七九年發現的。容我先解釋實驗裝置。拿一條長條形的導體（例如霍爾用的是金箔），沿著長邊通以直流電壓，即連接到電池的兩極。這時若用伏特計測量長邊兩端，一如預期會測到電池的輸出電壓。這很合理：回想電流就像河流，兩點間的電壓差就像上下游的高度差，高與低是由電池創造出來的，電流就這樣順流而下。現在改沿著金箔的寬度測量，伏特計應顯示零。這也合理，畢竟河流兩岸等高：並沒有電池在這個方向造出坡度。

好了，但要是這時我們施加磁場穿過金箔，例如把磁鐵的N極從金箔下方指向上方，突然間就能在寬度方向量到電壓了。原因是磁場能令電子偏轉：原本在電壓驅動下沿長邊直線前進*的電子，受磁場影響會試著繞圓周行進，但該圓半徑很大，所以電子的表現是向一側偏轉。偏轉的方向取決於磁極的方向和電流方向。

*其實在導體內，每一顆構成電流的電子都是隨機四處亂動。唯有全體電子的平均飄移才是沿電場方向。

根據帶電粒子受勞侖茲力的方程，我們可以推斷金箔中攜帶電荷運動的粒子（載流子）帶的是負電。這毫不意外，畢竟電子就是帶負電（但因為歷史遺緒，電流的方向是定義為電子流動的反方向）。從而，只要施加磁場和電壓的指向都固定，所有材料沿寬度方向的電壓，應該都是同一邊較高。對吧？但離奇的是，在某些材料中，兩側的電壓高低反轉了，就好像它的載流子是帶正電一樣！

這些神祕的正電粒子具有與電子差不多的質量。因此它們不可能是原子核內的質子，質子太重了。乍看正子可以勝任，但正子會立刻找到電子並雙雙湮滅成純能量，故也不行。這些神祕正電粒子在許多材質中出沒，許多你一定曾遇過。事實上，幾乎所有金屬中都兼有兩者。舉個例子：雖然銦和鋁在週期表上屬於同一族，但銦中的電流主要由正電粒子攜帶，而鋁中電流主要由負電粒子攜帶。其他以正電粒子攜帶電流的材質包括鉛、鎢、鋅和週期表上幾乎一半的金屬元素。所以它的真面目是？

讓我用經典謎語格式給個提示：

從我之中取走愈多，我愈大。君口袋中有我，口袋愈扁。桶中有我，桶愈輕。我為何物？

存在與不在

解謎的關鍵是準粒子：真實材質中，由大量基本粒子互動之中突現的粒子——可說是凝態物理領域的特產。某些與它們的基本粒子對應物很像，例如準電子，之前說過它僅有等效質量不同於電子。但其他就相當不同，其中最極端的例子是根本無法以基本粒子型態存在者，就像聲子。我們的謎之粒子屬於後一類。前文的謎語，答案是「洞」，恰是準粒子之名。

學習看見洞的存在，我們得學葫蘆子聽聞「窬」一詞後看世界的新方式：將「存在」和「不在」等量齊觀＊。電洞是唯一能存在於材質中的突現準粒子，它們的表現就像帶正電的電子。我覺得最奇妙的是它們的來由。想像巫師們早晨在旅館大廳排隊等著吃自助餐。旅館規定須著正裝才能點餐，所以巫師們應該戴好魔法帽——但早晨睡迷糊的巫師統統沒戴，除了一位。只有隊伍最後一位巫師戴著帽子，但要是帽子到不了第一位手中，大家就甭吃飯了。所以他摘起帽子戴到前面

＊是我朋友傑克．溫特告訴我「窬」（smeuse）這個詞的。似乎是我倆故鄉德文郡特有的詞。傑克也指出當你曉得這個字，你就會開始到處都看到它，即使世界什麼都沒變。另一位朋友克斯汀．布奇．麥克坎德雷斯觀察到類似的事左右了我們的世界觀：我們常覺得看到「陽具形」的東西，是因為英語有 phallic 這個字。但我們不常覺得看到女性對應器官形狀的東西，因為英語沒有這個字。最接近的大概是源於梵語的 yonic。知曉這字應平衡了你今後觀看世界，不自主看到兩性性器官形狀的數量。

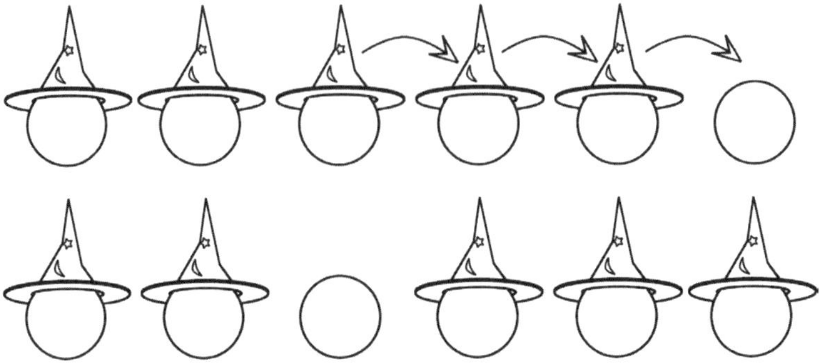

圖 21　巫師向前傳接帽子令帽子空洞往後移動。

一位的頭上，每個人都照做，直到帽子傳到最前。這頂帽子就像導線中攜帶電流的電子。到了午後，巫師會議中場的飲清醒靈藥休息時間，因為整天下來大夥都已喝了十來杯清醒靈藥，都比較進入狀況，這次只有一名巫師忘了帽子，但偏偏就是那位衝在領糕點的隊伍最前面，這次排第二位的巫師把自己的帽子給他，第三位傳給第二位，依此類推。結果是「帽子缺口」向後移到隊伍之末。情況如圖21所示。兩個場合中帽子都是向前傳，只不過後者看來也像洞往後傳。電洞之所以像帶一份正電荷，正因它少一份負電荷。

電洞很像正子：電子的反粒子。當正子遇到電子，兩者湮滅不見。同樣當電子掉進電洞，洞被填滿而不見。其實狄拉克一開始就是如此想像正子的。他想像真空充滿了帶正電荷的洞，當電子填進洞中，結果是虛無。想像把桶子壓進海中，現在水裡有個桶形的洞，把桶裝滿水就填了那個洞，什麼也不剩。這個概念用在電子就是所謂的「狄拉克之海」。現代的粒子物理學家傾向把正子當成實際的粒子，而非真空中的電子空洞。但狄拉克的洞見仍很有價值，還是凝態物理界的主流，只不過我們稱之為「費米海」。其實我們已講過喬裝改扮的費米海了——那棟住了一班巫師的巫師塔旅社。在多數情況下，你只碰得到海面的水，而深處則完全不可觸及。同樣當你與費米海互動，只有表層的電子有反應。只有住在最高樓的巫師能再往上搬入空房間，正如只有費米海表面的電子參與導熱或導電。當巫師往上搬遷時，原本的房間空了，再有另一巫師搬進去，就令空房間反方向移動。

電洞讓我想起一九五二年經典的超現實小說，勒內．多馬爾的《類推之山》的一個段落，關於「空虛人」是存在山的岩石裡的空洞人形。他們食用虛無，啜飲人類吐出的空談。多馬爾寫道：「就像劍有劍鞘，腳有腳印，每個活著的人都在山裡有對應的空虛人，在死亡時兩者合一。」材質中的電子也可以找到它的洞，當它填入洞就歸於費米海，不再貢獻於我們量測到的介觀性質，如導電性。

在許多清冷的明月夜，遠方的海岸上，你或許能目擊一群物理學家圍在火邊，講述自己在費米之海的冒險譚。我自己就收獲了一些暖心的故事。我朋友克里斯．胡利博士跟我講了以下故事，這則軼事突顯了狄拉克不凡的想像力：

從前有三名好友到熱帶無人島上釣魚。他們先說好會平分漁獲。釣了一整天魚，他們全累到睡著了。隔天一早第一人醒來，她有事得先走，但決定不打擾還在睡的朋友。數了數池

圖 22 狄拉克墓的銘文。

中的魚，她發現數量三人平分會多一隻，她把多的一隻放了，拿走三分之一魚便離開。第二人醒來，沒發覺朋友已回去，他一樣打算悄悄先走，點了魚發現是三的倍數多一隻，他就放了一隻，拿走三分之一離開。第三位朋友也一樣，發現魚數是三的倍數多一，便放走一隻，取了三分之一。

據說有人講了上述故事給狄拉克，還問：三人一開始（最少）共捕到幾隻魚？

稍有耐心的凡人，經過一些嘗試錯誤，或許能矇到答案：二十五隻。第一人放走一隻剩二十四隻，取三分之一剩下十六隻。第二人放走一隻剩十五隻，取三分之一剩十隻。第三人放走一隻剩九隻，取走三分之一剩六隻。似乎沒有更優雅的解法。但狄拉克可不是凡人。他的大名永垂宇宙，正如他位於西敏寺的墓與墓碑上鐫刻著的他的方程式般不朽〔圖22〕。狄拉克看穿了通往優雅解法之路，猶如灑落在風平浪靜的海面上，一道粼粼的月光小徑。這優雅的解答是負二隻：拿走一隻剩負三隻，拿走三分之一恢復為負二隻，這流程能重複任意次。

或許負數隻魚就像海裡魚形狀的洞，放進一隻魚會回歸於無。這個軼事完美反映狄拉克關於洞與海的理論。也許有點太完美了，令人懷疑這解答是否真是出於本尊。但有哪個精湛的故事從未被加油添醋呢？

費米海故事集

凝態物理與眾多物理學門共享特色，也常和數學、化學、工程和材料科學等領域交匯。但至少有件事是它特有的：準粒子。而費米海提供了理解它們的理想舞台。

對於金屬裡的電子，費米海就相當於一片真空。專有名詞叫金屬的「基態」意即有些電子雖能量較高，但整體而言它們具有最小可能的總能。現在提供一些額外能量，例如施加電場，頂端的電子將會跳出費米海，抵達一個較高能量的狀態。這是顆準粒子，即費米海之上的一次激發。記得在第一章我們定義準粒子為：

突現準粒子可以獨自存在於能量在基態以上的物質中，且不能拆成更基本的獨立成分。

你可能會抗議道：不對啊，準粒子不是應該「無法」自行存在。那不就和突現背道而馳？但這和突現實際上不謀而合。雖然在此能用基本粒子：金屬中的電子來描述它。但由於它與周遭的環境——費米海中無數電子的能量狀態——的相對關係更加重要，忽視這點就會見樹不見林。而當你轉換到準粒子的視角，它們就能視為在費米海（基態）之上獨自存在。

每當電子受激發，像飛魚躍出海面，達到較高能量的狀態，就會遺留一個欠缺電子的位置：一個電洞。這種電子電洞成對出現的過程叫做「成對創生」，它需耗能，就像飛魚需能量來跳躍。成對創生顯示就像真空，費米海也不是真的空蕩：它的空富含可能性。這裡有個棘手的點。費米海的每顆電子都有機會像飛魚一樣躍出水，留下一個洞。魚有可能完全離水，例如落在船的甲板上，但那是因為有船撐著牠。類似的，電子有可能獲得超過原本應當的能量，但那是因為實驗裝置提供了這份能量。在測量之前，電子和電洞稱為虛粒子對。[7]這些無處不在的潛在存在機率又是一個量子漲落的例子。虛粒子對在電子和其他粒子——材質內的其他電子、光子、聲子、電洞和別種準粒子互動時，提供了額外的可能性，因而造成可觀測的差異。已經提過的一點是當電子進入材料成了準粒子時，其有效質量改變了。

量子漲落解釋了許多古典物理不可解的性質。上一章我們談過物質就是一方面想降低位能，另一方面想增加無序度的拉鋸戰：熱擾動瓦解秩序。依照此邏輯，絕對零度下物質必定完美有序：成為靜止的固態結晶。十九世紀的物理曾經如此預測。

一九〇八年，荷蘭物理學家卡莫林．昂內斯設法將氦氣冷卻到足以化為液體的低溫，也是當時地球表面破紀錄的最低溫。然而，不管他再怎麼冷卻氦氣，卻不見其凝固。這怎麼可能呢，如果絕對零度依照定義是完全不存在熱擾動？答案得動用到量子力學：液態氦不是受熱擾動，而是受量子漲落影響而變得無序。要進一步說明，我們得先欣賞經典舞台魔術。

球和杯子的魔術

據說胡迪尼曾說過，任何人在精通杯子和球的魔術之前，別想自稱魔術師。你一定看過這情景：桌上有三個杯子，其中之一裝了顆球。你要猜中球在哪，魔術師卻使你總是猜不中。它蘊含一切魔術的要素：誤導、障眼法、巧手以及操弄觀眾的期待。它的歷史至少可回溯到古羅馬，甚至更早，有一幅公元前二五〇〇年的埃及壁畫出奇像是在表演這魔術。

為了譬喻物質的魔法，我們改一下設置。想像現在桌上固定著一排排杯口朝上的酒杯，每個杯子放一顆球。若桌子微微晃動，球會在杯底來回晃。晃很大力則開始有球從杯中飛出，落到其他杯裡，弄得一團亂。在恰好使球飛出的點如同發生了相變：球從能量低且有序（待在杯中）的狀態轉為能量高且紊亂（離開杯中）的狀態。

接下來，令杯子完全靜止。不然這樣，讓魔術更難，每個杯子倒扣著一顆球。現在球的微觀狀態必然完全不變了吧。這麼想就上當了！揭開一個杯子：你看到兩顆球。蓋回去再揭開：現在沒有球了。但杯子紋絲不動。好，我承認，要是魔術師表演這招，他必定是費盡苦心，耗能非常。但當宇宙本身表演這把戲，祂只需要量子漲落。只要球和杯子是在量子領域，就能毫不費力地演出魔術師得花一生練習的魔術。

物質相變的古典理論是，熱擾動使秩序和混亂的天平傾斜。但許多種相變已知可在絕對零度發生。這些是由量子漲落驅動的量子相變。還記得臨界點：那個當物質變得尺度不變，與隨之而來的一干奇妙現象嗎？其實也有個量子臨界點，而且凝態物理學家都對它興趣滿滿，因為隨它而來的是許多最奇異也最重要的物質狀態。

我想更進一步釐清當我說量子漲落，確切是指什麼。它隱隱帶著一種令量子理論不同於古典的神祕面紗，還牽涉到依照定義就是無法直接觀測的虛粒子。但量子漲落在理論中有著明明白白且精確的描述。有些物理學家寧願叫它「量子修正」，因為漲落（fluctuation）這個從熱力學繼承來的名詞暗示有某個量隨時間而擾亂變動，但完全不是這樣。這邊的觀念是：當你使用量子場論模擬世界，這一理論會給你有史以來最與實驗吻合的預測。但你從小就熟悉古典的物理，難免將量子場想得太過古典，所以需要用數學做些修正。譬如古典觀點可能認為電子動起來像一顆撞球，但量子修正卻描述電子可能先拋出一顆聲子又自己接收，用這牽涉一顆虛粒子的過程來描述電子與晶格振動的互動。這樣的過程是不可量測的，凡是虛粒子的作用皆然。它們「作用」也無需時間，畢竟數學的修正才不管測量需時多久。但它們卻影響著電子：把古典觀點下預測的近似電子行為，修正成量子版本的精確描述。大概最保險的看法就是援用大衛．梅明的「閉嘴並計算」：量子修正就是數學計算中所涉及的必要中間步驟，但它們是否對應到現實的物理圖景，仍沒有完全解明。

如被電子拋出又接著的聲子，不可量測的虛粒子可做出普通粒子做不到的古怪行為。它們不必然遵守愛因斯坦的質能關係式 $E = mc^2$。這裡是量子漲落感覺上最與熱擾動相似的情景：量子狀態在概念上被當成古典狀態，外加各種不同能量的虛粒子作為修正。猶如特定溫度下的物質由於漲落，有一定的機率具有額外的能量。但這個比喻會誤導人：熱擾動隨時間變化，但量子漲落與時間無關。在我看其實解釋正好顛倒了：在最微小尺度下對物質最好的描述並非古典，而是量子的。若你接納這點，那就沒有必要動用量子漲落的說法，大可視為計算中一些必要數學步驟。我們的古典體驗由其中突現而出。

世界是突現的

集愛因斯坦一九〇五年論文之大成的量子場論是現代物理的基石。為使這理論前後一致，有證據顯示即使描述單一粒子，仍須將許多額外的、可能的粒子納入考慮。其中一部分是虛粒子，原則上無法直接觀測——有如無人看著的月亮仍默默牽引海潮。另一些是實粒子，但其創生又衰變的過程快到難以觀測。例如當物理學家宣布發現希格斯玻色子這種基本粒子時，其實並沒有直接觀測到它，而是觀測到它衰變而成的其他粒子。凝態物理也一樣：許多突現準粒子無法存在於材料之外，但材料之外的測量裝置仍能捕捉到準粒子所引發的實際效應。

基本粒子和突現準粒子都一樣可用量子場描述。總是有人想把基本粒子奉為唯一真正的粒子，而視突現準粒子僅是一種簡化多粒子互動的權宜之計。然而，描述兩者的數學並沒有任何區別。更何況「基本粒子在真空中單獨飛」這樣的圖景是無法以科學檢驗的：所有我們實際偵測到的粒子，都須與構成偵測器的大量粒子互動。我們的世界所基於的微觀底層領域，誠然是個不符直覺的地方，然而有什麼理由它得符合直覺呢？

即使再神祕，量子領域說穿了也只有兩件事在古典領域前所未見。其一是每當你觀測粒子它總在一個確定地點。「量子」之名指的正是這種觀測結果的不連續性。在我們看來再正常不過，但在存在波動性與疊加態的量子領域，這種事反而神奇。另一個現象是量子纏結，那是第七章的主題。

一九〇五年燃起的量子力學第一把火，使我們洞燭對物質的現代理解。本書到此也正要從物理學的過去，過渡到現在和未來。下一章起我們會聚焦在日新又新的現代研究：那些方初創、撰寫中的咒語。

第六章 離合咒

在圖書館狂亂的書架之間，法瑞安身處一平靜的方寸之地，繼續閱讀被遺忘的世界過往——

結繩人皆系出同族。他們是世界最終的歷史學家、卷帙典藏者、簿記員和審計者。雖然世人多以口傳或書寫保存智慧，結繩人自有一套把知識編錄成交織繩索的方法。儘管通稱為繩結，為避免混淆也可稱之為「織寰」。從事歷史學的結繩人又稱「織寰通」，表示通曉織寰之藝。織寰是由中央的繩圈，繫上許多輪輻狀展開的繩索而成，輻狀主索上又可繫上若干分支。主索與支索上有各式繩結。繩結可用於計數，但也能進一步編錄語言。令每種結代表一種聲音，手指順繩索而下，織寰通就能依序把繩結讀成句子。繩結也能標示接下來應依序讀哪條或哪幾條支索，因而有分章斷句的功用。

織寰勝過尋常筆墨之處，在於支索也可橫跨兩條主索，構成一張複雜的網。雖然世上文句皆以線狀符號記錄，織寰卻能記下更複雜的結構。體現此說法的例子是，雖然普通文字能承載情感，但織寰之網可引導讀者往返不同位置的訊息。世人受書寫與口說的句子構造影響，常認為歷史是線性進展的。但結繩人皆藉由織寰的網狀構造領會歷史。

若按部就班操作繩結，織寰甚至可作為算盤一樣的計算裝置。編寫語言也能加以計算：若某繩結意為應跳到另一條支索讀取；另一種繩結或結的組合，則代表須將整段支索解開，繫在別處；又或者指示應將某兩處連起來。因此織寰上的記載並非靜態，更隨每次讀取變化多端。相較於使用線性文句的常人，結繩人對過去和未來更不予區別。這是由於織寰中的計算足以推演任意精確度的未來。這種知識令過去與未來在結繩人心中緊密相繫，乃至渾然一體……

分割不可分之物

凝態物理從最起初就與科技業發展密不可分。雖然電腦極其複雜，可模擬大千世界，承載現代科技進展，引領日常百態——但追根究柢它們皆基於一種貌不驚人的凝態物質：半導體。但本章要述說的並非半導體崛起的老生常談，而是未來它們終將被什麼取代。

半導體是導熱與導電性介於導體和絕緣體之間的物質。它們的魔力以「離合咒」的形式施展，即產生電子、電洞對的特性。半導體的實用性可從一則小典故看出。一九四四年春天，義大利安濟奧海岸，盟軍固守著橋頭堡。戰事暫時消停，攻守方都不能越雷池一步。[1]士兵除了掩蔽躲好以外無事可做。他們還奉命不許收聽廣播，因為無線電收信機反饋出的電波，足以令敵軍定位其所在。有天一名盟軍士兵發現，當他把耳機的一股導線接到一枚安全別針，另一股接到生鏽的剃刀刀片，兩者相觸就能收聽到調幅廣播（來自鄰近的羅馬），完全不用插電。

這種稱為「散兵坑收音機」的裝置原理是，刀片表面的氧化物是種半導體，別針針尖與其微弱相觸，便是個現成的「點接觸整流器」。無線電波是電磁場的振盪，如上一章所說，自然會引發金屬導線（像是耳機線）中電子的振盪，形成了交流電，每秒振動若干次，卻不能讓耳機發聲。整流器在此建了功，它只容許電流一方通行，有點像大浪溢過防波堤。交流電被整流便形成可令耳機發聲的直流電。整流器執行了一件單純邏輯運算：順流則放行，逆流則阻擋。這個「材料特性可用來執行邏輯」的基本概念，衍生出的發明就是大名鼎鼎的半導體電子元件：電晶體。

電晶體是連接三股導線的半導體。有如整流器，它也能執行簡單的邏輯運算。我們先叫導線A、B和C。電晶體唯有在AB間有施加電壓時才容許電流通過AC之間。這是以電控制電的開關，也是個邏輯敘述句：若這兩處之間有電壓，則那兩處能導電。這個簡單原則催生了所有電子計算裝置。我們等一下再來講原理。

科技業的成功從一開始即被預言。那則預言是「摩爾定律」，說印刷電路板上的電晶體密度將每兩年翻一倍。概略而言，電腦的運算力也遵循同樣的可觀速度上升——指數增長。科技業已緊緊跟隨摩爾定律的曲線長達半世紀。摩爾定律立下的標竿已成為一種自我實現的預言，業界傾全力亦步亦趨。而一九六五年摩爾本人那篇文章中，屢屢強調半導體物理學是令科技成真的關鍵。例如他注意到上述增長不受產生廢熱所限，因為矽晶圓的導熱度足以散熱。

然而在一個資源有限的世界，指數成長無法永遠持續。有一古老寓言展示了這概念，最早見於十三世紀伊斯蘭學者伊本．赫里康筆下。故事關於印度古代傳說中的象棋（恰圖蘭卡）發明者，宰相西薩．本．達伊爾將這遊戲獻給施爾汗王。國王喜不自勝，叫宰相儘管索要獎賞。宰相說他只要在棋盤第一格放一粒麥子，第二格和之後逐格加倍，這樣滿盤六十四格的麥粒。國王本想斥責這麼棒的發明求賞怎如此寒酸，直到奉命放麥子的臣子回報，不出幾格所需的麥子就會超過全國的儲備。故事結局有好壞兩版本：宰相或是更受禮遇，又或者因欺君大罪問斬。

我們現在就像奉命在棋盤上放麥粒的臣子。二〇〇四年德國卡爾斯魯爾大學的科學家製作出了單一顆原子構成的電晶體⑩。摩爾定律頂多只剩最後幾次的加倍，電晶體就得小於一顆原子，但那是不可能的。因此已有開始放緩的跡象。在以成長為基礎的經濟架構中，當科技撞上基礎物理設下的高牆，接著會發生什麼呢？

摩爾定律描述的是特定一類的電腦設計方案。為了超越它，我們必須回歸一開始半導體「離合咒」的初衷，自問是否能以另一種形式重新施法。這樣一來就能把電腦的計算與其具體的電子元件分開考慮。本章前，法瑞安讀到的祕密歷史說到用魔法繩結執行運算。雖是幻想風，卻和我們未來仰賴的技術意外接近。

所有電子裝置皆是在半導體中移動電荷來實行運算。不管我們再用力占卜，都無法參透將來會由何技術來取代它。但有一件事很篤定：突破必定來自凝態物理。本章我們會看到一支潛力股：與其用電子的電荷，或許我們能藉助它的另一特性：自旋。這會需要用一種新的、物理學家仍在探究中的離合咒。其名曰「分數化」，也是最匪夷所思的一種突現現象。

如史上許多大冒險，我們會從冰上探尋磁極開始——說的並非南北極的冰冠凍原，而是出發探尋一種全新的物質狀態，稱為「自旋冰」。在動身探尋未來之前，我們先述說曩昔之旅。

君主和魔法師

君主離不開他們的魔法師。君主動用個人的權力財力，贊助宮廷魔法師的高深研究，後者反過來提升君主的威望與權勢。梅林是亞瑟王的魔法師。所羅門王的朝廷據說有一名大臣阿西夫·伊本·巴希亞能在轉眼間行千里（可能是魔毯傳說的由來）。諾斯特拉達姆斯是凱瑟琳·德·梅迪奇王后的宮廷占星師。猶如約翰·迪伊是伊莉莎白一世的占星師，而伽利略是托斯卡尼大公的。類似的，科技巨頭也向凝態物理界伸出贊助之手。在我們還叫固態物理的年頭，大部分研究集中在電腦的半導體電子元件。有了科技業的奧援，巫師們終於可以著手研究自己感興趣的深奧法術。長遠而言，這類為求知而做的抽象研究是收獲最豐厚的。其中的佼佼者就是位在紐澤西的貝爾實驗室，是用亞歷山大·貝爾發明電話的收益創立的。身為一名物理學家，貝爾深知創造實用物的關鍵是先研究本身就有意思的東西。迄今貝爾實驗室的科學家共贏得五座圖靈獎、九座諾貝爾獎——包括受一九五六年物理獎肯定的「點接觸電晶體」的發明，這催生了現代電子學。要了解其細部原理，我們得進一步探討其素材。

半導體是看起來、摸起來都充滿弔詭的晶體。在金屬和非金屬間騎牆的它們，在週期表上也位在兩大陣營的夾縫間，性質因此非比尋常。看起來像顆粗糙石頭，卻又過於平滑。很難說其表面是閃亮光滑還是黯淡粗糙——兩者皆是，或兩者皆非。摸起來它們不像金屬般冰冷（快速將手的熱傳導走），卻也不像摸起來溫潤的非金屬（例如這本書的紙）。詳細實驗分析更顯異常。一八三三年法拉第發現硫化銀的電阻隨溫度上升而下降，與當時已知任何導體相反。金屬倒是順理成章：溫度高代表更混亂，電流更受到阻礙。但硫化銀是哪招？法拉第發現的正是半導體的關鍵祕術：離合咒。

在真空中創造夠強的電場，根據愛因斯坦的質能互換關係，電子正子對將憑空出現。在物質中也有類似現象，會使費米海海面附近出現電子電洞對。在半導體中離合咒特別容易施展，只需少量熱能就有足夠能量引發成對創生。由於電子和電洞都能當載流子，就解釋了法拉第觀察到的現象：溫度愈高，電子電洞愈多，導電就愈順暢。這稱為「本質半導體」，原來不具有可流動的電子或電洞，但一旦受能量激發，它們就成對產生。

然而要觀察野生的電洞，最好還是找「雜質半導體」。稱為p型半導體的材質中，本就存在著電洞（p代表正電，正如電洞帶的電荷）。反之n型半導體中本就具有電子（n代表負電）。兩者會擁有可載流的突現準粒子，都得歸功於雜質：例如從純矽材質開始，摻雜進少量的鎵原子，它們會在晶格中取代矽原子。查元素週期表，你會看到矽屬於第4A族，這代表它有四顆電子能用於化學鍵結。而鎵屬於第3A族，只有三顆可用的電子。因此，每一顆矽晶格中的鎵原子，表現就如少了一顆電子的電洞一樣。用砷（第5A族）取代鎵的效果相反，每有一顆雜質便多出一顆電子。正因固態物理和半導體息息相關，其材料性質又如此受雜質左右，沃夫岡．包立才會輕蔑稱之為「泥土的物理」。光線和聲音也能召喚出電子電洞對。回想本書一開始，法瑞安對著晶石低吟咒語就產生光，她的晶石想必是種半導體。無論發光二極體或雷射二極體都是由p型半導體緊捱著n型半導體所構成的，這種構造稱為「pn接面」。令散兵坑收音機的點接觸整流器生效的也是這種構造，它使電流從一個方向輕易通過，反方向卻寸步難行。在LED上施加適當方向的電壓，就能催生出電子電洞對。而當兩者相遇互相湮滅，釋出的能量就轉為光。

pn接面不難懂，構造就是一塊半導體，例如矽（這是純元素半導體，除此之外現代也常用化合物半導體），左邊是摻了砷的n型半導體，右邊是摻了鎵的p型半導體。你或許想到，若左邊有多出的成群電子亂轉，右邊又有許多電洞，也許兩者就會像《類推之山》的人類和空虛人一樣找到彼此並歸於虛無。你答對了。在接面附近，電子和電洞分別擴散遷移，找到彼此並湮滅。然而，記得砷和鎵原子一開始是電中性的：它們雖和矽有不同數量的電子，但其原子核的正電荷相應抵銷之。所以當電子和電洞各自移動相消，留下的倒是帶電荷的雜質原子。結果反而是n型半導體一側變成帶正電，p型半導體一側帶負電。累積出的電場便阻擋電子和電洞進一步擴散。遠離接面的矽則保持電中性。這個緊鄰接面的帶電區域稱為空乏層。

電荷的擴散遷移令我想起霍普．米爾莉一九二六年的傑出奇幻小說《霧中盧德鎮》。小說敘述與我們熟悉世界無異的國度「多利馬」，唯一出奇的是它與妖精國度接壤。明智的人都知道最好別在邊界處閒晃。那兒有怪事，因為部分妖精領域的法術溜進了人界。我們只能推測同樣在另一側，一些人界事物也落入了妖精國，令彼方居民感到訝異。空乏層就像兩世界夾層中的閾限空間。

重要的是pn接面在被施加電壓（稱為偏壓）時的表現——尤其當施加順向與逆向偏壓時，它的表現截然不同。順向偏壓即把電池正極連到p型一端，負極連到n型一端。這能中和一部分接面上累積的電荷，讓空乏層變薄。電壓愈高愈薄，接面處的電場也愈小，電子與電洞的流動愈不受阻礙。當電壓足夠，這方向就能通電。但要是電池反向接，空乏層反而會變厚，這讓電流更不容易通過。像妖精國的侵蝕加劇，遭逐出人間許久的妖精王奧布里又能捲土重來，將魔爪伸向百姓。

電晶體便是由此再進階。最簡單的一類有三層半導體，每層雜質的種類交替，分別是n、p和n型。還記得三根導線ABC，我們叫A是接到左側n型，B是接到中央p型，C到右側的n型。

則AB之間的順向偏壓能削減空乏層，讓A往C的電流暢行無阻。實際上要達到期待的效果，兩端n型半導體中摻入的雜質濃度需精密調節高低。這一簡單的「若…則…」邏輯敘述句，便是一切現代電腦計算的基本原理。

抽象和實體的計算

計算機並非一直都是電子的。一種說法是，最早的計算器具是刻上凹痕的骨器，作用猶如記數的棍棒，輔助記憶或計算。那包括「伊尚戈骨」（出土於剛果烏干達邊境，年代約公元前兩萬年）和「萊邦博骨」（出土於南非史瓦帝尼邊境山區，年代約四萬年前）。伊尚戈骨一端鑲著銳利的石英晶體，格外像支魔杖。其中一列刻痕分別是十九、十七、十三和十一劃，引人遐想它是否是某種基於質數的計算工具。萊邦博骨上有二十九道痕，對應月相週期。但僅有這麼少線索實在難以斷定，這些刻痕也可能只是為了抓握時防手滑。

算盤就肯定是計算器具了。最早關於算盤（在棒子上滑動珠子的工具）的記載見於公元前兩千七百年的古蘇美文明。老練的算盤手能飛速執行複雜的計算，例如求立方根。算盤至今在世界各地都仍見使用。我就從爺爺那接收了一副算盤。比較神祕的是，在大約公元前一百年，古希臘人製作出了「安提基特拉機械」。在古沉船中打撈出的此物遺骸，內部可見一套複雜非凡的青銅齒輪組，據推測應是一具天文鐘，能從日期推算月相、日蝕和行星排列等天文事件。一直要到約一千五百年後，待鐘錶機械再度發展，世上才有與之同等複雜的人造物。[2]

這暗示我們該施展離合咒：把計算的抽象概念，和實際用於計算的電子元件分開，才能找到越過摩爾定律的路徑。半導體透過把正負電荷分離而實現邏輯計算。也許我們能找到一種新的物質狀態，其中能分離電荷以外的東西？從與電力一體兩面的磁力開始找，或許是再自然不過的選擇。

電荷與磁極

雖然電與磁有許多相似處，卻有一明顯區別：電有電荷，磁卻沒有磁荷。若說「磁荷」就像要找一支只有N卻沒有S極的磁鐵。電流是電荷的運動；但因為沒有磁荷，也就不會有磁流。這似乎立刻排除了製造磁力版本的半導體元件的可能性。但讓我們再細看下去。

我們周遭大多物質都具有等量的正和負電荷。電的威力在把兩者分離時方能顯現。要是路過的小販說要賣給你一塊魔法布，能把電子從原子身上揩走，你一定覺得他不是巫師就是騙子。但這種布俯拾即是：任一件羊毛衣就是。用它摩擦氣球，則負電荷的電子由毛衣轉移至氣球上。要不是這現象如此熟悉，它其實滿神奇的。但我們無法對磁鐵施類似的離合咒。為什麼呢？

簡答是磁鐵永遠同時有兩極。套用專業術語，所有的磁鐵都是偶極。若把一塊磁鐵一分為二，得到兩小塊磁鐵仍都是偶極。若你一分再分，終究會細分到剩一顆電子，它是不可分割的基本粒子，仍具有自己的兩極磁場，即自旋。既然連基本粒子都兼有兩極，離合咒看來沒戲唱了。

但這事有蹊蹺。電子就帶有負電荷：它是個「電單極子」，只帶一種電性。如果磁荷存在，即一個獨立的N或S極，就是顆「磁單極子」。雖然許多基本粒子帶有電荷，帶有磁荷的基本粒子竟聞所未聞。最怪的是，似乎沒有任何基本原理說非得這樣不可。甚至如果磁荷存在，物理定律會更加簡潔，還能順帶解釋某些重大物理事實，例如為何一切電荷都必須以電子電荷的整數倍存在。仍有許多致力於尋找磁單極基本粒子的實驗正在進行，但至今都無所獲。因為帶有磁荷的基本粒子不可得，我們無法做出帶有單一磁性的物體。

這讓人想問，如果沒有磁荷，怎麼還會有磁性存在？歸根究柢說，雖然基本粒子似乎永不只具單一磁性，但當它們有磁性時，就會成雙表現。這正是說粒子有「自旋」的意思。雖然這純粹是量子性質，古典類比怎樣都不貼切，我們可以不嚴謹地這樣類推：當電子在導線中繞圈就會形成磁場，而一顆原子的自旋，可以視為它的所有電子「圍繞」著原子核的電流所產生的磁場。說電子這點狀粒子具有自旋固然匪夷所思。若你用羊毛衣摩擦了氣球，拿起來旋轉，等於氣球上附著的靜電繞圈，就會產生磁場。這兩個古典類比有助於理解為何兩磁極總是同時存在。帶負電的氣球拿起來順時針旋轉，在面向你這端會產生N極；但在你對面的人看氣球是逆時針轉，故對面產生的是S極。說要將磁鐵的兩極分離，就像要把旋轉物體的順、逆時針的動作分離一樣辦不到。

即使這樣，磁性版本的半導體仍有希望。因為凝態物理研究的不是基本粒子，而是突現。

把人鋸成兩半

派駐各島的結繩人之中必有一名宗師。宗師一職不僅象徵技藝已臻化境，亦反映其領導智慧。各島宗師由守望人一族遴選，這是守望人的唯一要務。在全族人尚幼小時，守望人就施行一系列基本結力測驗。包括直接與繩結相關，繫與解的手法，結繩人藉此一較高下。此外也有要求將物件依序從孔中鑽串，一邊閃避障礙，和只藉識讀便重現複雜的織法。此外也有啞謎形式的考驗，諸如：

「此繩有左右兩端。只有一端的繩何處尋？」

用意並非索要正解。而是聽取此謎時，心中理出何種線索頭緒。這些念頭乍看荒唐不經，但宗師或能從中掇拾一縷思路，順此用力一拽，現實的宏大結謎都將依序豁然鬆開。兩位宗師埋頭討論時，他們的交流在旁人眼中宛如天書。難以置信宗師們竟能彼此理解，還達到合理共識。實際上他們正忙於揉合兩股思緒……

本書並非意在揭穿魔術手法，好像一九九〇年代曇花一現的電視節目《魔術師之終極解碼》。我倒希望寫這個。該節目的主持人是《X檔案》的演員米徹．佩勒吉，常毫不掩飾他對魔術手法的輕視。每週日傍晚，觀眾目不轉睛地看「蒙面魔術師」揭曉祕密。然而，就這一次我將打破魔術師誓言，終極解碼魔術界一大祕密：怎麼把人鋸成兩半。

更準確說，我要揭露我原以為這招是怎麼變的——因為後來我才知道想錯了。我曾認為箱子裡一定有兩個人，分別扮演上半身和下半身。但米徹卻說我們看到從箱子穿出的腳，只是遙控操作的道具。

容我假設有個版本的魔術如我想像的那樣實行。那麼我們所見一個人好像被分成兩半，其實是兩個完好的人各自露出一部分。你還可能看過類似表演，有人假裝將他的拇指指尖拔下來，用的就是同樣方法：偷偷的以另一隻手的姆指尖代替彼（或者，又是假的遙控拇指道具）。只要有好幾份同個東西，就容易使一個東西看來被分成好幾份。而在凝態物理我們不只有兩份，更有大量粒子。

現在想像許多磁鐵棒排一列，每個N極漆成紅色，S極漆成藍色。若你站遠再模糊視線，只會看到一整片紫色。要是把一根磁棒倒轉，就會有一處是兩紅兩藍相鄰，由於面積較大，遠看起來仍顯出紅與藍色。一開始兩區域相鄰，但若你依序翻轉下一根、下下一根磁棒，兩紅區域就和兩藍區域漸行漸遠了。翻轉磁鐵，就能使N極集中的區域和S極集中的區域獨立移動〔圖23〕。磁極被離合了！

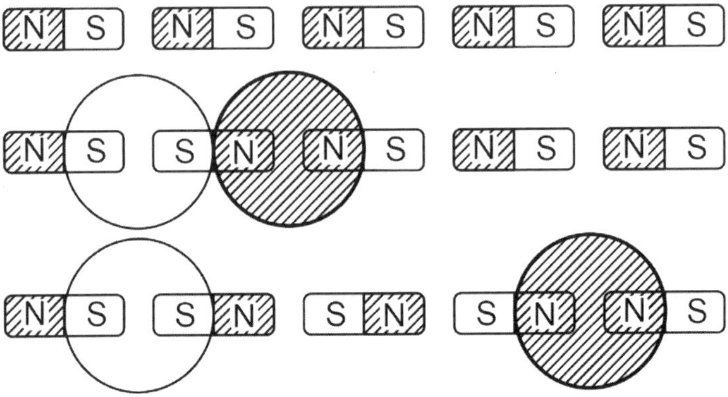

圖 23　每一列代表依序翻轉若干磁棒。

再度強調這招有多不凡。由於我們已說磁都是偶極，即總是一根小磁棒。想像磁棒在你面前，N端在左，右方一定是S端。所以尋找磁單極就像把左端保留，右端憑空變不見！即使只是在突現的意義上分開磁極，也算回答了宗師的謎語「只有一端的繩何處尋」了。所需準備是一條磁棒長鏈。而你還得一一翻轉它們，直到另一極遠得不得了。

利用突現，我們造出了磁單極。即從雙重N極發出來的磁場，向雙重S極的區域流去。並沒有違背什麼物理定律。然而我們用了宏觀、熟悉的磁棒煞費心思地造出這一幕。要是它能自然、自發地產生，在原子尺度長成一顆真正的晶體，豈不是更加神奇？我會這麼說是因為，首先，有種直覺的審美觀是凡事總是天然的好。人工草皮一無是處。而天然的蛋白石動輒可以喊價到人工合成的百萬倍。其次，希望我已說服你，突現準粒子就和基本粒子同樣真實。因此若磁單極能從眾原子之中突現，它就真確存在。

但或許最教人滿意的是，突現磁單極不僅存在，它還能從原本繁雜非常的圖景中提供我們一套簡潔見解。翻轉磁鐵棒不太能得到這些益處。

要是磁單極能在材質中自然產生，另一個優勢是，那會比科學家費盡心思組裝微觀材料更省人力物力，成品也不會太大。幸好宇宙很擅長一溜煙就組裝出原子尺度的巨大磁鐵陣列——這過程就是晶體的生長，比任何人類組建微電路的工藝更快更穩健。那或許就是造出磁力版半導體元件的關鍵。萬幸的是，大自然（在養晶人的誘導下）也懂得表演它的「把人鋸兩半」戲法。

自旋冰

巫師從自然的悄悄話裡偷取咒語一二。我們是從何處學到磁力的離合咒？從鈦酸鏑（$Dy_2Ti_2O_7$）和鈦酸鈥（$Ho_2Ti_2O_7$）的晶體之中。兩者都是順磁體。雖未曾發現此兩種組成的天然礦物，世界各地的養晶人卻已造出了許多顆。當它們冷卻到很低很低溫，就會形成一種厲害的磁性狀態：「自旋冰」。

這是種前所未見的磁體。既然是晶體，自旋冰的原子呈規律週期排列。嚴格來說它們是由帶電的離子排成的，特別是每一顆稀土金屬離子帶有磁場（自旋）。自旋冰的規律晶體結構可以想成一些假想的四面體，即底面是三角形的角錐排成的（圖24）。四面體有四個頂點。這排列法是，每個

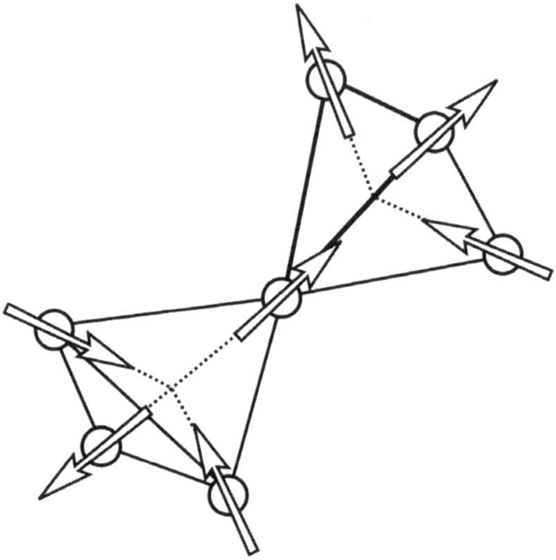

圖 24　兩個四面體，每個頂點上附有一個自旋。

頂點都恰由兩個四面體共用，而正是這些頂點上有著自旋。自旋必指向其中一個四面體的中心，背向另一個四面體的中心。

自旋有點像磁鐵的N極。想像同一個四面體的四個頂點，若自旋都指向其中心，它們不會太愉快，因為磁極同性相斥。但它們也不樂意一齊向外指，這會讓S極又擠在一塊。不得已只能盡量讓每個四面體中自旋都是兩進兩出。每一四面體中，這排列一共有六種方法。若能同時滿足所有四面體皆兩進兩出，這狀態稱為自旋冰〔圖25〕。它是系統能量最低的狀態，也就是基態。

我們再來想像N極漆成紅色、S極漆成藍色。雖然這是亞原子尺度，不是真的有漆，但想像力是你的超能力。如果我們模糊視線，則兩進兩出看來就是紫色。自旋冰就

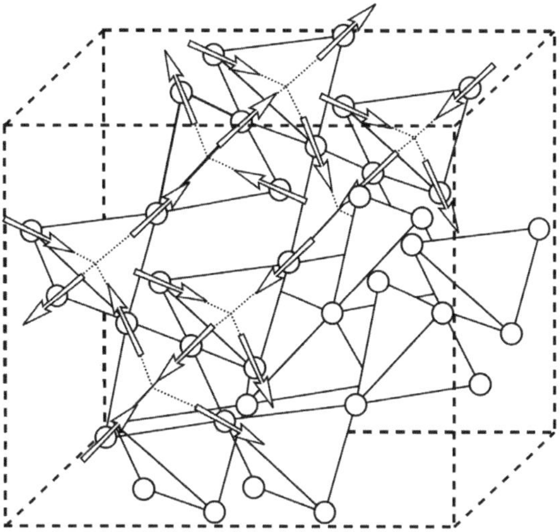

圖 25　自旋冰的單位晶格，其中每個四面體皆滿足自旋兩進兩出。

是滿盤皆紫。但實際上的晶體總是受到溫度（熵）的擾亂，並非所有四面體都能排得兩全其美，處在基態。翻轉某個頂點會讓一個四面體是三進一出，遠遠看它偏紅，具有較集中的N極：一個磁單極！同時也產生另一個四面體是三出一進（因被翻轉的頂點是共用的），遠看偏藍的S磁單極。只要繼而翻轉相鄰的自旋，就能令兩個磁單極逐漸分開，如我們期待的那樣。

上述的N與S極的集中區域可以各自分開，正是我們夢寐以求的磁單極的自然實現。有些科學家不喜歡稱這些是準粒子，理由是它們的突現特性可以只用古典物理定律描述，無須量子理論。但這並沒有令它們作為磁單極失格。例如說，在自旋冰表面放置磁力計，測得的結果與倘若其中有磁單極在

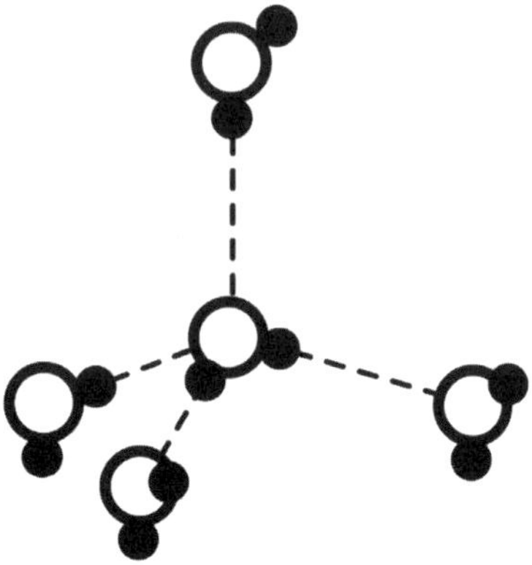

圖 26　水冰的分子排列。

運動沒有差別。容我重申本書的宗旨：我們是介觀世界居民，我們本身和儀器都仰賴大量粒子互動，尤其是和觀測目標互動，才產生可感知的突現性質。就此意義上，所有我們曾觀測到的粒子都得一度化作某種準粒子。

「自旋冰」之名和它的溫度倒沒有直接關係。事實上，它比冰冷得多。唯有在二K，即絕對零度以上兩個攝氏刻度它才會形成。那比宇宙還冷！第四章提到過，遠離恆星的宇宙空間均溫是二．七K。這是大霹靂的餘暉：宇宙背景輻射的溫度。把晶體冷卻到這程度不簡單，但熟練的實驗物理學家就能辦到。

那自旋冰的名字怎麼來？冰是由水分子 H_2O 構成。冰的晶格中，氧原子形成週期性的規律結構。每一顆氧原子周圍都另有四顆呈四面體排列的氧原子（圖26）。因為氧是水分子的氧，這四個方向之中，某兩個需接氫原子。但是哪兩個不一定，所以也是每個四面體一共有六種可能。如果把氫看作是箭頭，則每個四面體最好也是兩進兩出，和自旋冰一樣。這種排列稱為「冰準則」，而它對於物質之道有深深的影響。

北極以北的新世界

科幻和奇幻小說的常見主題是在地球的兩極「之外」發現了新世界。最有名的現代例子或許是菲力普．普曼的《黑暗元素》三部曲。但那也是常被譽為世上第一本科幻小說，由新堡公爵夫人瑪格麗特．卡文迪許於一六六六年出版的《彗星世界》的主題。卡文迪許的小說有一明顯的靈感來源是羅伯特．虎克在前一年出版的《微物圖誌》，講述用顯微鏡在微觀尺度發現微生物蓬勃的全新世界。自旋冰之所以能施展離合咒，正是由於開啟了微觀世界之門，磁單極在那世界存在，卻在我們的世界缺席。

自旋冰磁狀態存在的一個初步線索是從測量晶體的熱容量得到的。熱容量指的是系統每改變一單位溫度所需的熱量。晶體在降溫到約二K時，熱容量會呈一個小山丘形狀，一時之間較難降溫。這有點像相變成新的物質狀態時會見到的。但若是相變，比熱應該飆升到無限（一階相變）或不連續間斷（二階相變），兩者都不像自旋冰的平滑小丘。這是為什麼？

在第三章我們學到物質的教科書定義：大量粒子互動中，因自發對稱破缺產生宏觀的突現、剛性結構。典型例子是順磁體變成鐵磁體。在高溫時個別自旋的指向紊亂隨機。即使感到彼此磁場，高溫度仍使系統偏好增加熵值，而非降低能量。待溫度降低，相變發生時就像天平傾倒的一刻，所有自旋便自發對齊。這稱為「長程有序」排列：知道一個自旋指向就知道全體自旋指向，推動一個

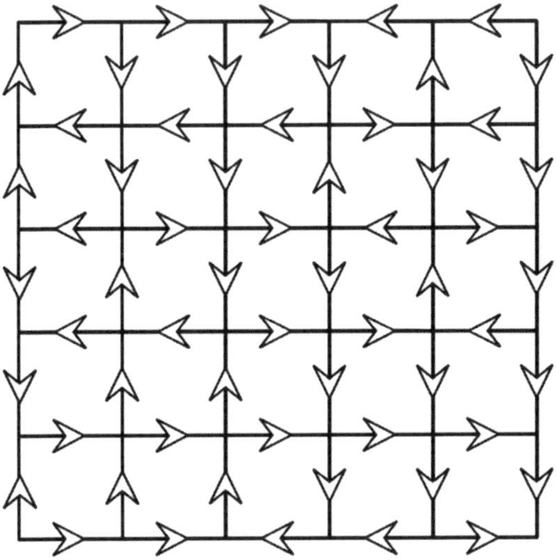

圖 27　方格冰。

則全體一起抵抗，也就是剛性。

但當順磁體轉變成自旋冰，情況不太一樣。在高溫時（相較二K而言）每個四面體中的自旋都胡亂翻轉。有不少的狀態是四進零出或三進一出等等。直到冷卻到二K以下，四面體開始找到滿足兩進兩出的解法。理論上只要給它們充足時間就能辦到。但這並不是長程有序！假如我知道某個自旋的指向，我並無法推測長距離外的另一自旋的走向。但它們之間存有關聯性，既然我們確定每個四面體都是兩進兩出。此中有不同凡響之處。

為展示這不容易辦到，我們來看一個簡化的自旋冰模型（稱為方格冰，如圖27）。先畫下一個方形網格，再試著在邊上加箭頭，使每個交叉點都滿足兩進兩出。你可以試看看，便知方法一點都不明顯。除非你在每格都做同樣的事（例如每一豎都向上、每一橫都向右）。問題出在剛開始那些箭頭可以隨興畫，但太隨興你就會卡住，剩下的邊上無論箭頭怎麼畫都無法兩全其美。

晶體裡的原子實際可以全局解決這問題，簡直不可思議。還是在只顧及與自己相鄰的自旋就辦到的，就好像螞蟻只和鄰蟻互動，就排成了極複雜的結構。這也令遠距的兩自旋，雖然指向並非完全相互決定，卻存有一定關聯。這是突現現象的清楚實例＊。

順帶一提，其實除了相鄰自旋，較遠自旋的磁場仍有作用，只是效應不強。但當我們把這些交互作用也考慮進來，突現磁單極便會互相推拉，藉由場而互動。這讓電荷和磁荷的類比更像了。

上述「有長程關聯性，卻非長程有序」的概念，會引出關於物質更細緻入微的分別。由於自旋冰的宏觀磁性測量起來和順磁體有顯著不同，令人很想定義它為一種獨特物質狀態。但大多科學家都稱它為「具有長程關聯的順磁體」（correlated paramagnet），而將熱容量的小丘稱為「過渡」（crossover）而非相變。到頭來這都取決於人們想多精細定義這些詞。

＊若你很想完成這個謎題，簡易必勝法如下。先隨便畫下所有的箭頭，再找出三入一出和三出一入的交叉點，這些是N和S單極。若存在四入或四出的，則是雙重N和雙重S單極。以任意的一筆路徑，連結一個N與一個S單極，再翻轉這條路徑上的所有箭頭，就會讓一對單極「湮滅」對消。一直重複操作，必能得到一個沒有單極、所有點皆兩進兩出的「基態」。

可以確定的是，自旋冰中的長程關聯性可以造成宏觀尺度效應，故可以實際測量。另一項探測自旋冰的利器是「中子繞射」。這方法和穿越鏡子抵達大小對調的世界，拍下晶體寫真的X光繞射類似。當液體結晶，就產生了長程有序性，在X光繞射圖像上顯示為銳利的點陣列。若長程有序性的範圍愈廣，繞射圖上的點會愈小。再來，中子其實也能繞射。乍聽這有點玄，因為傳統上都把中子想成粒子而非波動。但實際上它們是量子物體，所以有波動性能繞射。最大差異是，中子其實具有自旋！因此會受磁場影響。故中子繞射不只能探測晶格結構，更能測量自旋的排列狀況。所以當我們把晶體冷卻到形成自旋冰，中子繞射會顯示什麼？必定不是銳利點陣，那代表長程有序性，這裡不具有。但理應顯出某些小型細節，因為長程關聯性的範圍很廣，而繞射使大小對易。最後呈現的圖像稱為「捏縮點」（pinch points）。它們像在一方向被擠壓，在另一方向伸長的樣子。圖28是中子繞射圖，等高線表示成像強度變化，黑色區域強度最高。捏縮點即黑色區域快要相連的地方（在更高解析度的圖上它們確有相連）。

小時候我常想究竟能不能把磁鐵的N極分離。漸漸我相信答案應該是不行。但這念頭存留在我心裡一角，或許吧，有一絲希望。直到我在牛津修業，第四學年須選擇兩個專門領域。我選了理論物理和粒子物理。但就在升大四的暑假，我看到自旋冰中找到磁單極的新聞⓫。雖然該論文是理論性的，但他們把計算結果和既有的實驗數據做了聰明的對照，結論令人信服。一聽到消息我就申請換科，換成理論物理和凝態物理。牛津畢業後，我又到加拿大的圓周理論物理研究所攻讀第二個碩

圖 28　自旋冰的中子繞射圖。

士學位。我選擇的學位論文題目是，利用源於弦論的方法，模擬自旋冰的中子繞射圖形。雖然和我一開始想像把磁鐵鋸兩半的方法不太一樣，卻一樣精彩絕倫。我又拾回小時候的驚奇——那終究是辦得到的，只是巧妙程度遠超乎想像。

噪音的顏色

身為理論物理學家，近期我又有幸參與一項探究自旋冰性質的實驗，使它和半導體之間的對比更深刻清晰。我想細述事情本末，因為它體現了科學發現過程中的一波三折。容我從故事的起點開始。

我們離開具有魔力的沙漠，來到由濃厚科學氣息掌控的加州大學柏克萊分校。我朋友姚穎教授剛造出一座極靈敏的儀器，它能測出區區十來顆原子的磁性。我推薦用它來偵測自旋冰中的突現磁單極。我們著手和牛津的史蒂芬．布倫戴爾教授（自旋冰專家，是我老師）和哈佛的阿米爾．雅可比教授（磁力測定技術的專家）聯繫。故事的主角是芙蘭．克什納博士，當時她是布倫戴爾教授的博士生。她施展了傑出的電腦數值模擬的巫術，占卜出我們應偵測到的信號特徵⓬。結果竟顯示，在能合理達到的實驗溫度下，自旋冰裡的磁單極數量太多了，反而難以偵測。這就像某人以理論預測雨滴存在，並推論出它落地的聲音，卻來了一場大雨，雨聲便嘈嘈切切混成一片。

聲音的類比在此相當貼切。磁力計可偵測緊鄰晶體，卻是在其外部某點的磁場強度。磁單極朝向或遠離線圈運動，互相湮滅或成對生成時，都會使磁力強度變動。有那麼多磁單極在，我們收聽到的只會是一堆噪音。但回想傅立葉轉換：任何聲音，即使是噪音，都能拆分成一系列純音的疊加——磁強度隨時間漲落的波形也適用。芙蘭便應用傅立葉轉換，分析出我們預期測到的磁強度「噪音」中應含有何種頻率成分。結果還真像落雨聲，或溪流沖擊卵石的嘩嘩聲，又或是水壺沸騰時的聲音。當她再仔細檢查，發現有細微不同：這嘩嘩聲的「低音聲部」比較飽滿。

精確來說，你需了解並非所有噪音都一樣。噪音還能分成不同「顏色」，得名於和光譜色彩的類比。當你等量混合所有頻率（顏色）的光波，就得到白光。而若混合所有頻率（音調）的聲波，得到的就是白噪音。名聲略遜一籌的是粉紅噪音，指的是混合頻率中含有較多低音，比起窸窸更像窣窣。再用光學比喻，加入較多低頻率（較紅）的光，色澤是粉紅。白噪音相當擾人，粉紅噪音卻令人安心。我的第一手體驗是我在音箱式揚聲器公司打工時，我們組裝好的音箱都需逐個頻率測試它不會發出怪聲。一個方法是播放含有全部頻率的白噪音。問題是沒人想整天聽白噪音。換成粉紅噪音就好很多，因為它也含有所有頻率，還跟一般音樂的頻率分布相近。

關於粉紅噪音令人安心，有種理論說那是因為它令我們回憶起胎兒時期在子宮的羊水中聽到的聲音。考慮我們創作的音樂多屬於這種頻率分布，這詮釋令人玩味。其實它處處可見，科學家曾報告過在各種自然和人為過程中存在粉紅噪音，包括股市、潮汐高度、神經元激發、DNA序列、心搏韻律和引力波。它經常被用作物理普適性的顯著實例*。要是我們更加重低頻成分，就會得到紅噪音。許多過程會產生紅噪音，其中赫赫有名的是布朗運動——花粉等微粒在液體中被大量分子撞來撞去引起的隨機遊走——會產生標準的紅噪音。多虧愛因斯坦當初建立布朗運動的數學模型（一九〇五年的第二篇論文），世人才確信原子存在。但公元六十年的古羅馬詩哲盧克萊修早在《物性論》中道出了關鍵，他寫道「當一線陽光照進室內暗處，空中塵埃不住游移」。但終究要等愛因斯坦的模型提供了可供驗證的精確預測，才無疑鞏固了物質的微粒理論。

在自旋冰中測量噪音的意思，容我解釋清楚一點。由於裡頭有竄動的磁單極，磁力計會偵測到不斷變化的磁場強度。在雜亂的噪訊中，可以分解出各種頻率的成分，對應到依不同頻率蕩漾的磁

---

* 粉紅噪音的普適性已有不少爭議。批評者指出一些分析使用的統計方法不可靠。

場。拆分出所有頻率成分的多寡（魔法鋼琴的琴鍵需按多大力），就能分析它所屬的顏色。若所有頻率貢獻相等，這訊號就是白噪音。

只要把愛因斯坦的方法稍加推廣，就能證明順磁體應在高頻率部分產生紅噪音的磁強度訊號。一個很有普適性的巧合是，半導體中電子電洞對自發生成又消滅，也會產生完美的紅噪音。自旋冰如何呢？就輪到芙蘭的電腦模擬上場了。她發現自旋冰產生的噪訊，在高頻率部分並非正紅色。雖然取決於溫度，但它總是介於紅和粉紅之間，溫度愈高愈偏粉紅。長程關聯性使自旋冰表現得和順磁體有可測量出的不同。這也表示它和半導體有不同特性。事實上這必定如此，和理論相符。因為基本磁單極子不存在，所以突現磁單極必定成對存在，並由一條磁通量的長鏈相連。這和可獨立遊走的電子和電洞有本質的不同。遙遙相連的一對磁單極稱為「狄拉克弦」，一九三一年由狄拉克在他推導磁單極若存在之影響的論文中提出⓭。

得到上述量化預測之後幾個月，芙蘭在一場研討會上報告了這些進展。謝默斯・戴維斯教授也在場。我們一開始設想的實驗裝置，需用一個奈米尺寸的超小磁力計，但謝默斯馬上意識到，噪訊的性質有可能在宏觀尺度仍留存。這讓更簡易的實驗成為可能。在實驗物理學界，通常一個「簡易」的實驗是指用現有的科技花差不多一年做出來。但這次是破天荒，都要歸功於當時戴維斯教授的博士生，蕾蒂卡・杜薩德博士的實驗手腕。芙蘭報告過後才幾天，我們就收到電子郵件告知說蕾蒂卡已架好整個實驗裝置、測量完畢，並與芙蘭的預測相對照：磁力強度的噪訊不是紅色的，代表它不似普通的順磁體，而其顏色是介於紅和粉紅之間！總之其意義是，與其說自旋冰是由磁偶極構成的，不如說它是由磁單極構成的更貼切。儘管突現磁單極確是由大量偶極互動而成，我們的實驗卻只見前者。這就像貓頭鷹，雖然是從大量原子互動中突現出的，我們只見貓頭鷹不見原子⓮。

蕾蒂卡後來告訴我，她始料未及當個實驗物理學家需要那麼多技能。最重要的是她祖母教的針線技巧：為了把小不隆咚的自旋冰晶體和導線固定在一起，她需要小心翼翼穿行六匝導線，再連接到一具非常靈敏的磁力計上，那叫作「超導量子干涉儀」，縮寫是ＳＱＵＩＤ。ＳＱＵＩＤ只對特定頻率範圍的磁場敏感，這就有點像人耳也只對特定頻率範圍的聲音敏感。厲害的是兩者有部分重疊：人耳能聽到二十到兩萬赫茲不等的聲音；ＳＱＵＩＤ可以偵測從數赫茲到兩千五百赫茲左右的磁場。這表示ＳＱＵＩＤ的訊號可以直接轉為聽得見的聲波，把噪訊變成噪音——你就能聽見磁單極了。蕾蒂卡的測量資料中，用聽的就能區別那是順磁體的磁偶極，還是自旋冰中的磁單極。若要洞曉磁單極之祕，就務必請你側耳傾聽。

下一代不使用電荷的新電子元件中，利用自旋冰中的磁單極只是一種提案，屬於更廣泛、正蓬勃發展中的領域的一部分。關於施展離合咒，專門術語是「分數化」。

分數化

突現磁單極只是分數化的一例：突現現象將磁偶極一分為二，是原來的分數，故稱之。在我看，分數化展現了最深奧的突現：我是說，想必沒法突現出比基本單元更小的東西吧！但它終究做到了。另一個同時吸引物理學家興趣和科技業界資金挹注的例子是所謂的「自旋電荷分離」。這是由兼具有自旋和電荷的大量粒子，在互動中揉合出兩種突現準粒子：一種只有自旋，另一種只有電荷。分別稱為「自旋子」和「洞子」，兩者可獨立移動，還具有相異的質量。有人說它們像《愛麗絲夢遊仙境》的柴郡貓，懂得把一抹微笑和自己身子分開：

「嘩！我還滿常見到沒有微笑的貓。」愛麗絲心想：「沒有貓的微笑倒是頭一次見。再也沒有更離奇的了。」

自旋電荷分離教人滿心期待，是因為輸送自旋比輸送電荷更節能，產生更少廢熱。比起輸送電荷的電子元件，輸送自旋的「自旋電子」元件可望巨幅提升效率。目前電子元件使用電荷的地方，皆可改成利用自旋，可望有節能和微型化之效。這並不是那種十年後才會問世的科技，自旋電子元件早已存在。由半導體工業的巨頭們擘劃的「國際裝置和系統發展路線圖」中，已把自旋電子元件列為可行的產品。基於自旋的記憶體已有商業應用；然而，目前它只在特定領域擅勝場，同時整體製程工藝正在邁進。

自旋電荷分離會發生在「能約略當成是一維」的材質中。乍聽這很奇怪，我們世界不是三維的嗎？但這並不完全瘋狂，因為在三維材質中，原子可能彼此強力鍵結成一條直鍊，但鍊和鍊之間的作用力很弱。材料中的電子沿著鍊的方向來回移動，比其他方向容易太多。例如鍶銅氧陶瓷（$SrCuO_2$）這種材質中，就有此效應[15]。或許最了不起的是，科學家目前認為自旋電荷分離應普遍地存在於一維的導體之中。這現象的緣由，基本概念並不難懂，我是求教於牛津的費邊・艾斯勒教授，他是一維材質的專家。以下我會稍微改寫教授的解釋。

把你巫師袍口袋裡的東西統統掏出來，放到在地酒館的桌上。把無用的小飾物、寶石和潦草寫在羊皮紙上的咒文放到一旁，只留下許多硬幣。當然都是有深深刻紋的銀幣。然後把硬幣一字等距排開，每枚輪流翻到正、反面。每枚硬幣皆代表帶負電的電子。正面代表電子自旋朝上（N極穿出桌面），反面代表自旋朝下（N極穿入桌面）。如圖29a最上一排所示。

接著取走中間某枚硬幣。例如有顆高能量光子入射，就會將一顆電子彈走，留下一個帶正電的電洞。假設取走的是正面硬幣，便產生連續兩枚反面硬幣，即朝下自旋較密集的區域。接下來就有意思了：你可以獨立操控電荷（洞）和自旋的移動。移動電荷只需再變一次第五章巫師帽子的把戲，逐一向左挪動洞右側的硬幣，可使洞右移，即帶正電的「洞子」出走（圖29b）。注意兩枚反

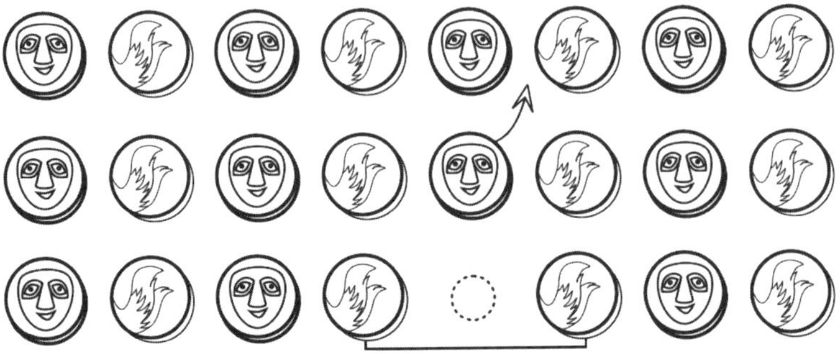

圖 29a　硬幣代表電子，正反面分別代表穿出與穿入頁面的自旋。取走一枚硬幣，產生一個洞，洞的左右都是反面，形成一個穿入頁面的自旋較集中的區域。

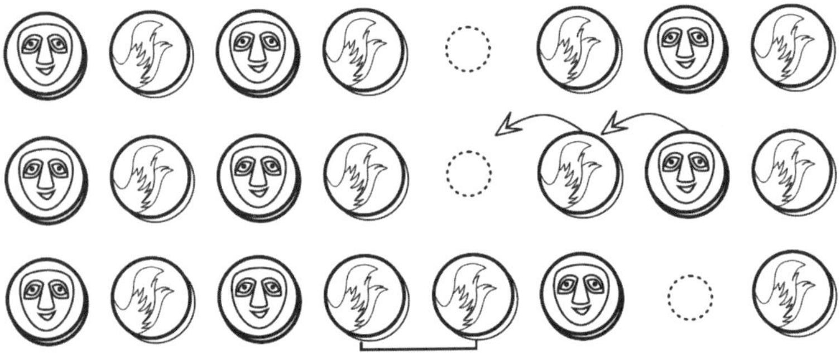

圖 29b　挪動洞右側的硬幣，使洞和雙反面彼此分開。

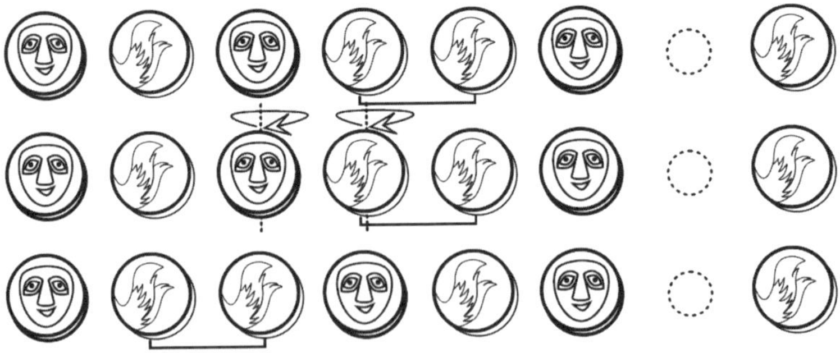

圖 29c　同時翻轉相鄰兩硬幣，能令雙反面移形換位。

面硬幣現在相鄰了。要移動這顆「自旋子」，想像把這一對中靠左的那枚硬幣翻面，結果雙反面消失了，取而代之的是挪了一位的雙正面。雖然這概念不錯，但與現實更貼切的是相鄰兩枚硬幣同時翻面，讓雙反面仍在，只是連挪兩位（圖29c）。同時翻轉兩自旋的操作，由於避免了磁場的驟變，反而比只翻一個需要更少能量。

自旋與電荷相分離就讓自旋可以獨自流動。稍微釐清，這裡的分數化與前一段自旋冰中突現磁單極的形式不同。雖然電荷和自旋分開了，但自旋的兩極仍黏得好好的。

縱然還有無數祕密待揭曉，分數化現象已在不少地方派上用場。

實用魔法學

基礎科學研究能讓社會整體獲益，要多虧實驗物理學家為了驗證理論，絞盡腦汁創新技術，令人類可以探測更深遠細微，前所未見的領域。這都得歸功於純粹的好奇心。

本章涉及的概念中，也許最快派上的用場會是磁振造影的改進＊。目前醫院的磁振造影機是一

＊順帶一提，本來科學家稱此為「核磁共振造影」，因為是測量原子核的自旋在磁場下與特定頻率的電磁波產生共振。但考量很多人聞核色變，就去掉核字成了磁振造影。況且原名NMR有點繞口。

具龐大且昂貴的儀器。對患者來說，這檢查雖非侵入性但一點也不愉快：你必須一動也不動躺在會發出怪聲與巨響的隧道裡面近一小時。儀器利用氫原子核的自旋，測量人體內油和水分子的位置。為使自旋產生訊號，需要外加巨大磁場，這也是為了提高訊號品質。但維持強磁場用的超導磁鐵冷卻起來相當耗電，使這檢查既貴又擾人。若能強化偵測器的靈敏度，就不必用那麼強的磁場了。蕾蒂卡．杜薩德博士組裝來測量磁單極的SQUID，就屬於現今最靈敏的一類磁力計。加以應用可望縮短檢查時間、節省電費和裝置造價，更免除患者的不快經驗。二〇〇四年《美國國家科學院院刊》的一篇論文⑯就以實驗展示了這種「低場磁振造影」的概念。

現代科技中電與磁無所不在。但說實在，兩者之中電才是最無所不在的：家裡的插座流出來的是電流而非磁流。因為基本磁單極子遍尋不著。若你把磁偶極經導線傳出去，N極和S極也只會互相抵消。在自旋冰中成真的突現磁單極能扭轉頹勢。自旋冰的發現者之一，史提芬．布蘭威爾教授為此倡議一個新詞「磁單極流」（magnetricity）。他和同事發現大量憑據，可將流經自旋冰的突現磁單極理解為磁單極流。

我們不太可能短期內就開始蓋自旋冰材質的「磁單極流」纜線，還把它們冷卻到二K比宇宙還冷的溫度。較有可能的是將它們整合至已開發出的小型自旋電子學裝置中。基於磁單極流現象還有望造出磁力版的電子元件，甚至能兼容交流電，可望大幅推展自旋電子學裝置的市占率。

同中求異

回到本章一開始的動機：分數化現象是否能在後摩爾定律時代，開出一條電腦運算的嶄新進路？我認為大有可為。已經有人以「人造自旋冰」實際運用了突現磁單極。那是每顆只有微米大小的磁鐵排成的陣列。就如自旋冰，能量最低的排法是在交點上兩進兩出。特別設計的人造自旋冰組態可執行邏輯運算。而正如同自旋電子元件，用磁力運算比用電荷效率更好。甚至已有科學家證明，人造自旋冰執行運算的耗能可以低到蘭道爾極限：由熱力學第二定律規定的運算最大可能效率⑰。

自旋冰還讓熱力學第三定律不得不稍微調整。還記得第三定律說，完美的晶體在絕對零度必定絕對有序。這表示能量最低的宏觀狀態，只對應到單一個微觀狀態。但自旋冰（和它的水冰前輩）在絕對零度的微觀狀態數，隨其含有的原子數目指數增加。總能相同的系統，卻存在大量可能的微觀狀態，這正是無序的標準定義。即使在絕對零度下，有些物質的「餘熵」並不是零。因此熱力學第三定律的敘述須更新成：隨溫度降到絕對零度，任何物質的熵值必降到一最小，但可能不是零的常數。並不一定要乖乖靜下來、變得完全可預測。自旋冰藉此拓展了科學家對物理定律本身的理解。

自旋冰中的突現磁單極，和更廣泛而言的分數化現象，是未來可能用於替代半導體的新款離合咒。為此我們也得將運算的抽象概念與實際的電子元件分離開來。科技業始於量子力學，當時凝態物理學家剛開始弄清半導體的原理。而它的盡頭也是量子力學：摩爾定律促使半導體元件快速微型化，直到跨入量子領域。在此尺度電子變得不羈，開始穿隧並越界脫逃。

但與其想逆著量子力學的激流而行，我們應當順應。若欣然採用量子效應，可望提供超乎任何人想像的電腦運算威力。本章探討從二十世紀的凝態物理，到當下觸手可及的尖端科技發展。再來我們大膽預言目前猶未成真，但在二〇三五年將會是顯學的科技。

第七章　庇護咒

不完全精確地說，結繩宗師的一生如輪迴般周而復始。對此需熟悉結繩人的世界觀，方能得到確切理解。這又由他們最重要，也最不為世人所知的能力所塑造——對過去和未來兩端同等熟稔的能力。這又和操作織寰緊密相繫。儘管計算結果或已注定，中間過程卻可容納無盡的可能性。

在島民看來，時間並不像聯結過去與未來的一縷絲線，而是一張交織之網。歷史不似寫定的書卷，而是隨著結繩人操作並讀取織寰之時，與之糾纏，在心中動態地創造出來。書寫歷史可因一字之誤而謬以千里，口傳歷史也會逐漸走樣，然而織寰中的訊息唯有在繩結繫解之時才有變化餘地。

歡迎來到明日世界！

你能想像一種目前還不存在的新科技，未來將變得不可或缺、與生活密不可分嗎？我就答得出一種：量子電腦。在一九八一年理查．費曼觀察到，有些物理過程若以傳統電腦模擬，其結果在合理的時間內永遠都出不來；但這宇宙隨時都在進行這類模擬——名為現實。一匹馬在所有尺度上都完美模擬了一匹馬，從量子領域起一路建構出宏觀，以及介於其間所有層級的突現性質。因此費曼推論，如果電腦能運用量子力學，某些類型的有用計算效率就能躍然飛升。

量子電腦的應用層面深遠，目前已有大量提案。首先如費曼所說，能用它模擬本質上即是量子的基本粒子互動，例如目前只能在大型強子對撞機等巨大粒子加速器中驗證的某些性質。生物醫藥研究用得上它，像是大幅加速基因組的組裝與交叉比對，有助於新興傳染病的早期預警。量子電腦可用於藥物分子效用的預測和搜尋，甚至進行分子層面的設計；也能幫助化學家找尋新一代的電池材料，協助人類社會擺脫化石燃料。他們可在量子電腦中模擬分子及其反應速率，預測效率更優的合成途徑。例如說，合成氨氣的哈伯－博施法，目前供應全世界糧食作物的化學肥料，但也占了全世界能源消耗的二％。但細菌就能更高效地製氨，用量子電腦可弄懂其中祕訣。

這可不是痴人說夢。量子電腦早已問世。二〇一九年十月 Google 的科學家發表他們的量子電腦以當時世界最快超級電腦所能的三百萬倍效率，完成了一種特定計算的證據。二〇二〇年十二月，中國合肥的研究團隊報告他們的量子電腦在二十秒內解決了傳統電腦需六百萬年的問題。

只有一個問題：要做出可擴展並規模化的量子電腦似乎難如登天。彷彿被困在盤絲洞，愈是掙扎向前我們就被纏得愈緊。這是因為量子電腦的力量根源，正是讓它的規模難以擴展的癥結。

規模化是通往實際應用的關鍵。舉例來說，我們一天到晚聽到蜘蛛絲比鋼鐵強韌。那為何我們還在用鋼鐵蓋東西？簡化的答案是，因為蜘蛛絲的強度無法規模化。其強韌度和微觀下水分子與蛛絲蛋白的互動有關，因此它只在纖細輕薄時相對強韌度高。要是蛛絲加倍粗，水分子仍和原本一樣大，使得粗蜘蛛絲失去了優勢。現在我們藉工程創舉造出的量子電腦，相對於傳統電腦，就猶如蜘蛛絲之於鋼鐵：只能在小規模單挑中取勝。從現狀看來，規模化量子電腦到足以解決實際問題，比規模化蜘蛛絲難得多。

我的前同事朋友史蒂芬·賽門是牛津的理論凝態物理教授，也是頂尖的量子電腦專家。他這麼形容這個問題，任何量子過程要可靠，就須阻絕環境的噪訊，這表示環境得極冷、極純淨。屏除噪訊是個已取得長足進步的工程挑戰，但隨著規模增大，難度也成指數增長。但賽門教授指出一條新的進路：學會如何對噪訊充耳不聞。這條路由理論物理開闢。

我們需要的是一道庇護量子資訊不被外界摧毀的法術。這道「庇護咒」會以拓撲學編織出。整體而言，拓撲學是一門研究形狀的學問，例如紐結和穿洞。其歷史甚至比文字書寫更綿長。為了學會這些，我們須質問某些原先視為不可違背的現實至理。我們先穩紮穩打，從弄清為何實用的量子計算會那麼難開始。

極為普遍的傳統電腦（如你的手機）以非零即一的二進制「位元」儲存資訊。其運算力和一次能處理多少位元成正比。要使電腦加倍強，就令它能在同樣時間內處理加倍的位元。超級電腦其實就只是大量傳統電腦架設在一起運行——剛曉得這檔事時我超吃驚。那時我的一位實驗家同事發現，能最輕易獲得大量電腦算力的方法是收購一大堆二手PS2電玩主機。

另一方面，量子電腦以量子位元儲存資訊。量子位元是零或一的狀態疊加。這是終極的一心二用：宇宙本身保有量子物體在觀測前的一切可能性。與傳統電腦不同，量子電腦的能力隨量子位元的數量指數增加。每增加一個量子位元，其能力就加倍。只有一個問題：每加一個量子位元的難度也成指數上升，因為新的量子位元須和原有的每一個互動。

這就可惜了。因為量子電腦在特定種類計算遠勝傳統電腦。令電腦進行運算的指示稱為一套演算法。常用食譜來譬喻，或是如鍊金術師欲得到某種成品，所須遵循的一系列步驟。

第一個量子演算法是由戴維．多伊奇在一九八五年提出，其後發展為多伊奇－喬薩演算法。它並非著眼實際應用，只是特意設計成對量子電腦很容易，但對傳統電腦極度困難。多伊奇在他《真實世界的脈絡》書中推崇的則是第一個有實際用途的量子演算法：秀爾演算法。秀爾演算法能令量子電腦算出有哪些質數能整除輸入的整數。（任何整數都能寫成一些質數的乘積。最初學到時我半信半疑，直到想通：若有某數不能拆成別的數的乘積，那它本身就是質數。）若秀爾演算法能成功執行，將會動搖網路安全的根柢。「RSA加密機制」確保了網路傳訊的架構不被輕易竄改或竊聽，從電子郵件到銀行轉帳的安全性，皆仰賴巨大整數的質因數分解極度困難的這一事實。任何傳統算法都需要非常長的時間才能破譯這類密碼，因為欲分解的整數有成百上千位數。然而目前也沒有人能證明不存在某種很有效率的傳統演算法。密碼學家所仰賴的直覺是，若存在這種算法，則一系列同樣非常難的問題，可能也會跟著迎刃而解。但基於那些難題至今仍沒有簡單的解法，則質因數分解或許能倖免，安全性可永遠保全。然而量子演算法能在一眨眼間就令其轟然崩塌。

多伊奇提出一個有趣問題：秀爾演算法究竟是從何處得到遠快於任何傳統演算法的威力呢？他的答案是，其威力得自多重宇宙。多伊奇大力倡導量子力學的多世界詮釋。這個由休·艾弗雷特三世於一九五七年提出的想法表示，當某一量子疊加態受觀測，宇宙就分岔出多個版本，各自的觀測結果對應各個宇宙。各版本的宇宙共存於一個「多重宇宙」之中。這啟發了大量科幻作品，包括《回到未來》和漫威多重宇宙，還有一九九〇年代的影集《時空英豪》（Sliders）。但比艾弗雷特還早想到此一概念的是小說家荷黑·波赫士一九四一年的短篇〈歧路花園〉，故事中存在一本和標題同名的書中書，它被形容有如一座迷宮，每當人物面臨抉擇，故事就隨所有可能性分岔開來。布萊斯·德維特在他一九七三年的書中引述了波赫士，也給這個詮釋取了目前的名字。然而，至少目前，多世界詮釋都仍只是個人哲學偏好，而非物理。所有量子力學的主流詮釋皆然：既然它們全都

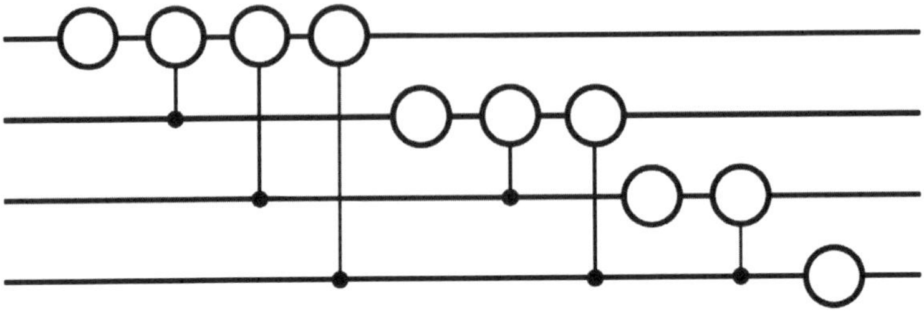

圖 30　一張量子線路圖（它是用來做量子傅立葉轉換，在此不會深入說明個別符號的詳細意義）。每一水平線代表一量子位元。第一條線上的第一操作只涉及單一位元。但第二操作涉及兩個。一般的操作可涉及多個量子位元，創造出其間的若干量子纏結態。

和理論的數學預測相符，就不可能由任何實驗區分出優劣。

那麼，量子電腦的威力究竟源自何方？保險的答案是，它源於使量子領域之所以為量子的特性。什麼特性是量子領域有但古典的介觀世界無的呢？說到底就只有兩點。第一點正是第五章的主題：量子的物體能以疊加態存在，當它受觀測卻只會顯出其中一種狀態。第二點卻完全欠缺對應的日常類比。其名為量子纏結。它是我所知最魔幻的宇宙性質。

在深入講解量子纏結之前，容我從它在量子電腦中實際應用的角度來介紹。本章前頭的虛構情景便是關於量子電腦關鍵運作法則的再想像。想釐清量子電腦的運作，最好是畫出「量子線路圖」此一設計與圖解量子演算法的利器。量子線路圖由許多水平線組成，每一線代表一個量子位元，像是五線譜，或織布時最先打下的筆直經線（但轉成橫的）。一個例子是圖30。線路就像樂譜一樣是從左讀到右，而且所有線同時讀，就像許多樂器可以同時奏多個音。每條線左起都是個確定狀態，零或一。我們有兩類操作，第一類只涉及一個量子位元，就像只演奏一個音符。例如它可能將該位元置於一個量子疊加態。我們已看過量子疊加態，它有如一枚有特定機率開出正反面的硬幣，卻不可能在測量前有既定的值。在量子電腦這點相當重要。接下來，第二類操作會涉及許多條線，由聯結多線的圖案顯示。就像樂譜上的和弦。正是此類操作創造出量子纏結，在此之後，這些線（量子位元）的命運便繫在一起了。最後到達線的右端，每個量子位元皆被測量，這會使它們又落入兩確定狀態之一。這種「在兩端有確定狀態，但在操作中間不具有既定值，甚至容納了一切可能性」的特性，得歸功於量子力學。本章的重點在後一類操作＊。

沒人看月亮時它還在那兒嗎？

本節標題是〈無恥盜用〉致敬大衛・梅明一篇出名的談量子纏結的文章標題⑱。文章開場白正合本書主旨：

＊順帶一提，留意到左端線數與右端線數相同。在此它們代表量子位元數，似乎理所當然。但這也表示量子計算不會「擦除」位元，因此所有量子電腦執行的都是可逆計算。這和古典電腦的邏輯計算有時輸入兩位元卻輸出一位元不同（例如「若A且B，則C」這種可由電晶體實行的計算）。傳統電路也有可能做成可逆計算，好處是能迴避由熱力學和蘭道爾原則設下的計算效率上限。

量子力學就是魔法。

先前我介紹說梅明是量子力學大師。實際上他是位有名的凝態物理學家，名氣亦源於他擅長精闢解釋量子領域最具魔力的諸面向（他的名字很像梅林純屬意外）。他寫的凝態物理教科書深受每個一九七〇年代的大學生依賴。我認為梅明以這句話開頭意義深長。當你身為量子力學的專業人士，很容易一味駁斥任何不可思議之處，就好像承認有某些事連你也不懂，辜負了人們期待一樣。明明年輕時你很醉心於量子力學，乃至選擇入行當物理學家天天與它為伍。有天你卻痰迷心竅篤定說「這檔事沒什麼神祕的」。從此你卡在第二階段：弄懂了一些魔術的手法，開始不覺稀奇。但就像沙漠裡的魔術師教我的，要是專業魔術師仍能傾心欣賞魔術表演，為何你不能呢？梅明的字句有力傳達了這點。而他的專業權威令物理學家願意承認心中魔法的悸動。

梅明出生於一九三五年，同年愛因斯坦寫下了第一篇量子纏結的論文。在某次訪談中梅明說：

物理吸引我的是它的魔法。魔法共有兩類：相對論還有量子力學。

兩者都是愛因斯坦在一九〇五年建立的。我遇過梅明本人一次，可惜當場沒認出他來。當時我是大一新生，報名參加一場在德國舉辦的量子力學研討會，召集人是安東．蔡林格教授，他領導的團隊進行了世界第一個「量子遙傳」實驗。[1]我沒有熟門熟路的旅伴，還想著是否我太資淺會被攆出會場。除了這些不安因素，我竟然決定提前一天到，想用一口破德語找間旅館住下，卻無處有空房。研討會是在德國物理學會的總部舉辦，那是棟宛如十八世紀宮殿的建築。我因內心的冒牌者症候群不敢提前報到，於是，我在附近的建築工地裡找了地方，用長袍般的外套裹好身子睡覺。不久一隻老鼠竄過我身旁，逼我重新考慮我的選項。我決定最好是溜進宮殿，躲著過一夜。我成功潛入後，找到一間圖書室，就在溫暖爐火旁的扶手椅上入睡。我還在膝上放了本書，要是員工質問，我可以假裝是讀書讀到睡。翌日早晨七點，我覺得時機恰當，就走到大廳櫃台。沒有職員，沒有人。我只好自助，拿走對應我客房的鑰匙。到房間我發現有兩張床，我有室友！被我吵起床後他解釋說他昨天一整天都在這，我們本來就該自己入住。難道我沒看通知書嗎？

接下來的研討會就順利多了。我有機會和梅明請益。在其後幾年，我除了徹底翻熟了他的教科書（當我需要參考某內容都能一次翻到）也屢次詢問關於自己物理職涯規劃的事。梅明每次都諄諄善誘，像我們第一次在一大早的客房裡碰面那樣。

正是多虧梅明的一篇文章，我才首次覺得我稍微理解了量子纏結。我會照搬他的例子，只改寫一點情境。

一九三五年，愛因斯坦和鮑里斯．波多爾斯基以及納森．羅森合寫了一篇論文，用意是想證明量子力學不可能是現實的完整描述⑲。當中描繪了如今被稱為ＥＰＲ悖論的思想實驗，以三位作者姓氏首字母為名。梅明形容道：「ＥＰＲ實驗是我所知最接近魔術的物理現象了。既是魔術，便值得欣賞。」ＥＰＲ實驗利用的是有些量子系統經我們觀察測量，會有各半的機率得到兩種結果之一，就像第五章提過的光子與偏振片。而它們和丟擲後只遮著不看的古典硬幣有本質上的不同：量子硬幣似乎在被看到之前，並不具有選定的值。像我這句形容就顯示出特定的詮釋喜好了。如果是多世界詮釋支持者，則會形容量子硬幣被「測量」時，宇宙分為兩個隔絕的分支，卻仍在多重宇宙中並行不悖。總之，每一派詮釋都會同意量子硬幣和古典硬幣的區別顯著可辨。還記得原子中電子的問題嗎，如果在觀察前它具有確定的位置，便難保墜入原子核。所以在測量到電子的那一刻一定有某種出奇的事發生，針對它的數學描述非常清楚，僅有詮釋觀點不同。難怪愛因斯坦對此大為反感。他的好友回憶道：

> 我記得有一次愛因斯坦在散步中突然停下，轉過頭來質問我說，我是否真的相信月亮僅在我看著它時才存在。
>
> ——亞伯拉罕．派斯〈愛因斯坦與量子理論〉

關於EPR論文最厲害的，就是它激盪出一套能實際區分兩種情形的實驗——量子硬幣在我們偷看之前，究竟具不具有一定的值。

愛因斯坦他們想以悖論反證它應有。利用的性質是，一對相互纏結的量子粒子，測量結果必相關，知道一個便能掌握另一個。切入梅明的論述前，容我先簡單概括EPR希望造出的悖論：他們提出若把纏結粒子分別送到相距極遠的兩處，兩者測量結果應維持強相關性，但這就像對其中之一的測量瞬間決定了另一測量應有的結果一樣，違反了狹義相對論的核心思想，即任何訊息不許超過光速傳輸。接著我們轉換到比較奇幻的場景，來探討這見似矛盾怎麼化解。

凱爾特民間傳說如此警示，趕夜路的旅者可能撞見濯衣的三名婦人——古語稱「夜之浣女」在此時清洗將死之人的壽衣。一旦被發現，祂們會逼你一起洗衣服。但要小心了，若你和祂們同方向擰衣服，你就會被捲入布料中殺害。但若你擰的方向與他們相反，將獲得三個願望。

你與兩名志同道合的朋友，於無數月光皎潔的夜在林間荒徑上奔波，終於在一黝暗的池邊碰上了夜之浣女。由於你們嫻熟古老手法，皆順利反著擰衣服。你們亦精熟邏輯，便這樣許願。首先你們希望浣女只能回答真話。再來，你們希望知道何為最好的願望。最後，根據上個願望所得建議，你們希望學會世上最強的魔法。

祂們同意了。第一位將月亮從天上摘了下來，化為一顆冷冽的大理石彈珠，拋給第二位，祂在兩手間來回拋月亮彈珠，並傳給第三位。不知何時起，祂們雙手皆握有彈珠了。祂們彼此來回拋接數次後，你們已無暇顧及誰手中有一顆或兩顆彈珠，或誰在何時把月亮放了回去，祂們又握住你們三人的手。祂們背靠背站立，令你和朋友三人成環，分別面對祂們之一。現在祂們皆手持一枚彈珠，作勢要對面的你們猜測彈珠在左手或右手。數到三聲之時，祂們宣告魔術是：

一、若猜左手的人數為一，必會有奇數個人猜對。

二、若猜左手的人數為三，必會有偶數個人猜對。

你們試猜了無數次，兩條件每次都實現。每當你們有一人或三人猜左手，總會有對應奇偶的人數猜對。你們的感想依序進入第一二階段。首先，這太奇妙了，祂們如何知道呢？接著理科腦開始運轉。你推論至少要有一名浣女使用手法改變彈珠在哪手，否則猜對的人數可能是零一二三，之中奇偶數各占一半。而祂需同時偷聽全部三人的猜測，決定要不要換。

浣女們看你們卡在第二階段，剛才的許願又令祂們有義務帶你們到第三階段。所以祂們帶各自的人類夥伴到三座塔，彼此相隔渡鴉飛行一日的距離。每晚一到子夜零時，就有一隻渡鴉銜彈珠來到你塔的窗沿，你的搭檔浣女就會藏起彈珠問你在哪一手。向渡鴉借一根羽毛，你記下每一晚你的猜測與開出的結果。累積了數個月的猜測資料後，你們回到宿命相遇的池邊碰頭。比照三人的紀錄你們啞然發現，每一晚，兩條件都達成了。

現在你們皆進到第三階段。浣女不可能知道另兩端的選擇，即使祂們能自由換手，也無從決定何時該換，使條件壹和貳同時滿足。祂們也不可能偷偷通訊，因為任何傳訊速度都快不過渡鴉。好吧，你想，或許送來的彈珠上附有祕密的指示，或三名浣女可能熟練某一套決定是否讓你們答對的策略。又或者祂們利用天色或月相來使策略一致。但這些設想都不可能讓祂們百發百中，理由如下。

假設你和另兩位朋友皆有完全的自由意志，每次都能選擇猜左手和右手。則每名浣女必須決定相應的策略，即「若人類猜左是否讓他對」和「若人類猜右是否讓他對」，這樣一共有六十四種可以事先協定的策略。例如其中一種是三名浣女皆「無論人類猜哪手，都讓他對」，這令答對人數總是三，三是奇數，總是滿足條件壹。但一旦你們都猜左手，祂們就會敗在條件貳，因為三不是偶數。

你也可以牛刀小試，列出一切滿足條件壹的策略，在六十四種之中這一共只有八種，我會在附錄中詳解（見頁三〇四）。但你可以確認，它們全都會敗在條件貳！因此，只使用分頭之前事先協定的策略，或隱藏在彈珠或月相中的隱藏訊息，都無助於浣女獲勝。除非祂們真能隨發生在遠方的選擇而瞬間改變策略，但這似乎又暗示祂們可以超鴉速傳訊。

我建議讀者實際思考看看有無可以同時滿足兩條件的方法。前提是不可涉及超鴉速傳訊，而三人中沒有人受蠱惑，都能自由選擇。你愈是嘗試，愈會覺得這是辦不到的天方夜譚。

好了嗎？是不是覺得條件壹和貳不可能百分之百達成？要是真有此事，那一定涉及魔法。唔，是這樣，物理學家還真做了這檔事，而且每一次都見到兩者皆達成。

實際實驗中，並沒有叫渡鴉銜三顆彈珠到遠處的塔，而是把纏結的三顆光子發送到遠處的偵測器[20]。雖說遠處，但事實上偵測器只相隔幾公尺。但實驗的測量發生得極快，快到即使光速也不及傳訊，確保三處偵測器的結果沒有時間「串供」。測量的也不是夜之浣女的哪隻手有彈珠，而是光子的偏振是水平或垂直。每一偵測器每次皆選擇一隨機測量方向，讓另外兩者無從預判。而開出的結果就是光子的偏振方向（能否通過偏振片）。上述條件壹和貳，則翻譯為測量結果是否能以某個纏結的波函數完美描述，稱為GHZ態（其中Z就是蔡林格的姓氏首字母，正是那次宮殿會議的召集人）。這個實驗表示愛因斯坦最大的惡夢成真。測量的結果不可能是事先選定的。而量子的硬幣在被觀察之前既不是正也不是反面。即使粒子在分頭之前決定好一套複雜的應對對策，也不可能兼顧所有情況（我們已證明每種策略都會失敗）。物理學家其實稱這些對策為「定域性隱變量」。而上述實驗則顯示，它們不可能如愛因斯坦希望的，是我們宇宙賴以運行的法則。量子力學中的機率並不只代表我們對系統無知的程度，而必然是種更根本的性質。

量子纏結令人躍躍欲試，想知道是否能用來超鴉速傳訊。可惜這是辦不到的。在實驗中你能獲得的訊息唯有來自面前的浣女對你的猜測給的反應。在實際實驗中，每個纏結光子與你猜測相符的機率是嚴格的一半一半，無法從中推論出任何遠方夥伴的情況。唯有在你和朋友千里迢迢實際會合後對照紀錄，才看得出其中存在神奇的關聯性。

因此，量子纏結現象不可能有任何準確的古典類比。除非你納入迷信不可靠的部分，倒是有很生活化的比喻：烏鴉嘴。例如你在等一份面試結果通知，有人問你面試如何。你自覺表現不錯，卻不禁感到要是把話說太滿，會不吉利，甚至因此落榜。在你的回答和面試結果之間沒有一點因果關係，但人就是會不時陷入這種迷信思考。若要說清我們心中在怕什麼，我認為當結果還在未定之天，我們會想像同時身處在兩種可能性的世界，而觸楣頭就是不知如何「因為」做了某事而打破了這種曖昧。但只要細想便知，實際上結果是在我的遠處，更早或更晚才決定的。測量纏結粒子的其中一顆也可以想成打破另一端粒子命運的曖昧。但這次不同，即使它是在遠處，在時間稍早或更晚測量，都有真確的影響。玄之又玄的是，雖然兩者命運並非早已註定，卻在被觀測後必定顯得相繫。

學了這招雖不能讓你們超鴉速傳訊，卻並非全然無用。如果這宇宙是全然古典的，則夜之浣女的魔術至多只能有一半的機會成功。但藉由纏結粒子之力，成功率變成百分之百。這技術已實際用在「量子密碼學」上。基本原則是，如果渡鴉在半途被攔截，彈珠被觀測過，則它們之間將不再具有纏結，浣女的魔術將只剩一半機會成功。藉此便能偵測到有人竊聽，便能相應終止這個通道的傳訊。第一筆以纏結光子保證訊息通道安全的銀行轉帳在二〇〇四年實行。在二〇一七年，一雙纏結光子藉由一顆衛星分別發送到兩個相距遙遠的地點[21]。我最早是在布萊恩・葛林二〇〇四年的書《宇宙的結構》讀到量子纏結的。看他描述這實驗讓我震驚得跌破眼鏡。在我眼中它瀰漫著濃濃魔法氣息。當年，科學家實驗量子纏結的極限僅兩顆粒子。但近幾年我才修好的眼鏡又跌破了一次，那是在我認識到有某種物質狀態，其中所有突現準粒子皆彼此纏結。它充斥著量子纏結，甚至可說是其標誌特色。量子纏結現象竟可能在大量粒子的熱力學極限持續！說來也挺合適，因為量子纏結可說是終極的突現性質：它甚至無法拆成組成成分！

有興趣握一塊量子纏結物質在手？你隨時可以。畢竟萬物都基於量子領域規則建構而成，必然有幾分纏結。但這麼說有點太作弊。量子力學之所以感覺像魔術，正是因為在日常很少能見到它發威。而且巫師都是些講究實用的人，當然你可以說萬物皆量子，但有什麼東西是量子且實用？

吾道一以貫之

智慧之言無處可尋，只得乘其不意。

在無人望著它的瞬息，月亮得以小憩。那葫蘆子本欲低頭望，猶疑半晌，卻瞥見文字灑滿月下。以草葉之影和天際雲之輪廓，寫下無人曾見，也將不復有人得見的字句。僅一時一刻，盡收葫蘆子眼底。智慧非其所願，葫蘆子便朝林中叱喊，棄絕那言詞。言詞卻未丟失，僅是由草木鳥獸和溪澗分而所獲。法瑞安便一一與林木交談，與蛺蝶，與地上游蛇，和溪中泡沫交談。徐緩但逐步地將字句恢復原狀。待到完成，她仍不知謎底，卻明白需上哪找尋。

熱力學引進了將事物分為系統（研究對象）和環境（此外一切）的概念。但在量子力學這區別更是頭等重要。系統（例如一團物質）在此遵守薛丁格方程式演變，其預測是當中粒子隨時間愈來愈和彼此纏結。環境可以想成是持續在「觀察」著系統，表示它與系統互動並逐步纏結。這正是纏結最早的意思，由薛丁格在寫給愛因斯坦的一封信中提出。[2]他想像用於實驗的偵測器最終會和欲測量的量子系統纏結在一塊，於是它們的命運不再獨立。測量彈珠在哪一隻手總會得到確定的答案，即使之前存在著量子的怪異性。當環境測量系統時，它令系統似乎更加篤定，量子怪異性看似丟失，這就叫「退相干」（decoherence）。

一個人講話前言和後語連貫相符（coherent）表示他神智清楚。一名巫師卻常做相反的事，當他心思愈聚焦在崇高的主題，嘴裡就愈是語無倫次。相干性（coherence）在量子力學有比較專業的定義，但不離上述直覺。基本上，當量子系統維持著相干性，它就仍能行它的魔法。相對地若系統和環境互動太久，就造成退相干。我們一般是這麼教：這就是介觀世界與宏觀物質，雖出自於量子領域，我們在日常卻不會隨處見到量子怪異性的理由。像是當你鎮日在巫師學院揣摩咒文，回到家時把魔杖放上門邊的傘架，它不會忽然穿過牆壁跑去你鄰居的塔。當沒人看著時月亮它確實存在，卻不是源於顯然的理由。

除了上述說法有個問題。退相干其實並不會消弭量子效應，它只是令其影響範圍擴大。環境並不能真的測量系統，因為環境本身也是個量子系統。無論你選定什麼當你的系統，它都會逐漸退相干，和環境纏結成一片。代表其量子資訊溜到四面八方，像蜘蛛網上掙扎的蒼蠅把振動傳遍網子。但就像葫蘆子叱喊的話語，量子資訊永不消滅，只是變得難以復原。這與熱力學似曾相識：雖然整體而言能量守恆，但任何系統都難免有能量漏失。催眠師的懷表愈盪愈窄，動能轉為振動與廢熱。雖然無法利用，但它確實在那。量子資訊就像能量一樣總是守恆，從未真正消失。

所以魔法一直都存在——直到它忽然不在了。量子系統究竟如何、從哪個時刻起變得古典並確定，這是物理哲學至今最大的未解之謎，稱為「量子測量問題」。在我們徹底了解量子測量之前，對於沒人看著的月亮是否存在，無法驟下定論。但退相干至少解釋了當大量粒子齊聚時，量子的怪異性看似消失的原因。它只是擴散到四處，直到無跡可尋。退相干正是人類想把量子特性提到介觀尺度運用的最大阻礙。量子電腦每增加一個量子位元計算力就加倍。只需約二百七十個量子位元就能模擬整個宇宙的物質（假設純粹以古典定律描述）。但每新增一個量子位元的難度也成指數增長。畢竟每一個新量子位元都得和所有量子位元保持量子相干性，量子纏結卻最愛越界脫逃。更不妙的是，即使將目前工藝推到極致，能達成的量子位元數夠不夠顯出優勢仍不確定。即使摩爾定律已在強弩之末，傳統電腦仍能可靠地派上用場。

我們亟需一道制止量子纏結瀰散的庇護咒語，才能抵達實現了可規模化量子運算的未來。通往未來的契機在於遙遠的過去，在於結繩之藝。

結繩而治

世上諸多文明都有在文字之前以繩結記事的蛛絲馬跡。最著名的是印加文明的奇普，是安地斯山脈的先民以一系列繩結記下的大量符碼，也是法瑞安讀到故事中織寰一物的靈感來源。有學者主張奇普上的有些繩結隨地區而異，或許反映了各地口音的區別。可追溯到約公元前一千年的《易經》寫道：「上古結繩而治，後世聖人易之以書契。」＊用於縫紉獸皮的骨針有數萬年的歷史。

繩結法術分為三大類：造風的魔法、治療的魔法，以及愛情的魔法。在中世紀北歐，水手在出海前會先拜訪當地的巫師，巫師在長繩上綁三個相同的結，逐一吹氣、吐唾沫再唸咒以注入風之力。萬一水手的船漂離航線，他可以解開第一結，招來微風以利脫困。若情況更不妙還能解開第二

＊譯注：實際出自《繫辭下》，一般說是春秋孔子著，但可能成書時代更晚（光從用語很好懂這點可以感覺到）。

個，招來一陣大風。只有蠢蛋才會解開第三個結，據說那會釋放足以扯裂最牢固的帆的暴風。或許第三個結是一種算計，畢竟水手都不敢用它，要是有人客訴怎麼他的繩結沒招來足夠的風，巫師可以推託說：當時你就應該解開第三結的。

以繩結治療或預防疾病可追溯到公元前八世紀的巴比倫，相關咒語由泥板上的楔形文字記載而留存。在居魯士．戴伊一九六七年的《奇普與女巫之結》書中收集了各時代與地區的繩結治療事蹟。更保守估計此類法術可能已存在七千年。為祛除頭痛，巫師或許會邊替患者纏繞頭帶邊念誦咒文，當帶子解開時頭痛也得解。其他病痛部位也能依法炮製。或者施法象徵病痛被封在結裡面，再把結妥善移除，丟棄到人煙罕至的地方。作為預防措施，巫師或許會忠告有臨盆產婦之家趕緊把所有繩結和鎖扣解開，以利孩子順產。

愛情的結在現代大行其道。婚禮上有各種象徵結合不離的儀式，包括閉環形狀的婚戒。而世界各地掛滿愛情鎖的情人橋，都證明現代人依然深信繩結法術。

繩結和物理比較近期才搭上關係，卻也精彩可期。那是人們觀察到煙圈（像巫師甘道夫抽著煙斗信口吐出的）相當頑強，即使遇到一些氣流擾動，也只見它晃動或伸長，卻不會斷開，像有某種咒語護身似的。箇中原理要待到亥姆霍茲和克耳文出手才解明。煙圈其實是空氣中的一股渦流，像把龍捲風的頭尾相接成環狀。煙霧粒子被捲入其中我們才能看清它的去向。克耳文基於幾個簡化的假設建立了環型渦流的物理模型，其中之一是流體的黏滯性低到可忽略。如此他以數學證明了，頭尾相接的渦流一旦形成就永不消滅。但現實中的空氣有一丁點黏滯性，故煙圈還是會漸漸消散。但它存續的時間長得能用來變把戲：在瓦楞紙箱上割出一個直徑十公分的圓洞，在箱中注滿煙霧，再用力敲下去，從洞中就會竄出一團成形的煙圈，它挾帶的氣流足以在五公尺開外擊倒紙杯。

數學家定義的「紐結」和你會綁在鞋帶上的結差不多，除了它們兩端需相接，形成像煙圈的環狀。煙圈的形狀也是最簡單的扭結，叫「平凡結」因為它最不特別。次一簡單的結你可能動手綁過。它叫三葉結，常在凱爾特藝術中出現，例如八世紀的《凱爾經》的或十一世紀瑞典烏普薩拉的符文石碑上的裝飾紋路，以及二十世紀齊柏林飛船樂團第四張專輯的封套上。令克耳文迷上繩結與煙圈的其實是他的數學家朋友彼得．泰特，就連發射煙圈的箱子也是泰特發明的。兩人來回腦力激盪後，泰特著手分類所有可能的扭結，畫成一張「紐結週期表」。表的一部分如圖31所示。

表中第一列左起第二個結就是三葉結。無論你怎麼畫它，它的繩子都會自我交叉至少三次。這是「拓撲性質」的一例。拓撲學是一門研究形狀的數學，若兩個物體能連續拉伸變形成彼此，中間不需切斷或黏合，就稱它們「有同樣的拓撲（形狀）」。例如說，巫師的煙斗和他吐出的煙圈有一樣的拓撲，因為兩者同樣只有一個洞。即使乍看相當不同。

常被譽為是拓撲學開端的是「柯尼斯堡七橋問題」（圖32）。一七三六年格但斯克市長寫信給名滿天下的數學家萊昂哈特．歐拉，說鄰近的柯尼斯堡市市民全被一個謎題難倒了。在他們城裡有被河流分開的四塊陸地，由七座橋相連。市民在橋上尋尋覓覓，就是找不到一種走法能不重複地一

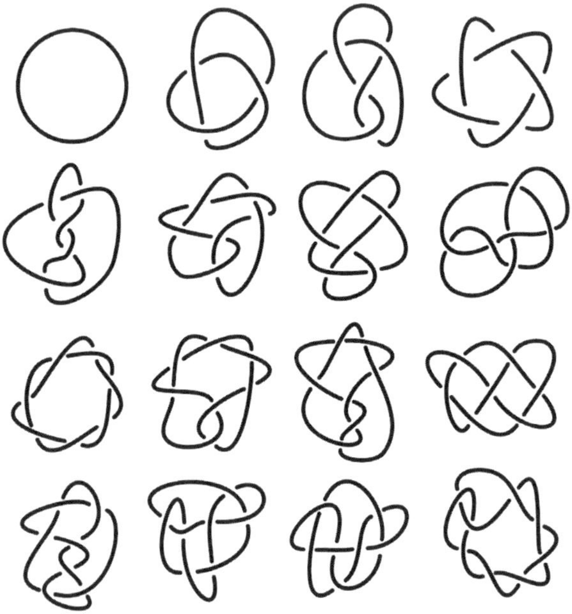

圖 31　紐結表舉隅。

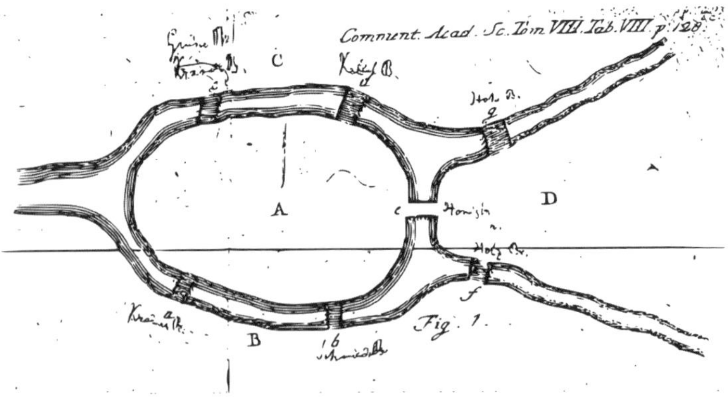

圖 32　歐拉手繪的柯尼斯堡七橋。

次走遍家鄉這七座橋。這問題很有拓撲的精神，因為只要不切割或連接（不增減橋梁），則橋和陸地的位置和形狀稍加變形對答案並不影響。你可以試試看求解。但歐拉沒有：他證明那其實不可能辦到。

拓撲學更早的先聲是「騎士巡迴」問題，可追溯到公元九世紀。西洋棋中「騎士」的走法是前進兩格再拐彎一格。騎士巡迴是希望找到一種以騎士走法走遍棋盤每一格不重複的路徑。歐拉算出了可能路徑的總數。在此之前小亞細亞的西洋棋（波斯象棋）大師阿德利・魯米在他八四二年的棋書中給出了一組解。同一時期，喀什米爾的詩人樓陀羅托造出了精湛的解。他寫出一首梵語詩，一共四句，每句八個字，就像半面棋盤。梵語每個符號代表一個音節。這首詩能以一般的讀法由上而下由左而右讀，但也能跟著騎士走法那樣讀，兩種方法得到同樣詩句。

我曾經聽鄧肯・哈爾丹教授講解拓撲學。哈爾丹在二〇一六年因「物質拓撲相變的理論發現」與另兩人同獲諾貝爾物理獎。我在二〇一五年參加研討會時和教授當過辦公室室友。讓我印象最深的是，每當有人問他問題，他總是看著另一人回答，而且總是像在答另一個問題。講解拓撲學時他先秀出一張馬克杯的圖，說明這是有一個洞的拓撲形狀，洞就在把手。下張圖是有兩個把手的「情侶馬克杯」，有兩個洞，有不同的拓撲，還能由一對情侶共用。最後他請大家想像一個有三個把手的馬克杯，它與前兩者的形狀又不同。他叫它「加州情侶馬克杯」。

拓撲和庇護咒的關係在於，比起伸縮和扭曲，切斷與連接更難發生。把扭結弄亂或搖晃，都不會改變它的身分。平凡結不會變成三葉結。人類以外也有懂得用結的生物：例如盲鰻，身形很像鰻魚的牠出名地懂得把自己打個結，讓人家抓不住牠。縫葉鶯懂得取蜘蛛絲縫起葉子築巢。DNA的長鏈有時會纏繞成結，但若不舒展開就無法正常運作，因此每個生物細胞都是繫解繩結的大師。

一九九七年，俄國科學家阿列克謝．基塔耶夫提出了別樹一幟的想法。他想像量子演算法能編成一個繩結。或許這能庇護它不受退相干侵擾，猶如煙圈無懼亂流吹襲。全世界依舊充滿噪訊，但量子電腦只需學會置若罔聞。這是最早的「拓撲量子電腦」提案，基塔耶夫接著揭曉這些量子結要怎麼綁——利用突現準粒子的魔力。

拓撲物質態

拓撲的庇護效果，說到底就是源自這世上不可能有半個洞。就像人不可能一半懷孕或墜入一半愛河。雖然這聽起來不太容易推廣，日常生活中其實有滿多具拓撲精神的應用。例如有一則古代的睿智謎語，因一九九五年的電影《終極警探3》而聞名，片中主角們有一個五加侖的和一個三加侖的空罐，一個公園水池的水，電話另一頭是操著蹩腳德國口音的自大狂惡黨，威脅若兩人不在電子秤上放上恰好四加侖的水，他就引爆炸彈，誤差不得超過千分之二。不成功便成仁。怎麼辦？機智的布魯斯威利和山繆傑克森在千鈞一髮之際找到答案：先裝滿五加侖罐。用它把三加侖罐裝滿。把三加侖水倒掉。五加侖罐中現在剩兩加侖，轉倒入三加侖罐。重新裝滿五加侖罐，現在三加侖罐只剩一加侖的空間，因此從五加侖倒一加侖過去，即得到四加侖水。中大獎，推理控！這套操作利用水罐的全滿和全空，將本不精確的亂倒水量，變成確定的整數。很有拓撲況味。

在凝態物理領域，最經典的拓撲性質以「量子霍爾效應」展現。我們在第五章見過霍爾效應：薄片形的長條導體，沿長邊施加電壓，再讓磁場由下而上穿過，在橫跨薄片寬度的方向，伏特計就可量到因電流偏折產生的電壓。若你增強磁場，這個「霍爾電壓」會成正比增加。豈料，在一九八〇年克勞斯．馮．克利青教授發現，如果外加磁場很強，再用冷卻到極低溫的無雜質樣品，霍爾電壓就不再是連續上升，而是改以固定間隔跳躍增加：它變得量子化了。事實上這是材質本身的電導率量子化了的結果。馮．克利青得到的電壓都是某微小數值的精確正整數倍。不可能會有半個跳躍，就好像不可能有半個洞。這是「整數量子霍爾效應」。事實上這種測量是如此精確可靠，科學家如今反過來用它來定義基本單位。

整數量子霍爾效應源自於拓撲。我們現在已確定馮．克利青測量到的整數，和一個不可思議的實體上面的洞的數目相對應：描述材質中全體電子的波函數。完整的數學相當複雜，但都研究透徹了。

仍有幾許神祕感的是隨後在一九八二年問世的現象。崔琦博士和霍斯特．施特默博士讓樣品更加純粹、冷卻到更低溫，這時電壓不再是以整數倍跳躍增加，而是能成某些簡單分數倍，例如三分之一、五分之二、二分之五等等。這是「分數量子霍爾效應」。物理學家仍試著破解其奧祕，卻已生出好些寓言來描寫它。

忽有分數來攪局，似乎打臉了拓撲學的核心教義。例如，該怎麼理解電壓是最小數值的三分之一？難道能有三分之一個洞嗎？答案是不能。但回想起上一章的離合咒，談到「分數化」魔法：當大量粒子互動，有可能展現猶如「單個粒子被分拆成多份」的效應。在凝態物理，我們拿得出三分之一顆電子——至少是在材料中性質與電子類似的突現準粒子。分數量子霍爾效應再次能想成是在算波函數中有幾個洞。但現在那並非電子的波函數，而是具有三分之一電子電荷的「分數化」準粒子的。

本書講述的一些最奇葩的物質狀態，都涉及大量電子協調一致動起來，好像編過舞一樣。分數量子霍爾效應是第一例。帶電粒子在磁場中都會跳起圓舞曲。舞者要邊跳舞邊繞彼此轉圈。磁場強弱有點像控制了舞者需要幾步才能轉完一圈。這個寓言的作者是麻省理工的文小剛教授，他在分數量子霍爾效應有開創性的研究。他曾和我解釋他受道家思想啟發，深知事物的在與不在同等重要。他舉例說，一間沒有門的房間就和一間沒有牆的房間一樣沒用。這真是拓撲物質態的最好總結：洞的存在正是如此。*在他的凝態物理教科書中，他把《道德經》的開篇幾句翻譯成了現代物理語。這本成於公元前四世紀的書是道家思想的源流。他的譯文是：

能寫下的理論，必然不是終極理論。（道可道，非常道。）

能用上的分類，必然不能分類一切。（名可名，非常名。）

不能寫下的終極理論確實存在，宇宙據以形成。（無名天地之始。）

能寫下的理論描述日常所見的一切物質。（有名萬物之母。）

文教授先鑽研弦論，再轉換跑道研究凝態物理。一九九〇年他提出「拓撲序」的概念，將扭結、拓撲量子電腦和分數量子霍爾效應中的突現準粒子，全都繫在一起。

剪不斷，理還亂

我家鄉，德文郡的奧特里聖瑪麗鎮，會叫兒童做滿多怪怪的儀式。在十一月五日，可以看到從成人到小至七歲的兒童扛著著火的瀝青木桶在擠滿群眾的街上狂奔。我們在六月的夏至慶祝小精靈（Pixie）日，小孩子扮成小精靈，把教堂的敲鐘人給劫了，押送到鎮外一處布置成洞穴的地方，傳

＊文教授繼續援用道家思想給我生涯建議。他說凡人不該追逐潮流，妄想站到浪尖上。因為當你意識到那是個浪，尖峰已經過去了。你應該追逐本心，期盼有天那能替別人造浪。

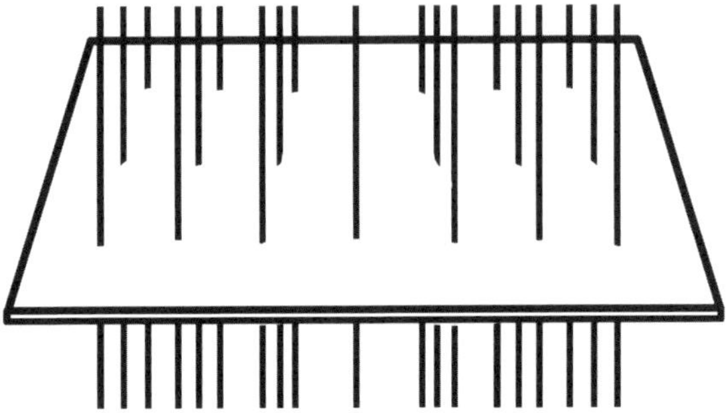

圖 33　磁力線垂直穿過導體，像一座竹林。

說那是小精靈的巢穴。在五月一日，全鎮的孩子都會參加類似「柳條人（火人祭）」的慶典，其中就包括五月柱舞，正是這慶典和我們主題相關。五月柱是一支頂端固定了很多彩帶的木柱。孩童每人拿一條帶子，繞著柱子也繞彼此舞動，就會使彩帶在柱上結成辮子。一種基本舞步是所有人分兩組，繞動方向相反，反覆穿插交換內外圈，柱上就會形成菱紋。

分數量子霍爾效應中的準粒子也能想成是拿著彩帶跳舞。我們把磁場想成是由不相交的磁力線織成的。這也是教導磁場時常用的圖像，把鐵屑撒在桌上的棒形磁鐵四周，會看到鐵屑沿著無形的複雜路線排好，這些便是磁力線。但其實這也是法拉第當初具現化磁場的方法，目前保存在倫敦皇家研究院，法拉第的實驗筆記本上，有一頁就是他用塗滿膠水的紙黏住被磁鐵吸引的鐵屑，讓磁力線無所遁形。準粒子怎麼產生？霍爾效應的實驗裝置中有片極薄，可想成是二維的導體，有垂直的磁場穿過。因為實際上薄片很小而磁鐵很大，磁場中磁力線都筆直且均勻分布，有點像武俠片《十面埋伏》中的竹林（圖33）。

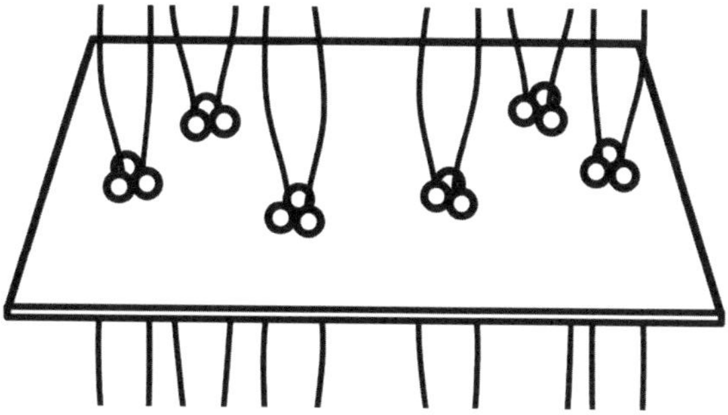

圖 34　每三顆電子與兩條磁力線配對。

武俠片常見高手在竹桿上跳躍，竹子也只彎曲而不折斷。可見主角輕功出神入化。磁力線也一樣只彎曲和伸長，但不會斷裂（若斷了就會形成一對基本磁單極！但我們至今未見）。在分數量子霍爾效應，由電子扮演竹林間打鬥的高手。但它們動作完全協調，使得同時與一束磁力線相連的電子數目固定（圖34），每一束含有磁力線的數目也相同，正是這個簡單整數比決定了測出的電壓值。例如或許每三顆電子和兩條磁力線配對，組成一顆準粒子。

在一般示意圖中，磁力線和磁場強度的關係只有磁力線愈密集代表該處磁場愈強。但在上述示意圖中，每條磁力線都精確代表一份「量子化磁通量」，這是個放諸宇宙皆準的常數。因此每顆準粒子都具有整數倍的電子電荷，和整數倍的量子化磁通量。這個物理模型稱為「複合費米子」。雖然這不是唯一理解分數量子霍爾效應的方式，但大概是圖像最直覺化的。

隨著粒子拿著彩帶繞彼此舞動，這些彩帶（磁力線）也彼此交織。賦予粒子一種記憶——它們在舞步中的相對位置，和五月杜舞一樣都被彩帶交纏的辮子形狀記錄了下來。這份記憶令這些粒子能用來計算。而且這記憶很牢固。辮結的拓撲性質給它們施了庇護咒。普通的隨機搖擺損害不了，只要它們不正好逆著跳舞、把結逐一解開，記憶就能維持完好。

一群粒子能有記憶非常魔幻，且如同所有傑出的巫術，這則又點醒我們規則就是用來打破的（反叛律）。被打破的是前述量子場論的重要結論：粒子若不是玻色子就是費米子。理解這結論的一種方法是考慮兩個完全相同的粒子交換位置時會發生什麼。交換的理由不拘，但為了簡便我們假設一手拿一個然後乾坤挪移。若是兩顆玻色子交換，對描述兩者的波函數毫無影響，這和古典世界的情況相似，有換和沒換都沒差。但兩顆相同的費米子交換位置，則它們的波函數會變。好吧，這有點怪，但並不太怪。如果兩隻貓頭鷹面對面，交換後牠們就變成背對背了。但有件事應不證自明，無論什麼子，交換位置兩次肯定和原來一樣。因為交換就像轉半圈，連兩次交換就等於轉了一圈回復原樣〔圖35〕。

但想想五月杜舞者。兩名舞者交換再交換，若兩次轉的方向相同，他們雖回到原位，手中彩帶卻纏繞了，和原本不完全相同。突現準粒子表演這一齣充滿魔幻的舞步，打破了粒子必屬玻色子或費米子的金科玉律。它們是前所未見的東西：任意子（anyon）。這名字很俏皮，暗指的是：交換兩玻色子就像繞時鐘轉一圈，與原本相同；交換費米子則像繞時鐘轉半圈，與原本不同，但再交換一次就回到原處。交換兩個任意子的結果，能像繞時鐘轉任何角度，故稱之。

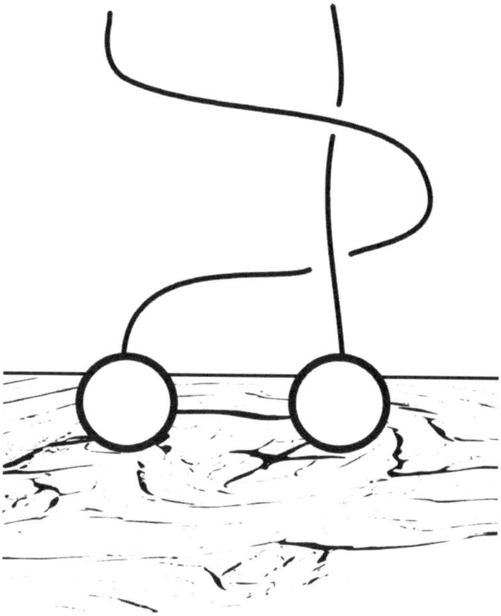

圖 35　兩物體交換兩次後回到原處，卻和原本不完全相同。

改變分數量子霍爾效應實驗中的磁場強度，就改變了其中存在的任意子性質，令它們需交換不同次數才復原。這件事的怪異度無與倫比：就像兩名舞者在舞台上共舞，一換位置忽然兩人都變成其他人，反覆換多次，直到最後一次交換才恢復本尊。這種表演想必博得滿堂彩，而在此變魔術的是宇宙本身。一如宇宙的其他精湛把戲，它也有機會派上用場：用於我們一直在尋找，通向可規模化量子電腦的庇護咒。

原理如下，調整分數量子霍爾效應裝置的磁場參數，令其適合孕育出想要的任意子，再於費米海上激發出任意子和它的反粒子（對現代巫師來說這輕而易舉）。作為一對反粒子，它們若結合就會湮滅，歸於虛無。因此趕緊再施法喚出第二對正反粒子。將第一對之中一顆和第二對之中一顆交換位置，它們倆就搖身一變，不再和原本的夥伴是反粒子對了。

我們能把「一對任意子是否能湮滅對消」當成基本的量子邏輯計算步驟，從它開始建構量子電腦。令多對任意子依序結成辮子，可以編寫出任何量子程式，無論多複雜。就像用遠古的結繩編織出未來科技。但若說奇幻小說教了我們什麼，那就是使用魔法扭曲現實法則，通常會有意想不到的代價。這次也不例外。

纏結物質

改變分數量子霍爾效應的磁強度，會引發能被我們介觀世界偵測到的效應，即兩側的電壓。其中電子和磁場以特定比例相結合成新的突現準粒子「任意子」，具有空前絕後的性質。這一路以來我們談到土、水、風、火各種物質狀態。但其實，分數量子霍爾效應包含無限多種獨特物質狀態。每一種結合的整數比，都對應到一種與眾不同的準粒子。

能引起分數量子霍爾效應的材質，整體看是一顆絕緣體，導熱和導電都不好，類似空氣或橡膠。但它的表面卻是導體，無論表面是什麼形狀。若你敲掉一小角，或把它切兩半，或把兩半黏回去，改變了表面之所在，新的表面卻仍是導體，內部仍是絕緣體。想像你有這樣一顆柳丁：無論你怎麼切，它的表面都是果皮，多汁的果肉始終在裡面。那絕對是魔法，或是若你把靈魂賣給惡魔換取一顆多汁的柳丁，祂會給你的玩意。

要是這還不夠非凡，我們再來看分數量子霍爾效應中的相變。典型的相變如第三章所述，涉及自發對稱破缺，如同晶體需打破液體的連續對稱，而相變即是對稱性發生改變。然而，分數量子霍爾效應中的物質相，都具有完全一樣的對稱性，儘管宏觀性質測出來顯著不同。這些被稱為「拓撲物質」狀態，不同相之間則以「拓撲相變」分隔。

晶體的秩序令它的原子能展現剛性，一致對外抵抗形變。分數量子霍爾效應具有的秩序更微妙，即拓撲序。它的效應和晶體一樣具體。拓撲序物質受壓縮也會抵抗，好像晶體的剛性，但它卻不需對稱破缺就能做到。

當文小剛教授提出拓撲序的概念，他便掌握了精髓。他如此描述拓撲序物質的關鍵特點：其中的準粒子具有長距離的量子纏結。雖然萬物都有一定程度的量子纏結，但拓撲序物質卻是以有用的方式纏結。

多年前，當我初次在《宇宙的結構》讀到一雙基本粒子的量子纏結，我不禁想它的奧祕將永遠在微觀世界深藏不出。我萬萬沒料到有天能在一塊宏觀到能放在我掌心的物質中（雖然我得先戴好隔熱手套，它很冷）看到具現化的纏結。仔細體會，這物質態正是纏結的體現。說起來量子纏結和拓撲扯上關係自然而然，當任意子結成五月柱的辮狀，它們精確的路徑不打緊，重點是交換起來像在繞圈。當你和浣女在塔上猜測彈珠，結果由量子纏結掌控，塔相隔多遠其實不打緊，一旦相繫，關聯性就跨越了時空。

展望前程

拓撲物質是當下凝態物理最尖端，生氣蓬勃、蒸蒸日上的領域。有望做出可規模化的量子電腦只是誘因之一。即使任意子早在一九七七年就被理論預測，但無可反駁的實驗觀測卻要到近年，恰好在本書撰寫期間才問世。在二〇二〇年做的兩組實驗，直接觀測到了任意子的不凡特色，即它們編辮般的互動與身分轉換㉒。另一方面，引領我們抵達量子電腦的大道，不見得是由拓撲鋪成。工程和理論的多樣創新在此分進合擊。本書撰寫時，有力的參賽者就包括基塔耶夫教授所提出的「魔法狀態蒸餾」技術*。量子電腦的條條大道平行進展，彼此纏結互補。無論最後是誰先馳得點，我的猜測是突破指日可待。小型的量子電腦，有著幾個可用的量子位元，已經在網路上供人免費使用。你能實際創造你的疊加和纏結的量子位元——你可以舒服在家寫下量子演算法，上傳到世界的頂尖實驗室執行。量子領域的威力已被帶到了介觀世界。

呼應本章開始的提問。量子電腦從何獲得它的威力？多伊奇的多重宇宙是其中一個詮釋，此外還有許多。保守的答案是它源自使量子力學與古典物理區別開來的那些性質。就是當沒人看著月亮時，它存在的那個無何有之鄉。

目前由於摩爾定律使電子元件的尺度逼近量子領域，量子力學便象徵了傳統電腦的增長極限。在可見的未來，我們將學會運用量子力學的威力，越過傳統電腦的極限。但這仍會遇到在資源有限的世界中，指數增長終會無以為繼的問題。如果人類要確保生存到深未來，我們就得懂得均衡。

＊雖然這不是唯一用到「魔法」一詞的理論物理術語，但拜它所賜，以下這句魅力十足的文獻得以出現：「關於含有極小魔法的量子態的（計算）威力多寡，還有一些懸而未解的問題。」（出自 Stephen D. Bartlett, 'Powered by magic', Nature, vol. 510, pp. 345–7 (2014)。）

第八章 追尋賢者之石

法瑞安向著一座偌大商港碇泊，在一個秋日清早，朝陽方驅散晨霧之時靠岸。房屋皆以淡黃岩材修築，焦油古木的梁柱巍然屹立。屋瓦是令人難忘的紅色，尤與綠松石水色輝映相襯。港內運河舢艫相繼，商人忙於卸下載著異國香料和茶葉的木條箱。漁船也紛紛載來早晨漁獲。法瑞安收起船艄三角帆，使船平順靜止。當她忙著將船繫泊，便見到朋友碧翠絲熟悉的身影在碼頭上候著她。

縱橫盤錯的石子路上行人熙攘，皆趕著辦完差事以躲避正午炙人的炎陽。但碧翠絲有本事在她的城市中鎮日行走不遇一人。她與法瑞安依習俗手牽著手，易如反掌地穿行於城鎮的窄小後巷。高聳淡黃岩牆構成一座迷宮，只有偶見的一軒一扉，提醒著你夾道盡是家屋。令人安適的熟悉感可使來客陷入白日夢般的迷離。由城裡愛作弄人的精靈引領，滿心喜樂，夢遊遂不知返。法瑞安深知若要尋獲她所嚮往之物，就得先令自己迷失。她在脖子上配戴著沉沉的護身符。伸手感覺它的重量，便能及時令她復元。

在一片樹蔭下捱過午間酷暑，法瑞安和碧翠絲復又動身。待太陽西斜，法瑞安始感到不知何時起，她左手邊的牆始終輕微地向左彎曲。那在城市的心臟圍出長約一英里的閉環。這定是地下墓穴入口，在其深處掩藏著通向大圖書館的洞窟。手握護身符，她恢復神清智明。這堵牆的某處必有著入口。雖不加看守，卻只有熟知特一言詞之人才能看見。但法瑞安已熟知於心——許久前諦聽林間草木鳥獸所復原的知識。於是她穿過屏障。碧翠絲轉而去引領更多當晚造訪她的新朋友，他們之中許多人將會於此長久勾留。

損耗不可免

我們何不把撒哈拉沙漠鋪滿太陽能光電板？這個嘛，它畢竟是獨特的珍貴生態系。但我們何以不善用各地的環境條件，獲取再生能源，並分送到全世界？像撒哈拉的太陽能、冰島的地熱，和芝加哥的風（好吧，它的風城稱號其實是迷思）。簡答是由於熱力學第二定律，長距離傳輸能量途中免不了有很大損耗，主要是以熱的形式，此外也有聲音和振動。你可以聽到輸電線嗡嗡作響。在高壓輸電線下垂直舉起一根日光燈管它會微微發亮。在二〇〇六年的電影《頂尖對決》中，發明家尼古拉．特斯拉因同樣的隔空點燈絕活，被主角譽為真正的巫師——他輕而易舉做出魔術師只能靠手法假裝辦到的事。兩者都是「電暈放電」的後果，電線朝空氣斷續放電，致使電力流失。二〇二一年全美國在傳輸與配送過程中一共損失了價值三百一十億美元的電能：足以點亮紐約全部路燈一千年㉓。雖然工程師戮力削減損失，但第二定律似乎表示這不可免。從我們有記憶起，科技就持續在以指數飛速進步。同時，約從工業革命時代起，世界總人口也以指數增長。但聯合國預估世界人口會在二一〇〇年左右穩定下來。在前兩章，我們看到凝態物理可望為人類的科技增長續命。但當我們望向深未來，屆時人口達到穩定的社會，想必也會轉而追求能和環境永續共存的科技。

實務上，我們必須懂得如何無損傳輸電能。這可以視為承繼了鍊金術師的終極目標：獲得賢者之石以便煉鉛成金。但賢者之石在轉化之外還有更強大的力量：令擁有者達成不老不死的永生，從熱力學設下的必敗賭局中逃脫。古代文明中，從蘇美祭司到波斯祆僧，中國的道士和歐洲的鍊金術師還有西非的多貢族人，都對此深感興趣。上述例子的共通點是，他們都將目光聚焦到冶煉、鍛造金屬那猶有魔力的過程。米爾恰・伊利亞德在《鐵匠與鍊金術師》這本鍊金術歷史書中寫得最好：

> 重要的是，操縱火的技藝同時在物質和身心靈的文化施展影響。前者源於金屬冶煉。後者則是最古老的魔術和薩滿祕儀。

一九一一年荷蘭物理學家卡莫林・昂內斯實現了鍊金術師之夢，將卑金屬轉為無價之寶。他用的原料是汞和鉛，皆是鍊金術不可或缺的材質。他成功的祕訣並非施予熱，而是把熱徹底驅除，冷卻材料到地球上前所未見的極低溫。昂內斯得到的並非黃金，而是遠更珍貴的超導體。

超導體的特性是導電不會有絲毫損耗。就像本章開頭提到造訪港都的天真旅人，一旦電流在超導體中形成環路，就會永無止境地繞下去。昂內斯的超導體很可能是地球亙古未有之物，甚至全宇宙都找不著（除了有理論指出中子星可能有超導性）。破譯超導體之謎可說是物理史上最偉大的成功故事。一組怪異難解的現象，被單一極為優雅簡潔的理論深刻解明。但超導體的故事遠未了結，由於該簡潔理論預測超導體只可能在極低溫下存在，即使地球最寒冷的沙漠夜晚也不足以誘發超導現象。凝態物理界仍在揣摩咒語，研擬該怎麼走出這道死胡同。那正是在追尋現代版的賢者之石：室溫超導體。

我們旅途最後這一站，將一探凝態物理前途未卜的深未來。但我們可從已被探明的地方開始，先看一種我小時候剛聽聞就為它的魔法傾倒的物質狀態：超流體。

不傳之祕與超流體

記得在小學時，大約八歲的我初次聽聞超流體。就覺得那是世上最神奇的東西。雖然那時我就確定長大要當科學家了，後見之明來看，是否就是聽聞了超流體，才使我投身凝態物理領域呢？我明確記得我聽說過的特性是，裝在瓶中的超流體會爬上容器壁，升到瓶口，再沿著外壁流下。能關住大多液體的容器都關不住超流體，它能從最細微的孔洞滲漏。即使在絕對零度仍是液態。但我想不起在一九九〇年代中期，身在德文郡東部鄉下的我是從哪聽說這些科學事實了。但幸好我有聽。而且不像其他在奧特里聖瑪麗小學流傳的繪聲繪影「事實」，這一則真確無疑。*氦元素是唯一能光靠冷卻就變成超流體的東西。其他物質也能化為超流體，但都需要奇異的實驗環境，例如置於誇張的壓力之下。如天文學的緻密天體：中子星，就有理論預測其中存在著核子構成的超流體。但這種奇異物質態也開始在地球上找到應用。像是有家量子電腦新創公司，計畫藉助超流體氦打造出量子位元。

超流體的超能力是出於它缺乏黏滯性。黏滯性就是液體有多黏稠的度量。馬麥醬很黏稠，水則不太黏稠。至於流沙，這個危害沙漠旅人卻在一九九〇年代之後神祕從大眾文化中消失的現象，則是因其黏滯性易變而教人害怕。上一秒如履平地，下一秒沙與水的混合物流動起來，將人「吞沒」。

超流體的黏滯性就是嚴格的零。它從容器中自行爬壁外流的行為，稱為噴泉現象。其實一般液體也常展現類似行為，只是效果沒有很顯著。由於表面張力，液體若能潤濕容器壁，就會稍稍往上

---

*反觀另一個故事，關於巨大狼蛛從倫敦動物園脫逃，用牠的「刺針」橇開鎖，最後被人目擊是在倫敦通往艾克塞特的火車上，最後證明是空穴來風。

爬，形成彎曲的液面邊緣，就像茶在茶杯邊緣微微上彎。但好在我們喝茶不需擔心茶爬出杯緣，因為它的黏滯性會阻止液緣朝上延伸太遠。話說回來，這個經典的現象也能用來施展魔術。

施展這魔術你必須回到你的在地酒館。但這時你肯定已被列入拒絕往來戶了，所以你得變裝易容，例如扮成一位老書商，但要是剛好本來你就是位老書商就不成了。那麼或許考慮扮成歸來的沙漠探險家，因孤寂而笑點有些古怪。想辦法在你身上的行頭中納入一些軟木塞，然後找一個沒戒心的酒客攀談，技巧高超地把話題繞到軟木塞去。例如你可以說在沙漠中你撞見一名魔術師，他透露一般是不可能讓軟木塞平衡在裝了飲料的杯子正中央，但他有個祕密咒語能令軟木塞妥協待在中央。這招對任何飲料應該都有效。假設你不信邪的夥伴有一大杯蜂蜜酒，交給他一枚軟木塞試試，但他定會失敗。軟木塞傾向待在液體最高處，但因為液面邊緣向上彎曲，軟木塞會一直往杯邊靠。現在你大發慈悲地透露祕訣：把杯子加到滿，讓液面稍微高出杯口，卻因表面張力而不溢出，這時它的形狀會是兩邊低中間高。軟木塞自然浮在正中央。若你心懷不軌，很容易就能把局面設置成對你絕對有利的打賭。會形成彎曲的液緣，是因為液體朝容器壁的吸附力高過液體分子彼此的凝聚力。液體於是攀上並貼向杯壁，以增加接觸面積。水在玻璃杯中會如此，大多水溶液如牛奶和蜂蜜皆然，所以蜂蜜酒也行。有些液體的內部凝聚力大過對容器的吸附力，於是液緣反而是向下彎，就像水銀溫度計的水銀在玻璃管中的樣子。＊

超流體爬上容器壁可以想成是飲料掛杯現象的極端例子。但它其餘性質更為費解，甚至本質上是源於量子力學效應。第五章解釋氦之所以在絕對零度仍不凝固是因為量子漲落。要說得更精確，我們須將兩種氦的同位素分開討論：氦4與氦3。同位素表示它們含有相同數目的質子，但中子數有別。氦4各有兩個質子和中子。它在二．一七K以下發生稱為「玻色－愛因斯坦凝聚」的相變，搖身一變成為超流體。

回想那些費米海的故事。包立不相容原理斷言兩顆同樣的費米子不能處在同樣的量子態。這表示當許多費米子齊聚一堂，有些不得不具有較高的能量，即使每顆都盡可能降低能量。像那班因為塔的低層空房都住滿了，雖懶惰卻不得不爬樓梯的巫師。但氦4原子表現得並不像費米子，而是像玻色子。

玻色子之名是紀念薩特延德拉．納特．玻色（一八九四－一九七四）這位孟加拉裔印度物理學家。玻色創立了「量子統計力學」領域†。雖然至今有七座諾貝爾物理獎頒給了玻色一九二四年的

＊因為水銀不算飲料，故不是我說這招任何飲料都有效的反例。雖說如此，但根據中國連貫兩千餘年的《二十四史》的記載，至少有十個皇帝因服用含水銀的丹藥而死亡或發瘋。這些多以益壽延年的仙丹進獻，乃是追尋永生的代價！

† 玻色起初四處碰壁無法發表他的論文，只好寫信給愛因斯坦。愛因斯坦立刻理解其重要性，並親自將論文從英文譯成德文，在聲譽卓著的期刊以玻色的名義發表，隨後再追加自己一篇論文詳述。因此有了「玻色－愛因斯坦統計」描述玻色子的集體行為。

發現直接促成的後續研究，玻色本人卻從未得獎。而直到一九三〇年，印度的拉曼才受諾貝爾獎委員會青睞，成為第一位歐美以外的得主。一九四九年日本的湯川秀樹才再度讓獎落亞洲。

玻色子就不受包立不相容原理拘束。它們樂得全部處在同一個量子狀態，因此在低溫之下，它們就全擠在最低能量的狀態。玻色子巫師會在巫師塔最低的房間全部擠在一起。若玻色子還彼此相吸，就像氦4原子間微弱相吸那樣，它們甚至會主動拉更多粒子到最低能量狀態。這就形成玻色－愛因斯坦凝聚態，而超流體的氦4便是一例。超流體種種驚世駭俗的特性徹底源於量子力學，但我們卻能在宏觀尺度親眼目睹。這太離奇了。怎麼會這樣呢？

回想起量子粒子的一切資訊都包含在波函數中。而玻色－愛因斯坦凝聚態中所有粒子都由同樣的波函數描述。粒子就是個別氦4原子，則它們選的波函數就都對應到最低能量狀態。既然所有粒子的波函數都相同，我們就有理由把整個凝聚態物質用單一一個波函數描述。這就是超流體魔法的根源——在介觀世界顯現的量子現象。

但換成氦3同位素我們立刻碰到一個謎團，因為氦3原子表現得像費米子，而非玻色子。但在非常非常低的溫度，大約〇．〇〇二五K時，氦3一樣會形成超流體。這完全匪夷所思：費米子應表現得像塔裡的不合群巫師。但他們為何全擠在大廳？他們必然是設法表現得像玻色子了。其中奧祕正是通往超導體之鑰，畢竟主角電子就是費米子。

超導體

撇去一些重要細節不論，超導體就是帶著電荷的超流體。雖然超流體只有幾種，超導體卻俯拾即是，雖然都得降到很低溫。事實上大多金屬冷卻到某個臨界溫度都會超導，除非有特別的理由讓它不能。就像幾乎所有液體足夠低溫就理應凍結（除非有意外）一樣。假使我們生活的環境冷到接近絕對零度，超導現象會很熟悉、日常——甚至乏味！酷寒世界會很接近無耗損的世界，至少輸電如此。但撒哈拉沙漠遠非絕對零度。

將一塊金屬冷卻到極冷，會使電子集體行為大幅改變。陽離子仍待在晶格位置上，故金屬形狀大致維持。但新行為導致幾項魔法般的現象，而且都有合適的科幻風的名字。

首先是超導電流，超導體對於電流毫無阻礙。這電阻值並非大約是零，或就實驗精準度而言和零無異。它確切就是零。若你在超導體線圈中誘發首尾相接的電流，你可以在充實一生將盡的暮年回來看，它仍會和最初一樣打轉著。重點是任意長的超導導線也是如此，傳輸電流不會有損失。

第二是邁斯納效應〔圖36〕。在普通鉛塊上施加磁場，磁場會如常滲入金屬中。但把這塊鉛冷卻到七．二K，奇蹟開始顯現。鉛轉為超導體，把穿入自身的磁力線都驅趕出去。邁斯納效應令磁力線無法在超導體內部存在，便如圖所示，把磁力線都推到外面。

第三是磁通釘扎（又稱磁通擄獲）。這次把鉛打造成一枚戒指〔圖37〕，置於磁場中，讓磁力

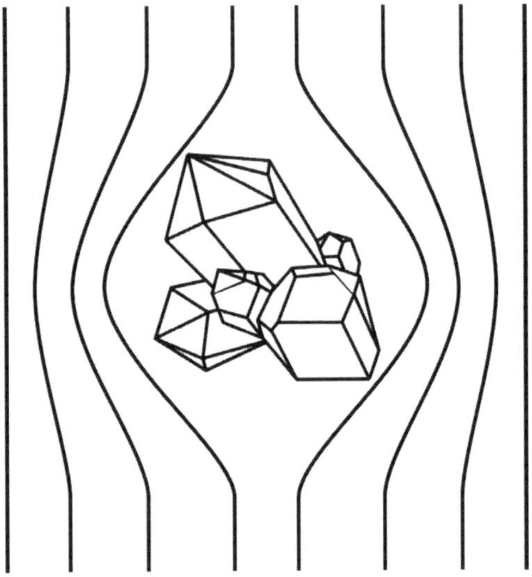

圖 36　邁斯納效應：磁力線徹底無法穿入超導體內。

線從環中穿過，再冷卻使其轉變成超導體。磁力線一樣會完全被驅逐，但這次有些磁力線被往環中趕。這些磁力線被「釘扎」在環內無處可去，因為無論怎麼動都透不過超導體。磁通釘扎會讓戒指靜靜飄浮著，被磁場鎖在半空中。即使將外加磁場關掉，釘扎住的磁力線仍維持原樣，被環套住。[2]

第四是磁通量量子化。若我們測量被超導環擄獲的磁場，只可能測出精準量子化的，也就是成某一最小數值的整數倍的磁場。這數值是放諸宇宙皆準的基本常數，稱為磁通量量子（大概是最科幻的真實科學術語）。環中的磁通量只可能是它的一、二或三倍等等，但不可能是例如說一．二倍。

超導體有兩類，它們性質差異重大。第一類超導體在任何情況皆不容許磁力線穿過

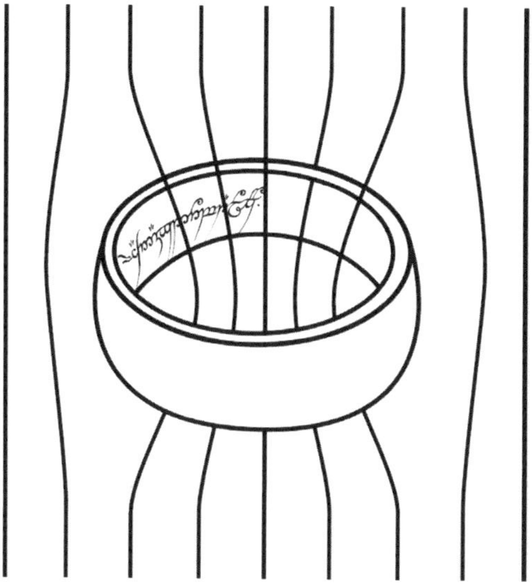

圖 37 磁通釘扎：磁力線被超導指環困住。[3]

其內部。但要是外加磁場增強再增強，最後超導體會舉手投降，驟然變回普通材質。第二類超導體在外加磁場弱時一樣徹底棄絕磁力線。但當遇上較強的磁場，它們不會忽然被打回原形，而是在部分區域開放給磁力線穿過。這並沒有和前述超導體不許磁力線穿過矛盾，因為磁力線（若干磁通量量子）呈一束穿過的小小區域，都變回了非超導材質。可以想像成原本一整塊的超導體，化為有很多洞的形狀，每個洞都像戒指一樣釘扎著若干磁力線。

超導體或許聽起來像是科幻時光機的引擎會有的東西。但它們實際上有廣泛而多樣的應用。雖然如前段所述，超導體和磁鐵間的關係是愛恨交織，但還是最常用它來收發磁場。旋轉一塊超導體會產生方向對齊轉軸的磁場，可作為超精確的陀螺儀，例如「重力探測器B」這顆人造衛星上足以驗證廣義相對論效應的極精密儀器。還記得當電流繞圈可形成一偶極磁場，而既然超導線圈沒有損耗，就常用來產生與維持超強磁場。這些「超導磁鐵」用途廣泛，例如世上許多磁振造影掃描儀，以及實驗室的核磁共振光譜儀（檢視分子的精確結構）。核融合反應爐和大強子對撞機皆用上強力的超導磁鐵，分別重現恆星核心熾熱電漿，以及宇宙形成之初的極高能情景。

一個無疑魔力四射的超導磁鐵用途就是磁浮。概念可以追溯到古羅馬，根據老普林尼描述，有位建築師曾嘗試用天然磁石做一尊懸浮的鐵塑像。綏夫特《格列佛遊記》中的飛行空島拉普達也說是藉磁力浮游。但兩者都必敗無疑，畢竟恩紹定理說鐵磁體是不可能穩定懸浮的。但是記得我在聖安德魯斯大學看到的飄浮晶體，因為它是反磁體便能辦到。反磁體在外加磁場中會拒斥外來磁力。那是一塊熱解石墨晶體，是已知在常溫常壓下最強的反磁體。但一塊超導體則是完美的反磁體——可完全將磁力線拒於其外（只要磁場不太過強烈），即邁斯納效應。每塊超導體都比熱解石墨抗磁兩千倍以上。

超導磁浮已經實際問世了，世界許多國家皆有磁浮列車運轉，最快的磁浮列車是日本的LO系列，它的極速是時速六百零三公里，加減速所需距離都是傳統火車的八分之一。此等壯舉都多虧懸浮的列車無需和地面磨擦而耗能。剩下耗損主要是空氣阻力，於是有人提倡進一步在真空隧道中運行磁浮列車，更大幅提升速度。商用磁浮列車並不是靠邁斯納效應，而是由超導磁鐵產生的巨大磁場，在兩側導軌上誘發電流，並產生相斥的磁場。這次得以回避恩紹定理是由於列車在動，而非靜止。

超導體肯定符合巫師們實用導向的魔法審美觀。但解釋它因何而起的理論，更加不可思議。

我舞影零亂

氦4超流體藉玻色－愛因斯坦凝聚形成。只有玻色子適用這機制。但電子是費米子，所以它們得另闢蹊徑以形成超流體。它們是藉著奇特並和諧的舞蹈辦到的，這樣的量子舞蹈缺乏熟悉的古典類比。非得獲得一點直覺的話，我們可以訴諸超自然之物。那些舞者有許多名諱：好兄弟、魍魎、精怪。那些非人之物：仙靈的舞蹈〔圖38〕。

據說踏入「仙女圈」是件危險的事。現代科學雖已清楚，那只是土壤中的大量菌絲體，在表面以環狀冒出蕈菇（菌傘）。然而古老民俗相傳那是仙子翩躚起舞之地。你若莽撞闖入，就會耳聞仙樂，著魔地跳舞到天荒地老。莎士比亞喜劇《仲夏夜之夢》寫到一場仙子之舞，那是人類和仙靈齊慶的一場婚禮。此景由威廉·布雷克之筆繪出，一七八五年的畫作《奧布朗、提泰妮婭和帕克與跳舞的仙子》（分別是劇中仙王、仙后與闖禍仙子的名字）就受到威爾斯傳統觀念影響，說當仙子相聚，必不自持地起舞。而在一八二八年《仙女神話》一書中湯瑪斯·凱特利描述那種舞蹈「氤氳著

圖 38　烏勞斯．馬格努斯一五五五年《北地民族史》第三冊第十一章〈論夜舞仙靈，即鬼魂〉插圖。

醉人仙氣，教人心蕩神迷」。

相似的現象也出現在世界最古老的納米比沙漠。在乾旱草原間散落著一些不毛的圓形沙地，當地傳說那些是仙子跳舞遺留，或是天神的腳印。納米比亞仙女圈的科學成因仍未有定論，但主要論點相當精彩。二〇一七年一篇普林斯頓的研究，科學家分析了白蟻的領域分布和植被生長競合間的可能關聯㉔。這些圓形緊捱著排列，每個圓都有平均六個相鄰的圓，類似蜂巢，也是圓在平面上最密集的堆砌法。這又是突現的優雅範例：草和白蟻都遵循單純規則，大尺度的最優堆砌形狀卻油然而生。

我們想像有一班莽撞商隊誤闖仙女圈。人們聽聞仙樂飄飄，便加入了永恆的舞蹈。仙子和人類包含在內，每個成員都舞得快極了。所有可能方向都有人類與仙子朝它奔去，雙方也都感受到沙塵中搖撼著的隆隆跫音。醉人的顫動使人與仙子之間相互吸引。但這魔咒神奇地僅讓一人與一仙子相互搭配。但凡前進方向相反，兩舞者就瞬間速配，在人群中相隔再遠都能憑眼神一線牽。然而，在這熱烈擁擠的場上，方向變換得太快，搭檔關係稍縱即逝。當人類每次轉向，就會立刻找到動向與其相反的另一仙子舞伴，仙子便也另結人類新歡。

容我解釋以上類比：想起一般金屬中，只有費米海頂部的電子有參與電力傳導。這些是擁有最多能量、運動最快的電子，它們通常速率相去不遠，但方向卻五花八門。當金屬足夠冷，正是這些電子進行它們的超導之舞。故事裡的人類和仙子都代表電子，電子皆帶負電，本身也具有磁場（量子性的自旋）。當我們任選一軸線，可觀測到電子的自旋若非與該軸同向，不然就是反向。人類和仙子分別代表自旋相反的電子。

使一人一仙彼此吸引的是撼動沙地的腳步聲。電子對也一樣感受到穿過金屬晶格傳來的彼此的振動。自然而言電子應會同性相斥，但這些美妙振動卻使他們彼此相吸。這股吸引力是超導性理論的第一個不凡特色。它說的相吸就是一般物理意義的相吸，有股力將粒子拉在一塊。但它的來由很古怪，兩顆基本粒子的電子定會相斥，抵銷這股斥力的根源卻不很明顯。

常用來解釋的一個故事如下：記得我們說金屬就像土元素加上火元素，它擁有由帶正電陽離子排成的規律晶格結構，其四面八方圍繞著帶負電的電子海，與之相吸。在超導體中，那故事說，電子每到一處就吸引周遭的陽離子稍微靠近一點，所以電子走過的路會遺留一條正電更加密集的痕跡，而笨重的陽離子很慢盪回原位，這帶正電的區域便可吸引下一顆電子。所以只要使晶格振動起來，就能導致一顆電子彷彿吸引了另一顆。縱使以上的圖像很直觀清晰，我們還是不能太把它當真，因為它並不能說明超導體其他方面的許多現象。說實在的，超導性是一種量子現象，任何古典類比皆無法完全得其精髓。

這種吸引力有第二個不凡特色：電子是配成一對，而非三顆、四顆或成一團。直覺上相吸之物應該會聚集並連結，但奇怪的是，極多的電子之間最多只會兩兩成對。每顆電子唯獨和自己運動方向相反、自旋相反的電子相吸。更重要的，配對並非個別現象，而是在所有電子間廣泛存在。如前所述，人類和仙子的配對關係其實稍縱即逝，並隨時交換新夥伴。這區別很重要，假如電子的配對關係是固定的，它們就可能受到材質中的雜質和缺陷阻礙，和普通金屬中的電子無異了。但正因實際上電子是在不斷交換夥伴：其實是其動向造成配對，在熙來攘往的人類與仙子之舞中，所有成員總有個伴。

要達到這樣的完美結伴，舞者間必然得有大量協調，而且得瞬時反應。隨著舞伴步伐各奔西東，便須立即覓得新歡，一刻也不得閒。愛因斯坦說不可能真有瞬間的遠距作用，畢竟沒有東西能超越光速，這使得超導體中電子竟能維持完美協調更顯離奇。*舞者甚至不用鄰近，超導體中的電子對可以相距遙遠——通常是在幾千顆原子之外。事實上電子與其夥伴的間隔，遠遠大過對與對之間的距離。就像仙女圈裡的舞者，可在擠滿其他無數舞者的場上憑眼神千里一線牽。其結果是，大量的電子對可以歡歡喜喜擠在一起。但從古典觀點，我們說「電子對」的所在大多空無一物。

這舞步最早是由約翰．巴丁、里昂．庫柏，和約翰．施里弗在一九五七年提出，並以三人的姓氏首字母的BCS超導理論為人所知。BCS是理論物理的一大成功，在數學形式和物理直觀上都簡潔優雅，完全從量子觀點描述了大量粒子的交互作用。它完美解釋了自從四十年前昂內斯發現超導性以來，困惑物理學界已久的各項實驗觀察。它也提出了數個預測，並迅速經實驗證實，甚至催生了實際應用。三人實至名歸在一九七二年贏得諾貝爾物理獎。

形成相吸的電子對是超導性的關鍵。它們是真的互相吸引，有點類似地球和月球由引力相吸，或水上芭蕾兩舞者能牽手繞圈游，但差別在於後兩者是在空間中保持等距相連，但使超導電子對相吸的是它們的方向始終相反†。庫柏起初先以計算顯示，大量電子之間一旦存在一種吸引的作用，就足以使它們全部兩兩成對，這替BCS理論打下了基礎。如今稱為庫柏對：把金屬冷卻，完美導電會在第一對庫柏對形成的同時發生。

＊有次我和一群朋友視訊替人慶生，網路延遲令我們把生日快樂歌愈唱愈慢，一下就唱不下去了。

†回想第三章用語，它們其實是在倒易空間裡成對，而非實空間。

庫柏對

庫柏對是容許電子這種費米子能像玻色子一樣凝聚，形成超流體的關鍵。在第七章我們看到，交換一對相同的玻色子就如無事發生，跟原本一樣，但交換一對費米子會有所不同。事實上，後者會使波函數多一個負號。但由於負負得正，兩顆費米子一齊便有可能表現得猶如玻色子。這令庫柏對如玻色子一樣行事：重要的是，它們能全體處於一個相同的、能量最低的狀態。巫師塔旅社的巫師因為學會了仙子之舞，皆尋獲一位搭檔，而能全部擠在一樓的大廳裡。這麼做也降低了全體的能量。

庫柏對又幫我上了「何謂準粒子」的一堂進階課。因為它們並不是準粒子！根據第一章的定義：

> 突現準粒子可以獨自存在於能量在基態以上的物質中，且不能拆成更基本的獨立成分。

好，庫柏對雖是一對電子，但它們某種意義上無法「拆開」。由於它們起源於極多粒子的互動，就像仙女圈中起舞的大量人類和仙子，需要不停舞動才會成對，且一開始成對便全體皆成對，也是這理論最神奇的點。使它們不算準粒子的理由是，準粒子須是基態以上的激發，但庫柏對全部位在能量最低的基態。它們構成了超導現象的平靜費米海面，而非海面以上的激發。

那麼超導體中的準粒子是什麼？其實庫柏對可能被拆散，但需要足夠大的能量。但被拆散的產物並不是兩顆獨立的電子，而是更古怪的東西：一對「波戈留波夫準粒子」，以蘇聯科學家尼可萊．波戈留波夫命名，有時簡稱波戈留波子。波戈留波夫粒子是一個電子和一個電洞的量子疊加態：電子自己的存在和不在相疊加。從中可得一些匪夷所思的特性。例如，由於電子和電洞具有相反的電荷，身為兩者的疊加，波戈留波夫粒子不具有定義明確的電荷。實驗物理學家發現它的電荷可以介於電子的負值和電洞的正值之間㉕。

由庫柏對攜帶的超導電流，使長距離的無損能量傳輸得以實現。只有一個問題。BCS理論預測超導體僅可能在四〇K以下的溫度存在，這溫度太低使得超導體很難實用。地球表面最冷氣溫的紀錄是一八三K，那還是在南極。即使我們已能用超導體建造無損耗的輸電線，但冷卻它所需的電力將遠超過使用它們所省下的電。

原本看似是穿越沙漠，抵達無損耗的光明未來的坦途，結果卻布滿了流沙。為了探尋前路，我們必須回首這一路上遇過，關於「何為物質」的各種定義。

千面女郎

縱觀本書，「物質」的定義反覆出現，卻每次都覆著不同的面紗。超導體便同時具有多種面貌。在第二章，物質以「大量粒子互動中突現之物」登場；超導體肯定符合此定義，因為唯有大量電子和晶格中的聲子互動它才得以顯現。在第四章，物質是「降低能量」和「增加亂度」拉鋸的結果，低溫時的規律被升高的溫度擾亂。到第五章我們學到量子漲落也能做到類似的事，令氦在絕對零度仍不凝固，與古典認知中一切動作應在絕對零度停止相違背。事實上氦在絕對零度也不是液體，而是超流體；超導體也存在於絕對零度，不僅不停止，它實際變得永不休止。然而這卻不是熱力學所禁止的永動：它是以一種量子性的、奇異的方式「流動」。但我們見過同樣的事——就如同電子在原子核附近的「軌道」上「流動」。

第六章我們遇見自旋冰：一種具有「長程相關性」卻非「長程有序」的狀態。超導體則較典型，兩者皆有。第七章我們認識拓撲序物質，其代表性特徵是具有長距離的量子纏結。當拓撲序的概念最初由文小剛教授等人提出時，他們也把近一世紀前昂內斯發現的超導現象列入。雖然並非任誰都同意，但他們提倡的論點是，記得第二類超導體會讓足夠強的磁場穿過，但穿透的磁通量必呈量子化，形成一束束的磁通量量子。然後記得拓撲學的經典例子：巫師吐著煙圈，煙霧的粒子是被捲進一個如龍捲風被彎成首尾相接的環形漩渦裡。合併這些概念，現在想像一束磁力線首尾相接成煙圈的形狀，完全存在於超導體之內。一個磁力線煙圈也是穩定的，意思是它可以撓曲拉伸卻不會斷裂。在分數量子霍爾效應中，一個任意子繞另一個轉半圈，會導致兩者都變成新的東西。無獨有偶，波戈留波夫粒子環繞磁力線煙圈再回到原處，兩者都會搖身一變轉換身分。

然而，物質最標準的定義，也是本書一再重溫的範例，就是第三章的從液體中長出來的晶體。這是自發對稱破缺的表現。液體具有連續的旋轉對稱性，於任何角度觀之都相同。但晶體只有離散的旋轉對稱性：只有轉動特定角度才會與原本相同。當晶體生長，液體原有的對稱性便破缺了，像豎立的蛋向隨機的方向倒去。晶體的原子自發形成規律週期性的排列，導致長程有序性：知曉一顆原子的位置就能推斷全部原子位置。這也賦予晶體剛性：推這一端，另一端就會動。當尋常金屬轉化為超導體時，一樣的過程也會上演。超導體也是自發對稱破缺的產物。但晶體生長所破缺的對稱很明顯、產生的剛性很直觀。但超導體打破了什麼對稱，又導致何種剛性？

月有陰晴圓缺

要探討超導體的對稱破缺，有必要再加深我們對於微觀世界量子描述的理解。量子力學使用波函數描述萬物。古典的波如海浪，也能用函數描述水面每個點的高度，以及現在某個點正處在潮起潮落過程中的哪個階段。後一個數量稱為波的「相位」。就像月亮盈虧周而復始，水面上一點也在高和低之間循環不止。量子波函數也有相位，而這對理解超導體的對稱破缺至關重要。

我們回來看那些闖進仙女圈，跳舞到地老天荒的魯莽人類。想像每個人和仙子都配戴一只懷錶。當舞蹈開始，兩舞伴便精確對好彼此錶上時刻。好，我料到你會抗議：不是偶爾會聽說一些身陷仙女圈又幸運逃脫的人，他們往往體驗到天上一日，人間卻已十年。在魔力之地時間豈有意義。搭檔又怎知道確切時間？祕訣是，他們並不需要懷錶報出確切時間，只需要報出相同時間即可。重要的只有搭檔須同步。他們可以任意決定讓錶的秒針從哪一格一齊開始。秒針的運轉就像月相周而復始。因此搭檔最初決定同步的相位是任意的。但，若他們選擇的相位和其他對不同，就會在這場協調的盛宴中顯得格格不入，和別人數不同的拍子。一旦某對搭檔的錶快或慢了，他們就會感到不自在，並盡快調整到和他人同步調。基於這點，所有舞者便能一齊抵抗任何相位的偏移，這就產生了剛性。雖然起初相位可以任選，但它鎖定同步了就極難再變化。這和晶體的剛性使其能固執頑抗剪切應力一模一樣。正是超導體相位的剛性賦予它抵抗損耗的能力。

自發性對稱破缺我們已耳熟能詳。一顆豎立的蛋一旦開始傾倒就不會再朝其他方向去，即使傾倒前它具有連續的旋轉對稱。同樣當液體結晶，原子決定一種排列就義無反顧。而當超導體形成，庫柏對全體的量子波函數會都鎖定同一個相位，捨棄其他種可能。

庫柏對全都選擇同一相位，表示整個超導體即使在宏觀尺度仍帶有此一性質。這就是讓小時候的我驚嘆的超導體和超流體的祕密：它們是宏觀到可以讓你拿在手裡（隔熱手套須先戴好）的物質，卻具有一致的量子特性——藉助剛性的魔力，量子癲狂放大了無數倍。

超導體與超流體的集體波函數稱為「相干態」。正如我們在第七章看到的，當量子系統維持著相干，它就仍能行它的魔法。但這其中有個精巧的細節，因為量子波函數的相位本身不具意義，特別是沒有任何實驗能測量它。唯有不同波函數之間的相位差才是有意義的量。

這和我們說超導性源於選擇一個相位並同步有何關聯？是這樣的。當超導體形成時，相對於宇宙中其他超導體的相位而言，它隨機選擇了一個相位。或許聽起來很抽象，但這卻是能實際測量出來的。這種測量甚至可說是一切量子力學效應之中最有用的。

約瑟夫森接面

有一種簡單的裝置可以測量兩鄰近超導體的相位差異。它叫做約瑟夫森接面，有很多用途。記得第六章我提到蕾蒂卡．杜薩德博士測量自旋冰中的突現磁單極，是用了至今最靈敏的測量裝置嗎？她打造的裝置就用了一具超導量子干涉儀，簡稱SQUID。但這裝置其實就只是一對約瑟夫森接面，以導線並聯成一個圈圈。約瑟夫森接面也用於測量有史以來最準確的電子電荷數值。電壓的單位「伏特」在二〇一九年以前是用約瑟夫森接面的實驗定義的。很快它們也會用於天文學和天文物理學的高靈敏度成像儀器。最後，約瑟夫森接面也是構成實用量子電腦的量子位元的首選。報章雜誌談到量子電腦時，插圖總是像一頭張牙舞爪的巨大黃金魷魚，那類量子電腦大概用了約瑟夫森接面。

那麼，它到底是什麼？

說來簡單，約瑟夫森接面就是兩塊靠得很近的超導體，以薄薄一層非超導材質隔開。但它的效果十分神奇。而正如所有傑出魔術，一開始大多數人都覺得難以置信。因此當一九六二年，二十二歲的理論物理學家布萊恩．約瑟夫森首度提出預測時，約翰．巴丁這位超導BCS理論中的B和唯一一位兩次諾貝爾物理獎得主，便公開加以抨擊。豈知不到一年那就得到實驗證實，一九七三年約瑟夫森也得到自己的諾貝爾獎。該效應是指，當兩塊超導體彼此接近，之間會自發產生一股電流。若施加電壓，電流會在兩者之間來回擺盪，其頻率和該電壓成正比。

再回想沙漠的仙女圈中，那些憑著錶的秒針同步舞步的人與仙子搭檔。現在想像它的旁邊有另一個仙女圈，進行著一樣的舞蹈。偶有其中一圈的一對舞者跨過邊界，闖入另一圈之中跳舞。這實在很奇怪，因為舞者理應不該出現在圈外。但更怪的事來了。即使兩圈含有等量的舞者，跳著一樣的舞，總會存在一股從一個圈到另一個的淨流動。這怎麼可能？這兩側不是一樣的嗎，它們的對稱性上哪去了？

祕密在這裡。兩圈的舞者各自挑了一個任意的相位開始對齊同步，直到全體鎖定在這相位而剛性地抗拒變化。但因為是隨機選，兩圈的相位很可能彼此不同。必有一側的錶較早報時，打破了兩側的對稱。

容我把這寓言的意思說清楚。把兩塊超導體並列著放，不時會有庫柏對從其中之一跑到另一邊。巴丁不相信的理由是，中間隔著的又不是超導體，庫柏對源於超導體中的集體粒子互動，怎麼可能跑到外面？但庫柏對並非跳著舞晃過去，而是依量子力學風格：穿隧過去的。兩者間於是自發形成一股超導電流，流量由兩側的相位差決定。這檔事完全沒有古典先例，然而，要是你容許我不完全精確地打比方，我能稍微提供相位差如何導致電流的一點概念。

想像有時仙女圈的一對舞者會不小心瞬移到圈外，但每當舞步的腳步聲重重踏下，它們就會被拉回去。要是第二個圈很靠近，有可能它們先聽到的那聲腳步來自隔壁，它們便被拉走。這完全不是超導體內發生的情況，但至少傳達了其中的機率特性。好，我們不失一般性，假設第一圈的秒針設定為整點起算，第二圈則恰巧選在相差一秒之後，兩方的舞步都是每十秒踏一次腳。這樣一來，流連到兩圈之間的搭檔，被拉到第一圈的機率是到第二圈的整整九倍。理由是，早踏腳的一方會吸引到一共九秒鐘的迷路客，晚的一方卻只有一秒鐘。

約瑟夫森接面讓我想起「魔法山路」（又稱磁力或引力山丘），你開車去這些特殊地點，先停好車、打上空檔再放開手煞車。教人吃驚的是車居然朝你認定是上坡的方向滑去。原理是視覺錯覺，由於周遭的地形和坡度的變化，讓人誤以為一段微微下坡是上坡或平坦的。但約瑟夫森效應可不是什麼錯覺。併攏兩塊超導體，超導電流會在無電壓驅動下自發流起來。可以想像成魔法山路的兩端各有一停車場，忘了拉手煞車的車就會在停車場間來回滑行，自發上坡復又下坡。

這一切看來都離奇到不像真的。自發的電流鐵定是某種禁咒吧。超導電流能無止盡無損耗流動，也一樣像是冒犯了天條。但兩者都發生了。理解物理定律如何不被這些怪異現象所推翻，能使我們對定律理解更深。

顛撲不破

熱力學第一定律表示能量守恆，不會無中生有也不會無端消失。比如一顆電子繞圈轉，應會放出電磁輻射，量子的描述是它會放出光子，無論哪種描述都是電子失去能量。但在超導電流中，庫柏對攜帶著電荷流動，卻可以繞圈子轉到天長地久。庫柏對何以不損失能量？即使有些微的能量損失，它們終會精疲力盡（日以繼夜跳舞的風險）。但事實上，即使庫柏對繞圈，它們仍全體處在最低能量的狀態。因此它們無法經由發射光子或任何方式再損失能量了。這話又怎麼說？超導體為何不也發光？

謎底和原子的電子不會墜入原子核是一樣的，但尺度大得多。電子並不是真正地「圍繞」著原子核，假使它是，就免不了丟失能量而墜落。實情則是，若電子處在明確的能量狀態，則它的位置必須是眾多位置的量子疊加態。而我們能做的最好預測就是說，在疊加態中的各個位置，觀測到電子的機率相當。這裡真正不可思議的事情，如我們在第五章學到，是當你加以測量，必定會在一個確定的地方找到電子。超導體環路中的庫柏對也一樣，它們不可能確實在「流動」，否則必發射光子，但這又和它們起初就在最低能量狀態矛盾。在導線中流動的其實是「測量到庫柏對的機率」而非庫柏對本身。

熱力學第二定律表示雖然能量守恆，卻無法避免逐漸轉為無用的廢熱，而非有用的功。那麼，電流確實很有用吧，而且沿著電線輸送電流需要耗能，會有能量在途中轉為熱、聲音和振動。超導電流同樣有用，但它卻能無耗損地流。這豈不是第二類永動機？它還真的不是：解答是，因為一開始使超導電流開始流動就不耗能。以歐姆定律來看，令電流動起來需要耗能是因為電阻，但超導體並沒有電阻，所以不會有能量因電阻轉為熱。

我覺得在這兩例中，思考「若真要鑽定律漏洞，該怎麼做」對理解很有幫助。想像超導體中帶電的庫柏對因為某種交互作用而確實在空間中擠在一塊，若這樣的超導電流繞起圈來，那塊集中的電荷就必須輻射出光子，因而損失能量，如第一定律所預料，而能量散亂成輻射又符合第二定律。由這思想實驗我們可知情況一定並非如此，庫柏對和其電荷為了處在最低能量狀態，在超導電流中必然得均勻分散。

於是，熱力學定律並沒有因超導電流的存在而被破壞，也似乎沒有理由令它們無法存在於更高溫的環境。但到目前為止超導現象仍僅限於超低溫的世界。這讓我們回到本章最初的動機：該怎麼規模化實用無損失的超導電流？

賢者之石

仙女圈中的舞者感到彼此的吸引而倆倆結伴，是因為有地面隆隆的振動。在超導體的ＢＣＳ理論中電子彼此吸引是因為晶格的振盪：與聲子的互動。實驗證據來自「同位素效應」，即同樣元素的較重同位素（原子核有更多中子）雖有相同的化學性質，但較笨重。昂內斯在一九一一年發現超導性的純物質汞，就有好幾種同位素，其中愈重的同位素要愈冷才轉為超導體。這符合ＢＣＳ理論的預測。假設電子依賴聲子而相吸，因為原子愈重振動愈慢，就愈缺乏聲子激發。這同時也是理論預測超導體所能存在的最高溫度的由來：在正常大氣壓力下這個溫度約四〇Ｋ，它受到晶格中能存在最高的振動頻率所限制。

正因如此，當一九八六年釔鋇銅氧化物居然在高達一〇〇Ｋ時出現了超導性，所有人都始料未及。理論說這應該不可能才對。實際上根據理論，釔鋇銅氧或簡稱ＹＢＣＯ，根本不具備形成超導體的要件。因為當時所知的超導體都是金屬，而ＹＢＣＯ是陶瓷。想像你在一九五八年叫物理學家從家中古董櫃裡挑一件能在超過四〇Ｋ時超導的材質，每個人都會直覺拿起金屬時鐘，但他們都錯了，正解還比較接近開運陶瓷錦鯉。

自從那次破天荒的發現後，超導體可能存在的溫度紀錄一直在往上爬，各種完全出人意表的材質都躋身超導體之列。目前的紀錄大約是一五〇K。雖然有長足進步，卻離地球表面最冷的氣溫還有一大截。

直到今日，這些「高溫超導體」存在的理由仍是未解之謎，尋找它們的方向也全無頭緒。有一整批人在系統化地逐一檢驗每一種可能材質的超導臨界溫度，冀望有天尋獲賢者之石——室溫超導體。

至今已有一些進展。二〇二〇年發布了某物質在攝氏十五度——稍微有點冷的室溫下產生超導性的報告，那是一種含碳的硫氫化物。但使它與應用無緣的是，其超導性只在兩百六十萬倍大氣壓力下才觀察得到。該研究隨即引起質疑，其他研究團隊並無法再現同樣現象。在本書撰稿期間仍是高度爭議。[4]

我們亟需的是高溫超導體的理論來引導今後的實驗與搜尋。但目前情形是可能的候選理論極多，沒有何者脫穎而出。難點之一是高溫超導體有許多經典超導體不具有的異常現象，教人難以分辨何者是有用特徵、何者只是雜音。

即使高溫超導體理論仍付之闕如，它們投入實用卻不受影響。釔鋇銅氧陶瓷可在遠高於液態氮的沸點，即七十七K以上的溫度轉為超導體。由於液態氮能直接冷卻分餾空氣而得到，取得難度不高。這表示只要超導臨界溫度高於七十七K的超導體都已相對實用。目前釔鋇銅氧與類似的材質，已用在大強子對撞機等研究機構的新一代超導磁鐵。多國已有試行超導送電，其規模逐步增加中。也有野心勃勃的企業提案要以高溫超導纜線在全美國三大電網間調度電能。尤其在再生能源必為主流的未來，這種長距離送電的能力更是不可或缺。

雖然有了長足的進步，但我們手上持有咒文卻只有斷簡殘編。賢者之石的身影乍隱乍現，卻始終不讓人得手。關於高溫超導體的一貫理論，我們仍只能期盼未來。典型超導體的發現和解釋它的BCS理論相隔四十六年。這樣算起來，高溫超導體理論差不多也該問世了。

穿越沙海的穩固路徑

鍊金術師追尋賢者之石是為了轉化卑金屬成金，也為了令自己達到永生，從熱力學這場必敗的賭局中脫身。比黃金更珍貴罕有的是高溫超導體，它可讓輸送電力擺脫損耗。因此室溫超導體就是每個現代巫師尋尋覓覓的新賢者之石。有它襄助，我們或許能邁入一個科技是促進平衡而非增長的未來世界。

但聲稱科技進步能解決世界一切能源問題就太言不由衷了。科技唯有在人們的習慣和概念率先改變時才有助益，政府更須有協調一致的行動方針。還好諸多進展並非單選題。隨我們來到本書尾聲，我們又繞回到一開始的主旨：重新讓熟悉的東西看來充滿魔力。讓我猜的話，深未來的社會追求的不再是製造新的、更大或更有效率的東西，而是重新審視我們已有的可貴之物。

說到這個，超導體和超流體還有最後一課，要教我們如何看待世間萬象。兩者都把量子領域的癲狂帶到我們的介觀尺度顯現，因而徹底違反直覺。那肯定是魔法，且是巫師偏愛的切身實用魔法。但我必須說，其實超導體不會比一塊晶體更量子。超導體只是較少見。但它的行為就和其他一切物質一樣：藉著自發對稱破缺而產生剛性。若超導電流受阻，為維持相位一致，庫柏對會一齊抵抗。推一塊晶體，它整齊劃一移動。超流體像脫逃大師胡迪尼一樣鑽出密不透風的容器是魔術。但同時，一塊晶體放在桌上形狀從不改變，箇中道理一模一樣！這並不是在貶低超流體，反而是表示一切物質論起神奇，都可和超流體分庭抗禮，只不過有些物質我們較熟悉。但要是我們居住在極酷寒的世界，對你來說超導體的熟悉度應不下固體。

即使看來一個統轄高溫超導體的理論仍須很久才會問世，考慮到它造福世界的龐大潛力，它仍是凝態物理學界鍥而不捨追尋的首要目標。當我們終於成功理解高溫超導現象，一如經典的BCS理論時，極有可能我們對世間物質百態將再次大幅改觀。這樣的突破不會無緣無故出現，也不太可能出自單一人之手筆。正如物質的穩定性源於組成粒子間的交互作用，人類知識的尖端也由眾人合作不斷推陳出新。你若願意加盟巫界，必也能在這場大追尋中一展所長。

第九章 無盡展望

「在世界盡頭以西的群島最北端，有位婦人結廬隱居。島民皆知她是世上最偉大的結繩宗師。結繩人亦視她為超逸絕塵、登峰造極的大師。縱使宗師皆有令守望人稱許的早慧鋒芒，他們仍須窮其一生砥礪手法技藝，故往往擇一領域鑽研，織寰通正是如此。北島的大宗師出身一古老家系，由女子代代守護編織貝類足絲之祕。她們須潛入深海，搜尋特別的珍珠貝，每枚貝植入一粒沙。機緣巧合當中將醞釀出一顆大珍珠。但海女尋求的是比珍珠更稀有之物：珍珠貝累月經年分泌的寥寥幾縷閃耀黃金色澤的細絲，稱為足絲或海絲。海女需深潛無數趟才能採回足夠足絲，回到陸上編成絕美織錦，僅在屆臨大事或要人來訪時相贈。足絲異常纖細，需要無數根才能紡成蛛絲般的線。手法精湛的結繩人所製足絲織錦，呈現畫像甚至和實景莫辨。

大宗師在九三高齡造出了空前絕後之物，並非足絲織錦，而是足絲織寰——因而她造出了整個世界。正如足絲織錦可呈現現實的一切完美與不完美，足絲織寰則是包含了全宇宙。萬物隨她繫解繩結之手而生滅，世界隨織寰上的每次重聯而變。織寰宇宙中的居民卻受線性句式之困，解讀時間為線性流淌。宗師間或休憩，但當她重拾織寰解讀，居民渾然不覺存有中斷，畢竟萬物皆源自這張纏結善變的足絲之網。足絲宇宙的久遠過去和深宵未來，皆在網始存在的剎那創建。這一列解讀出一座山；那一列代表一隻麻雀之死；這裡描述一道閃電的殘影；那裡則是大宗師她自身。」

法瑞安讀罷，闔上了書，思緒回到騷動的圖書館——並策劃遁逃。

法瑞安所追尋的是將一度充斥世界的法力歸還於世界。這是無數奇幻小說的共同主題，包括在本書一再出場的名著：《魔戒》故事發生時世間法力已衰微。霍普．米爾莉《霧中盧德鎮》、鄧薩尼男爵《精靈王之女》，以及蘇珊娜．克拉克《英倫魔法師》皆述說魔法的歸返。存在一個魔法發達的遠古或曰神代，這概念廣見於《降世神通：柯拉傳奇》、《奧術》和吉卜力經典的《魔法公主》等作品中。

理由不證自明：若要相信世上有魔法，就不得不解釋它為何隱而不顯。古代記載中神奇之事常有，故引人推論世上曾有魔法，它只是在現代銷聲匿跡。魔法消弭的時代更常鎖定一時期。米爾莉、鄧薩尼和托爾金都是戰間期的作家，時值機械與自動化正快速取代老式生活。據托爾金說，索倫魔君邪惡機械化的勢力威脅著田園祥和的夏爾，象徵的是工業重鎮伯明罕的擴張吞沒四周鄉村，包括他兒時的家。這波工業化得利於第一次世界大戰帶來科技革新。大戰的殘酷則是托爾金的親身經歷。戰爭的迫切性令工業得到鉅額挹注並突飛猛進。基於相同理由，凝態物理也誕生於這時期。它帶來的洞察與世界觀的轉捩，可視為魔法的死亡。

但我卻主張魔法從未真的離開：它只是改頭換面。自然界某些景象顯然帶有魔力：樹木、溪澗、古老洞窟覆滿苔痕的岩石。這是第一階段的眼光，看什麼都新鮮。等到對世界周遭理解增長，容易讓人感到魔力不再。但抱持這眼光就是卡在第二階段，懂些雕蟲小技，便草率看輕了整場秀。但現代世界亦有魔力。魔力從來沒有真的衰微，且隨著理解更進一步加深，我們能進到第三階段，從一個專業術士的角度欣賞這場富有魔力的表演。

到戶外擁抱大自然公認有許多有益身心的效果，如舒緩壓力減輕焦慮㉖。但大自然究竟是哪個層面具有這種治癒力，它必須是某種特定型態嗎？最近我和良師兼益友的達米恩．哈克尼一起跋涉達特穆爾荒野，那是一片強風襲人的泥炭沼澤地，夾雜孑然獨立的花崗岩堆和橡木原始林。我們聊起他攻讀博士這段期間嘗試開發的概念。他的點子是，試著讓只體驗著都市型態生活的人建立與環境的聯繫，達到如同在野外的平靜感：學著不只從樹木與山澗感到魔力，從金屬和混凝土亦可。從我的角度理解，這像極了尋求在凝態物理中見神奇，無論觀照對象是粗礦石或精煉後製成的都市公園椅。

前程

法瑞安困於書架迷宮中，鋪天蓋地盡是鑄鐵柵。她的時間有限。仇敵迫近。他們雖掌控此處，卻非圖書館的建造者，因而對其並無感情。他們重視其中蘊含知識，僅因那能賦予彼莫大權力。

法瑞安所讀的內容喚起了她深度蟄伏的記憶。她憶起在晨間的陽光下一遍遍地讀葫蘆子年輕時的冒險，追隨睿智的聃夫人求道，並終成為傳奇大師。沉浸於心流的時分，她屢次依賴想像補綴那些熟悉書頁邊沿的一絲半縷，或可延展出的全新事物，因太年幼而不知悉可能性的限界。重燃初心令她體悟自身的存在並不囿於此時此地。畢竟她已重新認識到，時間與空間只是方便的虛擬，而她可覺察承載現實、令其突現的絲縷。

她逮到一絡弛散，在現實的脈絡裡梳理出一道罅隙，一道通往圖書館外十分鐘後現實的隧道。法瑞安已獲得她追尋的祕奧。這段旅程邁入尾聲。但知識就是要拿來分享與利用，因此那將會是她今後追尋的新冒險。為了開始，她脫身返回俗世。

有人說在我們強加於科學理論的世界觀和主流社會觀點之間有很深的聯繫。若這是真的，凝態物理的興起應該是源於一種樂觀的展望。在一個主題它有獨特洞見，是關於化約論和突現。化約論意在把複雜現象化約到可能的最簡詮釋，就像福爾摩斯一邊辦案一邊排除無裨益的枝微末節。突現則是當許多簡單的物體互動，會得出比單純總和更深奧結果的觀點。

這兩種方法相輔相成，而且永遠是科學缺一不可的要角。最常與突現扞格的是那種「重點永遠在最小組成」的斷言。例如將現實化約到一切基本粒子與其交互作用的綱領，見樹而不見林。

古諺有言：剝極必復，物極必反。當人追求一極端，難免會適得其反來到另一極端。追尋基本粒子的性質迴避不了發展出量子場論，但量子場論又斷言粒子從不單獨存在：它們周遭充斥著波動的海面，若輸入能量窺探便隨時可能產生正反物質粒子對，如同宇宙本身在變著戲法。把事物打碎詳細探究，你終得試著把拼圖組回來。

突現在未來必嶄露頭角。它已是凝態物理的焦點，我們以量子領域的微觀積木為工具，探討當大量這種積木凝聚，如何形成複雜且宏觀的系統：我們的介觀日常體驗。其中最有意思的是當大尺度現象與微觀現象大異其趣的時候。

坊間關於凝態物理的書少到教人吃驚，鑑於它其實是第一大的學門。就像許多我的同僚，我從小就傾心於弦論、黑洞與多重宇宙的傳奇。直到大學我們才又驚又喜地接觸到凝態物理這既迷人又博大精深的「隱藏關卡」。但究竟為何在大眾的意識和想像中它如此缺席？這些年當我有機會和同僚和科學作者請教，答案大致有兩種。首先，超弦和黑洞聽起來就很神奇，觸手可及的物質則否；再者，超弦和黑洞受益於它們想必不會有近期實用性，反倒令其本身的奇特，與科學家對其的興奮成為焦點。凝態物理是受自己太有用太熟悉所害。但現在你應同意，熟悉和實用性並不減其魔力分毫，甚至因講求實際的巫師都對其大感興趣而增色。

市面缺乏凝態物理科普這件事，賦予了我罕見且受寵若驚的機會向許多讀者初次引薦它。我描述了不少科學家生平，希望能反映出這領域的人才來自多樣且廣泛的背景。不走運的是，歷史上長期都只有少數菁英能參與科學。但現已時過境遷，我們只能空想推測著要是人類自古就不分男女老幼、家世貴賤都能做科學，如今人類社會會有怎樣長足的進展。而我想傳達的就只有一點，凝態物理是開放給大家的：巫師任誰都能當。心動不如馬上行動，加入這個大家族。要是你覺得你不太符合科學家的既定形象，你的另類觀點正是推展未來的科學更亟需的。

我曾聽人說，一切舞台魔術的祕密就是，魔術師必須投入超乎任何觀眾所敢想像與置信的心血。這也是物理的祕密：任何人都能做到，唯手熟爾。而當你駕輕就熟，觀者必視你為巫師，因為他們已無法想像你所投入的深刻思慮。但這有顯然的壞處：讓太多人打退堂鼓，像是誤以為所需的數學技巧是與生俱來。我能親身證言絕無此事：全都是用以致學。

科學突破是由孤絕天才獨自產出的錯誤印象依舊橫行。例如諾貝爾獎仍堅持頒給至多三人，無視大規模團隊合作已是近代科學不可或缺。在獎項的邏輯，科學發現全然歸功於個人，對於背景大環境和重要的人際互動置若罔聞。如同視個人獨立於環境，而後者僅受人意志宰割一樣。這完全就和巫術律背道而馳。但突現這一科學範式的興起，給了我們積極改變的希望。我們並非獨立於環境，而是其一分子。對於整體的重視也令我們不隨便輕視任一部分，畢竟整體，要比部分的總和來得深奧。而這正是巫師的觀點。

附錄

這篇附錄提供第七章內文的證明。回想起情境是你和另兩個朋友，遇見三名夜之浣女，分別被帶到三座分隔甚遠的塔（命名為塔一、二、三）。每逢子夜，會有渡鴉將一枚彈珠銜到三座塔，浣女再各自讓你們猜測彈珠在左或右手，並揭曉答案。浣女一開始宣布祂們的魔法將使以下兩預言永遠成立。

一、若猜左手的人數為一，必會有奇數個人猜對。

二、若猜左手的人數為三，必會有偶數個人猜對。

接下來我們來證明浣女不可能憑著事先訂好的策略，每次都同時滿足壹和貳。即使祂們可以靠魔術手法作弊換手，也無法即時串通好怎麼換。你只得承認祂們能即時獲知遠方的結果。

任何事先訂好的祕密策略，都可用這個廣義的格式概括：「若人類猜左手，是否應讓他答對；

若人類猜右手，是否應讓他答對。」我們可以簡寫成﹛是／否；是／否﹜。一個大括號代表一座塔的一個人猜測左和右的選擇分支。因此所有策略是三個括號﹛□；□﹜﹛□；□﹜﹛□；□﹜代表三座塔，共有六個是非題，共六十四種可能。

預言壹是關於你們三人僅一人猜左，也就是塔一二三的人分別猜「左、右、右」或「右、左、右」或「右、右、左」。預言貳則只適用於「左、左、左」。

像玩數獨一樣我們開始排除不合的策略，先從「左、右、右」開始，浣女的策略須是下列其一：

﹛**是**；□﹜﹛□；**否**﹜﹛□；**否**﹜（答對人數一）

﹛**否**；□﹜﹛□；**是**﹜﹛□；**否**﹜（答對人數一）

﹛**否**；□﹜﹛□；**否**﹜﹛□；**是**﹜（答對人數一）

﹛**是**；□﹜﹛□；**是**﹜﹛□；**是**﹜（答對人數三）

因為我們考慮的情況是「左、右、右」，三括號中分別代表猜那隻手的策略分支因此決定。但另一手的選項還有決定空間。這四行窮舉了能讓一或三人猜對，故與預言壹相符的策略。

但你們也大可憑自由意志選擇猜「右、左、右」，我們來看前面第一行策略，若要調整成也適用於「右、左、右」和預言壹，它只能是：

｛是；**是**｝｛**否**；否｝｛□；**否**｝（答對人數一）

｛是；**否**｝｛**是**；否｝｛□；**否**｝（答對人數一）

同理，第二行策略只能有兩種調整：

｛否；**是**｝｛**否**；是｝｛□；**否**｝（答對人數一）

｛否；**否**｝｛**是**；是｝｛□；**否**｝（答對人數一）

第三行策略則有：

｛否；**否**｝｛**否**；否｝｛□；**是**｝（答對人數一）

｛否；**是**｝｛**是**；否｝｛□；**是**｝（答對人數三）

第四行也有兩種：

（是；**否**）（**否**；是）（□；**是**）（答對人數一）

（是；**是**）（**是**；是）（□；**是**）（答對人數三）

但你們起初大可猜「右、右、左」。再加上預言壹，這完全決定了上述八行策略剩下那格。

即：

（是；**是**）（否；**否**）（**否**；否）（答對人數一）

（是；**否**）（是；**否**）（**是**；否）（答對人數一）

（否；**是**）（否；**是**）（**是**；否）（答對人數三）

（否；**否**）（是；**是**）（**否**；否）（答對人數一）

（否；**否**）（否；**否**）（**是**；是）（答對人數一）

（否；**是**）（是；**否**）（**否**；是）（答對人數一）

（是；**否**）（否；**是**）（**否**；是）（答對人數一）

（是；**是**）（是；**是**）（**是**；是）（答對人數三）

最後一行就是本文中舉例說「讓所有人總是答對」的策略。因此，確保預言壹一定實現的祕密策略全在這了。現在我們來驗證當你們猜「左、左、左」時預言貳都無法成立，只須逐行檢查就會發現答對人數都是奇數，而非偶數。

致謝

我想感謝許多人，沒有他們襄助本書就不會存在，或只以更不好讀的形式存在。

首先我感謝我的作家經紀人 Antony Topping 導引我走過整個出版流程，始終帶著有感染力的進取觀。我也感謝 Marcus du Sautoy 介紹我們認識。

本書的可讀性須歸功於 Profile 出版社的編輯 Helen Conford、Ed Lake 和 Nick Humphrey，和 Simon & Schuster 出版社的 Eamon Dolan。Forewords 社的 Nick Allen 不僅替全書審稿校對，亦提供許多有益的科學建言。

我想感謝 Fritjof Capra 的科學寫作啟發了我的創作欲。

我想感謝 Femi Fadugba 和 Eugenia Cheng 提供大量在寫作和出版路上的牽成。

我想感謝 Ruth Gordon 畫出她的馬克士威惡魔插畫，並容許我刊載。我感謝牛津 Scriptum 精品古董文具店的好友 Azeem Zakria 替我客製一本「魔法筆記」讓我能記錄每日的魔法點滴。感謝 Helena Laughton 和 Sixuan Chen 幫我翻譯《鬼谷子》最早描述磁鐵的段落；畢竟是最早，很意外它末有英文翻譯。

我想感謝許多讀過本書各階段草稿的朋友給予我的珍貴回饋。特別是 Dina Genkina、John Hannay、Kun Lee、Gwendoline Lindsay-Earley、Ellen Masters、Emma Powell、Leonid Tarasov 和 Jack Winter。Holger Haas、Sebastián Montes Valencia 和 Jasper van Wezel 鞭辟入裡的評語讓我徹底大改初稿，本書才有了大幅改善。Montes 和 Jasper 進一步再加以指正，才讓文字可讀性大增。

最後，我想感謝我的未婚妻 Beatrice Dominique Scarpa。一方面感謝她的可靠奧援，另一方面感謝她一直源源不絕提供我靈感與魔力，自從我們在沙漠中巧遇的那天起。

參考資料

關於比較新的科學研究，我不時會附上學術論文參照，以支持本文中的敘述。這些大多是寫給該領域專家看的，也就是目標讀者並非學術圈外人。但通常只要用論文標題搜尋，便可以找到關於該研究面向一般大眾的科普摘要。我會附上數位物件識別碼（ＤＯＩ）令大家能篤定找到那篇文章。

部分論文需要付費才能取用。但幾乎近年所有物理論文，其「預印本」都會放上 arxiv.org 供任何人免費取用。預印本和正式期刊的差異通常只有排版不同，內容則相同。注意並非所有 arxiv 上的預印本都經過同儕審核，如果一篇文章有通過而獲得期刊刊登，應會在 arxiv 頁面上註明。

第一章

❶ C. A. Moss-Racusin et al., 'Science faculty's subtle gender biases favor male students', *Proceedings of the National Academy of Sciences of the USA*, vol. 109(41), pp. 16474–9 (2012); doi. org/10.1073/pnas.1211286109

第二章

❷ N. J. Mlot et al., 'Fire ants self-assemble into waterproof rafts to survive floods', *Proceedings of the National Academy of Sciences of the USA*, vol. 108(19), pp. 7669–73 (2011); doi.org/10.1073/pnas.1016658108

❸ J. L. Silverberg et al., 'Collective motion of humans in mosh and circle pits at heavy metal concerts', Physical Review Letters, vol. 110, 228701 (2013); doi.org/10.1103/PhysRevLett.110.228701

第三章

❹ 例如 N. Mirkhani et al., 'Living, self-replicating ferrofluids for fluidic transport', *Advanced Functional Materials*, vol. 30(40), 2003912 (2020); doi.org/10.1002/adfm.202003912

第四章

❺ 這是個著名案例，其原始數據被反覆檢查過了。本書參考二〇一四年一篇回顧論文對高爾頓原始手稿檢視後的結論。另外《自然》雜誌誤植了真值的個位數。論文見 K. F. Wallis, 'Revisiting Francis Galton's forecasting competition', *Statistical Science*, vol. 29(3), pp. 420–4 (2014); doi.org/10.1214/14-STS468

❻ S. Toyabe et. al., 'Experimental demonstration of information-to-energy conversion and validation of the generalized Jarzynski equality', *Nature Physics*, vol. 6, pp. 988–92 (2010); doi. org/10.1038/nphys1821

❼ 你若對量子計算和熱力學的交匯感興趣，可參看 Nicole Yunger Halpern 博士的書《量子蒸氣龐克》*Quantum Steampunk* (Baltimore, MD, Johns Hopkins University Press, 2022) 該書也一樣是穿插奇幻的科普。

第五章

❽ A. M. Ionescu and H. Riel, 'Tunnel field-effect transistors as energy-efficient electronic switches', *Nature*, vol. 479, pp. 329–37 (2011); doi.org/10.1038/nature10679

❾ 這篇報導正反面探討了目前學界對於光合作用是否涉及量子效應的看法：P. Ball, 'Is photosynthesis quantum-ish?', *Physics World*, vol. 31(4), p. 44 (2018); doi.org/10.1088/2058-7058/31/4/39

第六章

❿ F.-Q. Xie et al., 'Gate-controlled atomic quantum switch', *Physical Review Letters*, vol. 93, 128303 (2004); doi.org/10.1103/physrevlett.93.128303

⓫ C. Castelnovo et al., 'Magnetic monopoles in spin ices', *Nature*, vol. 451, pp. 42–5 (2008); doi:10.1038/nature06433

⓬ F. K. K. Kirschner, F. Flicker, A. Yacoby, N. Y. Yao and S. J. Blundell, 'Proposal for the detection of magnetic monopoles in spin ice via nanoscale magnetometry', *Physical Review B*, vol. 97, 140402 (2018); doi.org/10.1103/PhysRevB.97.140402

⓭ P. A. M. Dirac, 'Quantised singularities in the electromagnetic field', *Proceedings of the Royal Society of London*, Series A, vol. 133, p. 60 (1931); doi.org/10.1098/rspa.1931.0130

⓮ R. Dusad, F. K. K. Kirschner, J. C. Hoke, B. R. Roberts, A. Eyal, F. Flicker, G. M. Luke, S. J. Blundell and J. C. S. Davis, 'Magnetic monopole noise', *Nature*, vol. 571, pp. 234–9 (2019); doi. org/10.1038/s41586-019-1358-1

⓯ C. Kim et al., 'Observation of spin–charge separation in one-dimensional SrCuO2', *Physical Review Letters*, vol. 77, 4054 (1996); doi.org/10.1103/PhysRevLett.77.4054

⓰ R. McDermott et al., 'Microtesla MRI with a superconducting quantum interference device', *Proceedings of the National Academy of Sciences of the USA*, vol. 101(21), pp. 7857–61 (2004); doi:10.1073/pnas.0402382101

⓱ J. Hong et al., 'Experimental test of Landauer's principle in single-bit operations on nanomagnetic memory bits', *Science Advances*, vol. 2(3), e1501492 (2016); doi.org/10.1126/sciadv.1501492

第七章

⓲ 其實有兩篇文章。第一篇是 N. D. Mermin, 'Is the Moon there when nobody looks? Reality and the quantum theory', *Physics Today*, vol. 38(4), 38 (1985); doi.org/10.1063/1.880968. 但本文段落是基於其後續：N. D. Mermin, 'Quantum mysteries revisited', *American Journal of Physics*, vol. 58, 731 (1990); doi.org/10.1119/1.16503

⓳ A. Einstein et al., 'Can quantum-mechanical description of physical reality be considered complete?', *Physical Review*, vol. 47(10), pp. 777–80 (1935); doi.org/10.1103/PhysRev.47.777

⓴ J.-W. Pan et al., 'Experimental test of quantum nonlocality in three-photon Greenberger–Horne–Zeilinger entanglement', *Nature*, 403(6769), pp. 515–19 (2000); doi.org/10.1038/35000514

㉑ J. Yin et al., 'Satellite-based entanglement distribution over 1200 kilometers', *Science*, vol. 356(6343), pp. 1140–44 (2017); doi.org/10.1126/science.aan3211

㉒ 有兩個旗鼓相當的研究團隊先後發表。先是 H. Bartolomei et al., 'Fractional statistics in anyon collisions', Science, vol. 368 (6487), pp. 173–7 (2020); doi/10.1126/science.aaz5601。接著是 J. Nakamura et al., 'Direct observation of anyonic braiding statistics', *Nature Physics*, vol. 16(9), pp. 931–6 (2020); doi.org/10.1038/s41567-020-1019-1

第八章

㉓ 根據美國能源資訊署（ＥＩＡ）二〇二二年四月的 Monthly Energy Review 報告，前一年度的傳輸與配送過程中損失了約二千兩百六十億千瓦小時（度），相當於總發電量的五・五％。依照二

〇二二年五月電價每度一三・八三美分。當時紐約市交通運輸部需維護三十一・五萬盞街燈，以每盞ＬＥＤ路燈消耗八十瓦計算（道路照明燈一百五十瓦，住宅區街燈三十五瓦）。

㉔ C. E. Tarnita et al., 'A theoretical foundation for multi-scale regular vegetation patterns', *Nature*, vol. 541, pp. 398–401 (2017); doi.org/10.1038/nature20801

㉕ Y. Ronen et al., 'Charge of a quasiparticle in a superconductor', *Proceedings of the National Academy of Sciences of the USA*, vol. 113(7), pp. 1743–8 (2016); doi.org/10.1073/pnas.1515173113

第九章

㉖ See, for example: M. P. White et al., 'Spending at least 120 minutes a week in nature is associated with good health and wellbeing', *Scientific Reports*, vol. 9, 7730 (2019); doi.org/10.1038/s41598-019-44097-3. G. N. Bratman et al., 'Nature experience reduces rumination and subgenual prefrontal cortex activation', *Proceedings of the National Academy of Sciences of the USA*, vol. 112(28), pp. 8567–72 (2015); doi.org/10.1073/pnas.1510459112. V. F. Gladwell et al., 'The great outdoors: how a green exercise environment can benefit all', *Extreme Physiology & Medicine*, vol. 2, 3 (2013); doi.org/10.1186/2046-7648-2-3

譯者補充

第二章

1 因為地球上不存在能直接拿氫來燒的融合裝置，氫＋氫→重氫這個反應牽涉很糟糕的一步是一顆質子得變中子，這要等弱核力發揮功用。除了在夠大的太陽內部外極難發生。見 en.wikipedia.org/wiki/Proton%E2%80%93proton_chain

所以融合燃料循環圖只有那四種質子、中子數都守恆的反應（D+T；D+D；D+He3；He3+He3）。即使氫彈都要供應稀缺的D－T燃料。為了製造氚唯一的方法是把鋰分裂。鋰和氦在此都不是什麼可再生能源，除非人類忽然能星際採礦獲得月面氦－3。

第三章

1 寶石的色散來自不同波長的光會有稍微不同的折射率。等於色散度高的材質做成稜鏡很容易就讓白光分開。寶石切割能加強色散是利用設計好的角度，讓光線產生很多次全內反射，即使產生角度差的折射只有一開始那一次，但每多產生一次反射，該角度差都會加倍。色散在光纖通訊是個技術難點。

2 磷光和螢光的產生原理相似，差別是衰退的時間，任何受激發後消退時間短到肉眼不足以辨識的叫螢光，稍微可以辨認的叫磷光。持續時間長短的差別在躍遷後，要降落的能階若剛好受某些量子力學的限制，不能非常順利地踩下去（便發光）就會比較踟躕，衰退也較慢。

3 世界各地進入石、銅、鐵器時代的時間顯然不同。而因為本地不一定有錫礦，或能從遠處帶來錫石的商人網，世界滿多地區沒有青銅（合金銅，相對於天然純銅）時代。像漠南非洲就直接進鐵器時代。因為錫少見，青銅時代是一種夠不夠地大物博，或是大貿易網路一部分的表現。而歐亞非交界處（近東）就在晚期青銅時代形成最大的交易體系。

反過來煉鐵的原料相對容易得到，或許因為這樣界定鐵器時代從何開始非常難。它基本上是在追蹤「煉鐵技術知識」與「生產鐵器的機構」的歷史。跟著人事流轉，都可能會中斷和轉移……於是年代範圍就落差很大。文中公元前一千兩百年是近東青銅時代的大國體系崩潰的時代，也剛好是銅鐵交替之時。

4 事實上應該是人造晶體。鉍（和銻一起）主要來自生產鉛的最終雜質。自然鉍礦石最多的是氧化物和硫化物，都不是美麗晶體。若中大獎遇特殊地質條件可能有還原態鉍礦但還是不會這麼漂亮。圖6的晶體需要純鉍放在鍋裡融化，緩慢冷卻長晶得到。

5 目前的猜測是比起南北方，跟它們維生比較息息相關的是上下。在水體中愈表面溶氧愈多，愈底部愈缺氧是一般的梯度。對趨磁細菌的代謝有利的卻偏偏是有氧到無氧的過渡帶。利用地球磁場在赤道以外的地方都會有一點垂直分量（有磁傾角），可在其他訊息（光線和化學）之外協助細菌辨別上下，找到剛剛好的地帶。

6 蔗糖摩擦發光的光譜是來自靜電場擊穿空氣，激發氮氣的發光，其光譜幾乎都在紫外線範圍，文獻亦可見蔗糖晶體的摩擦發光頻譜。連繫作者表示橘光是他有次親身製作糖晶體實驗所見，並說可能他用的糖並不純。有一點雜質就會讓樣品性質大變，這正是包立「泥土的物理」所說的事，第六章有更多例子。可參考 Xie, Yujun, and Zhen Li. "Triboluminescence: recalling interest and new aspects." Chem 4.5 (2018): 943-971.。

7 挪威國王聖奧拉夫（九九五－一〇三〇）的民間故事，也譯成《盧得烏夫和兒子的故事》。十三－十四世紀有中世紀手抄本（某僧侶寫下）保存在冰島。出場人物的名字在不同寫本略不同。故事是國王同主教、王后，隨從近百人到挪威中部開庭審案。被指為偷羊賊的兩兄弟和王相談甚歡，還邀國王到他家找家主盧得烏夫玩。父子三人都有賢才，分別會解夢、占星和占面相。而他們家豪華得不像話。穿插著基督教文學的象徵，主旨是強調聖奧拉夫的虔誠。

8 到底怎麼使用的說法很多，由藍轉黃這個說法受到後文會提的「海丁格刷」影響很大。另外一個可能的用法是，在晶體的一面畫一條線，兩道折射光的重影相對亮度會隨著和太陽光的夾角而變。兩條線的亮暗對比會在與太陽光夾九十度角時最大。後文教的肉眼法也是應用這個。

9 海丁格生在富裕人家，早逝的爸爸是礦物學家，舅舅是維也納大銀行家，個人興趣收藏的礦物比大多學術機構還多。莫氏（Mohs，莫氏硬度表發明者）教授就因此常到府上拜訪，不久收海丁格為徒。二十八歲到當時光性礦物學（optical mineralogy）的重鎮愛丁堡交流，這門科學完全注重用折射率和偏振光鑑定礦物。海丁格回國後自己製作大量光學儀器，包括可以得到純偏振光，口袋大小的二色鏡（dichroscope）。他也發明礦物多色性（pleochroism）這個詞。歷史性的海丁格刷報告可參考：https://arxiv.org/abs/2010.15252

10 楊振寧、李振道預測宇稱（P）不守恆。吳健雄以鈷－60的β衰變實驗證明電子噴出來的方向（相對於鈷－60原子的磁矩，吳健雄以強磁場對齊）分布不對稱。吳的實驗讓人類有朝一日和外星人溝通時，有可能確認採用一致的左或右手坐標系。但正常發揮的諾貝爾獎，只頒給兩個男人。

11 《達文西密碼》原書並沒有提到阿拉戈，但也差不遠。整本書圍繞著的「寶藏藏在玫瑰線下」謎語的一個解讀是巴黎子午線。他因為參與了子午線測量成為法國科學院院士，時年二十三歲，後來巴黎子午線上有一連串寫著Arago的圓形獎章。所以電影一定有拍到。

阿拉戈在拿破崙戰亂中受命到西班牙做大地測量，在鄉野豪傑之間斡旋保命（也保住他一切的數據），這也多虧他老家是法國那一側的加泰隆尼亞，方言很熟可以融入。他一度因船隻被俘漂流到阿爾及利亞，靠膽量和人際手腕生存——包括在某位法官面前唱山羊之歌咩咩叫。

12 壓電效應是可逆的，壓了有電，或通電有壓力，所以它可以用來感應受力，也能用電來操控微動。甚至能從電轉力再轉電，但輸出電壓大於原本的升壓器。應用例子包括：

・用電產生震動→超音波發射器、石英錶、噴墨印表機噴嘴、蜂鳴器／揚聲器。

• 精密測量力或震動→電子秤、汽車電子感應、脈搏監測器、麥克風／拾音器、橋梁建築監測。
• 兩者兼具→掃描穿隧顯微鏡的探頭、醫用超音波探頭（transducer；發出去和感應用同一塊）、手機的MEMS加速度儀、壓力回饋VR手套。

13 冰立方在南極點（就在美國的阿蒙森史考特基地外面），深約兩公里，陣列本身是高一公里的六角柱。建築方法是倒熱水解凍，鋪設探測器，等水重新結凍。

微中子穿透力極高，原因除了原子核很小之外，還包括弱核力需要在格外近的距離才會有作用。另外，只有帶電粒子才會引發契忍可夫輻射，微中子為電中性，故無法直接偵測。故需非常偶然有微中子射中原子核，藉弱核力產生中子和質子互換的核反應，得到三種帶電的輕子（lepton）之一。微中子會在三種味（flavor）中互換，看射中核子時它是哪種口味，就會得出那種輕子：電子、緲子、濤子。

微中子產出的三味輕子中，電子穿透力不強很快被擋，質量超大的濤子速度不夠，又極快衰變。緲子雖然帶電，穿入物質一定受電磁力偏折，這會令它發出韌致輻射而減慢；發出契忍可夫輻射也會令其減慢。但核反應／宇宙射線過程產生的緲子初始動量極大，遇到電磁力幾乎可忽略。微中子和緲子這兩穿透力十足的粒子可拿來看穿大結構，例如大金字塔和地球本身，缺點是產生粒子或偵測粒子的事件不夠常發生。光源太暗，所以都要連續曝光很久，還得處理噪訊。

14 前文提到「過飽和」的定義其實依賴四周有沒有能凝結、多容易凝結的表面。所以即使空氣濕度大致一樣，但局部的過飽和度是「周圍有多少表面」的函數。分支長得遠離蛋黃區，反而能獨霸更多水氣。也可以想成，如果你是冰晶平面上的水分子，能來撞你的只有一個半球區域的空氣水分子。但你在一根棒子的尖端，幾乎能接觸整顆球面範圍的空氣。

15 原文說羅力是 buccaneer，廣義是海盜，狹義是加勒比海的法國籍為主的海盜。羅力、德雷克、霍金斯之流做的是比較像是在國家首肯下對敵國的海上騷擾，後來確立這體制叫私掠（privateering）。

羅力剛好是裡面最不像海盜的。他創建了北美最早的兩個殖民地。後來因為黃金城傳說兩探今日的蓋亞那高地。羅力是哈瑞歐特的贊助人。

哈瑞歐特是第一個學會北美原住民阿岡坤語的歐洲人，自創了一套拼音文字，試圖傳福音。他因為發表太少（或因為政敵太多，最嚴重的指控是他是個無神論者），有許多領先一世代的數學、物理發現都未獲人重視。比較厲害的有光學的折射定律、二進制、球面三角面積，以及對彗星和月球的觀測。

16 固體在任何溫度都有蒸氣壓，只是很小。要是燈泡是真空的，鎢會透過「鎢蒸氣」的形式飛到燈泡中比鎢絲冷的地方。填充氬氣提供壓力抑制鎢的蒸發，有點像水在愈高壓力愈難沸騰。鹵素燈泡更神奇，首先它的壓力很高（所以保護套不能少，熔融石英管還是會爆裂），還在鈍氣裡故意添加一些氧和一些鹵素，基於某些熱力學的理由，氣體鹵化鎢易在低溫形成，擴散，然後在高溫燈絲上把鎢吐出來，鎢絲就被連續的續命。

第四章

1 拉札爾・卡諾（Lazare Carnot），軍人、數學家和工程師，被敬稱「偉大的卡諾」和「勝利的組織者」（後勤天才），入祀巴黎先賢祠。一八〇二年擔任護民院代表時投下了唯一反對拿破崙稱終身執政的那票。艾菲爾鐵塔上七十二姓名的卡諾指的是老卡諾。

2 卡諾的洞見等於是說，光有熱源沒用，有多大的熱源就得有多高的散熱效率，當散熱效率太差，溫差就會消失，熱機效率躺平。

這在核電廠很重要，具代表性的冷卻塔用意是在水源不穩定的區域節省冷卻水，反觀海水冷卻的核電廠就不需冷卻塔。對於太空核反應爐也很重要，後文會說太空空有超低溫，卻只有輻射冷卻一種機制，很難將熱量帶走，冷卻科技是任何太空發電的速率限制步驟。

紐卡門的「大氣引擎」其實是靠蒸氣冷凝的真空牽引活塞，注意他是用鐵鍊，它沒有使用蒸汽擴張過程的力。並非紐卡門不懂用，是因為當年耐高壓的精準製造的汽缸還未問世。瓦特研發出蒸氣擴張未到底就把它丟棄到分開的冷凝器。趁汽缸還熱重新充入蒸氣，就不用反覆冷卻和加熱浪費能源。

卡諾構思的理想熱機是萬萬做不出來的，他假定汽缸可以方便地切換為隔熱或不隔熱，也沒有熱容量。他還假設氣體吸熱擴張和放熱冷凝的過程無窮慢（只有這樣才可逆）。但他假想熱機的精彩之處是，一逆轉就變成熱泵：像冷氣機壓縮冷媒（working fluid）就迫使熱進入高溫處。原文都講到水車逆轉了，不提這個不是很怪。卡諾的論證很天才，假設有某種熱機的效率比他的可逆熱機高，則用該熱機驅動他的（現在變成熱泵），就能讓熱能自發地從冷庫無限往熱庫流。以現代眼光這是一台違反第二定律的永動機，就荒謬了。以同樣的論證，卡諾證明所有可逆熱機的效率都相同，繼續根據這種精彩的純粹思維論證得到其效率的公式。

3 古時候蒸汽火車燒熱水，高鐵也是靠發電廠燒熱水。但差別就在蒸氣渦輪是人類最狂的發明。它的設計巧妙到，使高壓氣體多步擴張（蘭金循環），能夠幾乎把氣體分子的動能全壓榨出來。人類的加工技術要到二十世紀初才做得出夠精密的渦輪扇葉，再一路改良到卡諾極限的門口。渦輪之高效體現在它很接近可逆過程，即，用一架蒸氣渦輪驅動另一架，即可達成流體的高效增壓。事實上噴射機的渦輪扇引擎就是巧妙地同時用前方渦輪扇壓縮空氣（增加燃燒效率），後方渦輪扇收割動能。

冰島得天獨厚，地熱梯度夠，才能不用挖太深就獲得不錯的熱效率。挖井很貴，動輒上億投資，故地熱科技目前是卡在挖洞成本上。近年有新創要用微波放大器（gyrotron）把岩石直接汽化，要挖十到二十公里，無窮能源的未來……

地熱的另一個問題是石頭導熱性差，怕熱水燒一燒熱源冷掉。導熱好要靠熱液對流，即有愈多岩縫愈好。一方面熱液有滿滿硫化物是工程挑戰。一個提案是對岩層施展水力壓裂（Fracking，採頁岩油開發的技術）就能榨出熱能來了。

4 人體皮膚的發射率大約是一，幾乎是個黑體。所以每小時每平方公尺表面積發熱是 $5.67*3.1^4*3600/10^6 = 1.88$ MJ。

大部分成人的體表面積（ＢＳＡ）在兩平方公尺上下。蜷縮成一顆球可以更有效地保存熱量。七十公斤男性休息時的基礎代謝率約八十七瓦（比女性高），約一天八百萬焦耳，代表卡路里建議值是給不太動不太工作的人的。又八十七瓦和太空的負八三三瓦差十倍。

有氧運動中能燃燒最高熱量的是自由車，功率用耗氧量ＶＯ２測量。靜坐不動的耗氧量抓在 3.5ml 每公斤體重每分鐘，男自由車手的 VO2 max 世界紀錄可以衝到 97.5。頂尖馬拉松選手均值是 65.5，都超過「太空存活運動」所需的 35，但絕不輕鬆就是了。

5 後來許多學者給雜誌去函指教，也有人指出這個案例中包括農人和農家全家大概都是猜體重的專家。高爾頓不置可否。然後Ｒ．Ｈ．胡克（達爾文朋友胡克的兒子）說他從高爾頓的表格估算，發現其實平均值更加接近真值。胡克從不完整的資料估算出 1196 磅，希望高爾頓叔叔能驗算。

關於個位數誤植，真值是 1197，真的中位數是 1208，差 11 磅。但 Nature 雜誌在排版和校對時發現兜不攏，不知是誰的筆誤，改來改去變成「真值 1198、中位數 1207，差 9 磅」這微小烏龍。高爾頓後續的回信登在雜誌上說他算了平均值是 1197——完全正確。但高爾頓竟沒有很高興，因為大家都知道平均值受到極端值的影響大，就妨害了他想強調的中位數的民主意涵。

給高爾頓作傳的皮爾森（Karl Pearson）應該也檢查過原始數據。計算過程的列表紙都有留存在檔案館。

6 沒有吸力和斥力。也沒有撞擊。或者由於理想氣體是假設分子是點狀、不占體積。兩個質量相等的東西，只要是完全彈性互撞結果只是速度互換，和穿透無不同。

7 有一個是遍歷性假設。即微觀狀態的演變就像在機率空間中自由來去。https://en.wikipedia.org/wiki/Ergodic_hypothesis

由於平衡態有最大的「體積」，或是機率值，所以它也是最可能發生的結果。「遍歷性」的相反詞是「吸收性」，吸收狀態例如氣球裡有顆微型黑洞，氣體分子撞到它就出不來，那這系統永遠達不到熱平衡。有像前文太空飛毯的例子，生物只要還設法活著就永遠不會和熱平衡沾上邊。難怪昂薩格（Lars Onsager）和普里高津（Ilya Prigogine）等才著手研究非平衡系統的熱力學。因為太多人類感興趣的過程，那些「有趣」的過程是非平衡的。熱平衡等同有趣事情都發生完了，像是跨年完充滿垃圾的廣場。

不只物理學，遍歷性在金融數學也是常被使用的假設。但塔雷伯就跳出來示警說世界上有很多不可逆過程。

8 夏特萊侯爵夫人把牛頓《原理》譯為法語，但在附註裡補上這些年歐洲數學界的最新發現，有些地方比原文長兩倍。她也在她家庇護了伏爾泰（也是牛頓迷，在《哲學書簡》寫過科普版牛頓力學，學者研究字裡行間有埃米莉的手筆），兩人是一種智性戀關係。

9 克勞修斯（Rudolf Clausius）從卡諾的《思索火之驅動力》得到的算式。他證明熵S是溫度、體積和壓力之外的熱力學系統另一個狀態函數（其實也就這四個）。它的特別在於末減初的ΔS值永遠為零（可逆過程時）或正數（不可逆過程伴隨熵生成），第二定律就出來了。

10 安德森在〈多即是不同〉一文中指出自主性，即系統具有改變它自身環境（遠離平衡）的能力才開始有趣起來。生物學就是至少要有個選擇性半透膜，有我和非我之分，才能開始以鄰為壑的生涯。生物化學最重要的概念是偶聯反應，用一個自發的反應驅動一個不自發的反應，像水車一樣。因為永遠有浪費（熵增），第二定律不禁止。

地球的化學物質就並沒有變成混合均勻的樣子，甚至會形成礦脈，其代價就是同時形成一些高熵的「尾礦」。每次看電氣石的化學組成都覺得它居然還是晶體是奇蹟。

所有有趣的、規則完美的東西的形成（例如一支哀鳳）都伴隨某處的大量汙染。最顛撲不破的魔法就是為熵做倀，熵就會幫你。其中較無害的汙染是化為紅外線光子射向宇宙。

因此地球文明升高卡達肖夫指數的限制步驟，其實是我們能把太陽光轉為多少高熵、低頻的光子，也就是輻射散熱能力。要是散熱能力不足就傻傻把戴森球蓋起來，球裡面就成了熱寂死區了。散熱科技點滿和核融合同等重要，不然廢熱就不只產生祕雕魚而已了。

11 對地球來說火熱太陽和冰冷宇宙這個天生遠離熱平衡的局勢還會持續四十億年，不變金星都死不了。

但這一堂物理生死學最後需要宇宙學和量子重力理論來解惑：宇宙最終到底能不能達到熱寂，或是終極的死亡。需要宇宙學，因為有暗能量加速膨脹的問題；量子重力因為引力位能是負值，黑洞附近的引力場可以很久都不熱平衡約一〇一〇〇年，可當深未來文明的能源。

戴森設想過一個永恆智慧生命的宇宙學情景，不過後來發現在我們這個宇宙行不通。

12 即布朗棘輪，也是費曼的謎題之一。解答和馬克士威惡魔異曲同工——棘輪本身需要被冷卻，當溫度升高就會錯放，使扇葉逆轉。https://en.wikipedia.org/wiki/Brownian_ratchet

13 關於溫標還有一個問題是，「溫度是線性的」這件事其實並不顯然，沒有任何形上原則規定它一定得是線性。即「從 1°C 到 2°C」和「101°C 到 102°C 可以相提並論」這件事。

我認為答案是歷史意外，之後體系適應了這個用法。剛開始用最簡單的線性溫標，源自於大多材料的熱膨脹剛好是線性。都沒遇到很不方便的情況，$PV = nRT$ 也幫了一把。大家就同意了。即使有其他依賴溫度的性質是非線性，也能用簡單數學函數代表，無不便。

14 亥姆霍茲生於普魯士。父親是個愛好語言和哲學的高中校長。亥姆霍茲想研究物理但他爸說出不起，叫他去公費軍校當個外科醫生，簽下去就需服役十年！亥姆霍茲的數學完全靠自學達到世界一流。也是設計實驗的奇才：蛙腿神經肌肉電傳導的測量和計時。因為太厲害被洪堡舉薦提前退役，任學術職。

因為既懂物理也懂生理。他研究電磁學、光學，就會應用到研究視覺。研究聲學（非線性振盪）就順便研究耳朵。他純從數學研究液體流場中的渦度，首次想到渦流首尾相接成環會很穩定：渦環（vortex ring）。前文提到的泰特就是讀了他的論文才迷上繩結和煙圈的。

15 亥姆霍茲自由能 $A = H - TS$ 是個先後差值永遠是負的量。所以可以擬人化說他「想要」往低處走。或是可以想成年輕人有較多自由能，愈老愈鬆弛。

$\Delta A = \Delta H - T\Delta S$ 所以當T高，後項（熵）占優勢。當T小則是前項（內能）。

類似概念的是吉布斯自由能 $G = A + PV$。

差別是A定義在等溫等容積，G定義在等溫等壓。在有產氣體（氣體要「出來」需排開大氣壓力，P×V是其做功）的化學反應，G比較好用。

課本講法：自由能可以用於判斷一過程是否自發，末減初差值是負就是自發。差值是零則是均衡可逆。

套用本書講法：自由能差可以用來判斷一段錄影是正放還倒放。差值是零時正放倒放無法分辨。大部分生物化學單一分子反應的自由能變化都不大，是類似地景一樣展開。難怪偶爾會有有名的循環一樣首尾相接的情況。只要和適當的反應耦合，就可以順著走也能倒著走，最常耦合的是磷酸水解反應。

第五章

1 愛因斯坦的思想實驗架構出的圖像夠好，數學自洽，最重要的是千頭萬緒的前人討論被他用兩點總結①光速不變②相對性原理（物理定律不應隨不同慣性參考系的觀察者而異。換言之在穩定的火車廂內部沒有實驗能測出他們動多快）。其餘都可從這兩點推出。

不需要在既有數學架構上更改太多東西（除了視角和整個世界觀），尤其是馬克士威方程組不變。於是被他截胡的人也不得不讚兩聲。

https://en.wikipedia.org/wiki/History_of_Lorentz_transformations

龐加萊已經意識到勞侖茲變換是讓馬克士威方程組「不變」的一種群／映射。

愛因斯坦的數學老師閔考夫斯基還更加重新詮釋狹義相對論，變成現在所知的四維時空（的雙曲面模型）。所以後文會說，後人也一直加新的理解觀點和詮釋。

2 他們私交深厚，工作以外也常通信聊一些家人日常的事情。這封信的另一半就非常日常。

正是玻恩最先想出薛丁格的波函數（複數值）的含義是該複數的絕對值平方等於在那邊發現粒子的機率的。

https://pansci.asia/archives/129958

結果愛因斯坦否決。玻恩回憶說，老愛根據直覺拒絕很傷他的心。

3 Morel, Léo, et al. "Determination of the fine-structure constant with an accuracy of 81 parts per trillion." Nature 588.7836 (2020): 61-65.

4 量子力學中有一條「機率守恆」。但其實就是考慮所有可能性，加總必定是機率1，即必然事件。但物理學家可能不愛講機率守恆就講「么正性」（Unitarity）。

在玻恩確立上述詮釋之後就能把薛丁格的波動方程想成是機率流。

雖然波函數含有動量這個和速度相關的性質，但動量也是機率性的。前段電子該怎麼「動」才不會掉進原子核的答案就非常謎……最好不要用任何古典類比（玻耳模型，或是物質波駐波模型等等）想，因為都不完全對。量子「閉嘴並計算」派的答案就是解出數學就這樣。

5 如果上帝完全不擲骰子，則每顆光子一開始都要針對ＡＢＣ三片有一個「過／不過」的隱藏變量。可以用文氏圖來闡明這不可能辦到。ＡＢ兩片的實驗中，之所以通過Ａ無法通過Ｂ，量子的解釋是這些「量子硬幣」並非公正的，其正反面機率取決於兩個偏振方向夾角的 $(\cos\theta)^2$。在AB垂直時，機率值是0，表示是顆永遠出正面的老千硬幣，故永遠被擋。但在ACB時，因為AC夾45度，機率值 1/2，故量子硬幣是公正的。CB也一樣，所以兩次都只有半數光子會被卡掉。透光度是原本的 1/4。

6 掃描穿隧顯微鏡之所以敏感，利用穿隧效應的波函數隨間距寬度成指數衰減的特性，也就是失之毫釐電流就翻倍再翻倍。https://research.sinica.edu.tw/chuang-tien-ming-stm

7 前文提到真空極化裡的正子電子對也是虛粒子對（但沒特別強調）。因為它們並沒有真的吸收 $2mc^2$ 的能量而「存在」，所以也不會隨時隨地湮滅放出珈瑪射線。理論特別需要它們正是因為當儀器測量時，額外的互動和能量交換，很容易弄假為真。測出和電子只是孤零零存在的預測稍不同但可分辨的結果。所以才說是與別的系統互動時需要的「量子修正項」。

但修正項（也可以說是微擾方法）就讓物理學家頭大。例如電子自己發虛光子自己接的自身能量用古典的方法想它會發散到無窮大。這整個令許文格、費曼和朝永需要重想所需的理論。參考 https://pb.ps-taiwan.org/modules/news/article.php?storyid=326

第六章

1 二戰盟軍成功將德義逐出北非之後，地中海都在英美海空軍的控制之下，蘇聯紅軍在東線和德軍硬碰硬，要求英美須盡快在南歐開一個戰場，牽制德軍的配置調動。於是英美先拿下西西里島，再登陸義大利南部。有點艱困但又不完全艱困（因為義大利軍投降的比較多）地往北打。但德軍義大利指揮官凱塞林（Albert Kesselring）很懂費邊對漢尼拔的戰術：我自知資源有限，所以每一場仗都不死守，仰賴義大利多山地形給盟軍造成一定死傷之後就一退再退，以空間換取時間。一九四三到一九四四年冬，德軍和盟軍相峙在古斯塔夫防線。邱吉爾等人支持在羅馬近郊登陸兩個步兵師，那是在德軍防線後面，以切斷補給或者進逼羅馬為威脅，令德軍超硬的防線削弱。但受命登陸的指揮官盧卡斯（John P. Lucas）自己心裡有底，拿兩到三萬無裝甲支援的步兵冒進羅馬或切他中路，他大概會先小勝，再因兵力太分散而馬上潰敗，不值得。他認清自己角色就是一個調虎離山計。還沒進攻，他就先預期德軍反擊了。因此就在建好橋頭堡之後就紮硬寨固守，讓他的指揮官和邱吉爾都很不爽。被困在安濟奧海岸的將士也士氣都很低迷，因為那環境是沿海低窪沼澤，三面環丘陵，德軍就居高臨下砲轟他們。但德軍也無法驅逐這個陣地，因為一靠近海邊，英美就艦砲齊發。進入長達四個月的僵局，就是本文說的這個時期苦中作樂發明了散兵坑收音機。

同時盟軍其實在策劃六月六日諾曼地登陸。但他們也在安濟奧悽慘的冬雨中慢慢集結到十五萬軍，終於坦克充足和編列戰機隊強力轟炸掩護，在五月份和南邊的大部隊一鼓作氣推破了德軍防線。本來似乎還有機會鉗形攻勢，夾殺德軍一大部。結果某美方指揮官私心覺得自己的部隊打得這麼慘，應值得一個羅馬城凱旋（而且不能給英國人先進城），就先揮軍北上。德軍鬆了一口氣（他們早就放棄羅馬）再度有序地撤退到下一條防線（那將吞噬更多盟軍性命）。而且，美軍進羅馬城接受凱旋的日期是六月四日，再過兩天就是 D Day，屆時沒人在乎他們了。而因為不積極，早早被撤換回家的盧卡斯自述他是因為嗅到多年前，一戰間海軍大臣邱吉爾策劃那次好大喜功的加里波利登陸大慘敗的臭味，所以不想躁進。熟讀歷史真好。

2 「安提基特拉」是沉船最近的地中海／愛琴海島嶼名。齒輪鏽蝕到只剩最大的，其餘小齒輪、可能的機能等，都是帶去精密X光掃描，從痕跡重建的。但幸好它的部分面板還在，上有黃道十二宮和火星金星。從大齒輪和轉盤的齒數可以猜出對應到哪些重要的天文週期（默冬章→月相、沙羅週期→日蝕）等等。

第七章

1 概念是量子位元的狀態一測量就毀了，而且裡頭可以含有的資訊量其實遠多於0或1這樣的 1bit（其實有高達三個實數的自由度）所以「加以測量，遠端重建」的直觀做法也行不通。但最瘋狂的是，只要能送一個纏結的量子態過去（最常用的是可以用光纖傳的一對纏結光子），再以一系列部分觀測，使部分但非完全的波函數坍塌，就能摧毀原本的量子態，同時在遠端重建一個等同的量子態。簡單說，任何量子通訊都需要有傳統通訊輔助。但它確實能傳輸 qubit。
參考 https://www.quantamagazine.org/what-is-quantum-teleportation-20240314/
以及 https://youtu.be/DxQK1WDYI_k?si=nh7BKMCsjqouHABZ

2 後來薛丁格意猶未盡寫成一篇論文，就是在這篇文中他提出了「薛丁格的貓」。Schrödinger,

Erwin. "The present status of quantum mechanics." Die Naturwissenschaften 23.48 (1935): 1-26. 薛丁格趁著EPR指出的大問題整理自己幾年來的思考。論文有名為 Are the Variables in Fact Smeared Out? 和 The Result Depending on the Free Will of the Experimenter. 這樣可以感受出代誌大條的小節標題。

第八章

1 在電位差不足以產生電弧的狀況下，天然環境中總存在一些游離電子／正離子（例如游離輻射和光電效應製造的），它們可以被電場加速，偷走能量。
當氣壓愈低，電壓愈高，氣體放電愈容易擴大（失控）。在於那些被加速的電子和離子若被加速夠長距離，動能頗大才撞擊下個分子，有機會把分子撞成電離，氣體的游離度更上升，惡性循環，稱為電子雪崩。（日光燈管內部就是靠電子放電，撞擊低壓汞蒸氣發出紫外線。因為低壓氣體放電是這種失控過程，才有奇妙的負電阻特性。）
還好環繞輸電線的是一般大氣壓的空氣，很不容易失控，不然氣體放電就會把能源全耗光。顯然在火星不能用高壓電輸電這招。

2 外部磁場移除後，磁力線會變成像煙圈周圍的氣流一樣，使得洞中仍有磁場，但外部沒有。參考費曼物理講義圖21－4：https://www.feynmanlectures.caltech.edu/III_21.html

3 「至尊戒，馭眾戒」。

4 二〇二三年九月，該論文被撤稿。https://en.wikipedia.org/wiki/Carbonaceous_sulfur_hydride

二〇二三年另外一場鬧很大的鬧劇是 LK-99。這玩意不完全零分，因為它至少在常溫是抗磁體。眾學術鄉民還努力集思廣益發論文想可能理論，用電腦模擬，夢想著加一點雜質或許就完成賢者之石。

索引

人物

一至五畫

六至十畫

十一至十五畫

十六畫以上

作品與文獻

物質

物理名詞

一至五畫

六至十畫

十一至十五畫

十六至二十畫

其他

凝態物理：從半導體、磁浮列車到量子電腦，看穿隱藏在現代科技背後的混沌、秩序與魔法

作　　者　菲利克斯・福立克（Felix Flicker）
譯　　者　秦紀維
選 書 人　王正緯
責任編輯　王正緯
校　　對　童霈文
版面構成　張靜怡
封面設計　徐睿紳
行銷總監　張瑞芳
行銷主任　段人涵
版權主任　李季鴻
總 編 輯　謝宜英
出 版 者　貓頭鷹出版 OWL PUBLISHING HOUSE

事業群總經理　謝至平
發 行 人　何飛鵬
發　　行　英屬蓋曼群島商家庭傳媒股份有限公司城邦分公司
115 台北市南港區昆陽街 16 號 8 樓
劃撥帳號：19863813／戶名：書虫股份有限公司
城邦讀書花園：www.cite.com.tw／購書服務信箱：service@readingclub.com.tw
購書服務專線：02-2500-7718~9（週一至週五 09:30-12:30；13:30-18:00）
24 小時傳真專線：02-2500-1990~1
香港發行所　城邦（香港）出版集團／電話：852-2508-6231／hkcite@biznetvigator.com
馬新發行所　城邦（馬新）出版集團／電話：603-9056-3833／傳真：603-9057-6622
印 製 廠　中原造像股份有限公司
初　　版　2024 年 10 月
定　　價　新台幣 550 元／港幣 183 元（紙本書）
新台幣 385 元（電子書）
I S B N　978-986-262-713-6（紙本平裝）／978-986-262-712-9（電子書 EPUB）

讀者意見信箱　owl@cph.com.tw
投稿信箱　owl.book@gmail.com
貓頭鷹臉書　facebook.com/owlpublishing

國家圖書館出版品預行編目資料

凝態物理：從核磁共振、磁浮列車到量子電腦，看穿隱藏在現代科技背後的混沌、秩序與魔法／菲利克斯・福立克（Felix Flicker）著；秦紀維譯. -- 初版. -- 臺北市：貓頭鷹出版：英屬蓋曼群島商家庭傳媒股份有限公司城邦分公司發行, 2024.10
面；　公分.
譯自：The Magick of Matter: Crystals, Chaos and the Wizardry of Physics
ISBN 978-986-262-713-6（平裝）

1. CST：凝態物理學　2. CST：物質物理

339　　113012432

本書採用品質穩定的紙張與無毒環保油墨印刷，以利讀者閱讀與典藏。